普通高等教育通识课系列教材

陕西师范大学本科教材建设基金资助项目

U0159605

人工智能概论

主　编　马　苗　杨楷芳

副主编　裴　炤　武　杰　姚　超

西安电子科技大学出版社

内 容 简 介

本书深入浅出地介绍了人工智能的相关内容,旨在帮助读者快速了解人工智能的基础知识、最新应用和未来发展。

全书分为 5 篇,共 12 章。第 1 篇为基础知识篇,主要包括人工智能概述、AI 行业发展的驱动力和机器学习的基础概念及应用;第 2 篇为感知表达篇,主要包括智能感知和自然语言理解的主要技术及应用;第 3 篇为专业智能篇,主要包括音乐人工智能、智能体育工程和智能绘画的发展及相关智能系统;第 4 篇为智慧生活篇,主要包括智能医疗、智能家居和智能城市的发展及相关智能系统;第 5 篇为未来展望篇,主要讲述 AI 发展的未来思考。

本书可以作为高等院校非计算机专业本科生的人工智能通识课教材。

图书在版编目(CIP)数据

人工智能概论 / 马苗,杨楷芳主编. —西安:西安电子科技大学出版社,2023.1
(2024.7 重印)
ISBN 978-7-5606-6242-8

Ⅰ. ①人… Ⅱ. ①马… ②杨… Ⅲ. ①人工智能—概论 Ⅳ. ①TP18

中国版本图书馆 CIP 数据核字(2021)第 206736 号

策　　划　刘小莉　高　樱
责任编辑　刘小莉
出版发行　西安电子科技大学出版社(西安市太白南路 2 号)
电　　话　(029)88202421　88201467　　　邮　　编　710071
网　　址　www.xduph.com　　　　　　　电子邮箱　xdupfxb001@163.com
经　　销　新华书店
印刷单位　陕西天意印务有限责任公司
版　　次　2023 年 1 月第 1 版　　2024 年 7 月第 3 次印刷
开　　本　787 毫米×1092 毫米　　1/16　　印　张　16
字　　数　300 千字
定　　价　41.00 元
ISBN 978-7-5606-6242-8 / TP
XDUP 6544001-3
***** 如有印装问题可调换 *****

序

1956 年达特茅斯会议的召开标志着人工智能技术的产生。经过三个阶段的曲折发展，人工智能不仅成为新一轮科技革命和产业变革的关键，而且被视为引领未来发展的战略性技术，得到世界各国的高度重视。为此，我国出台了一系列的政策支持国内人工智能的发展，并将之上升到国家发展战略的高度。

为推动人工智能在各类专业人才培养中的普及教育，陕西师范大学利用自身教师教育特色，组织相关教师面向非计算机专业大学生撰写了这本人工智能通识教材。本书通过介绍人工智能技术在音乐、体育、美术等学科领域的研究进展以及在医疗健康、家居生活、城市发展等领域的应用现状，尝试对"人工智能＋X"的发展蓝图进行勾勒，有利于培养更多符合我国人工智能事业发展战略需求的复合型人才，加速人工智能在各类产业的建设步伐。

本书有三个特点：一是响应国家德智体美劳全面发展的培养目标，突出人工智能与体育、音乐、美术等学科的融合发展；二是教材内容贴近人们的日常生活，以家居、医疗和城市建设为主题，体现人工智能对人类社会生活的影响力；三是与时俱进，结合人工智能技术的发展与应用，提炼并加入课程思政元素，体现知识传授和思想教育的同频共振。

读完本书，我的感觉是条理清晰、深入浅出：从人工智能的发展历程到世界各国的政策支持，从人工智能的行业发展驱动力到在各行各业中的应用，从机器学习的经典算法到当前盛行的深度学习算法，作者都进行了切中事机的介绍。相信认真学习完这本教材的读者，不仅能了解人工智能技术的发展和概貌，理解身边智能医疗、智能家居、智慧出行等应用背后的原理，还能从人工智能技术与体、音、美等学科的交叉融合中获得一些有关智能应用解决方案的启示。

最后，祝贺本书的出版，并希望它成为高等院校非计算机专业本科生和研究生开卷有益的案头书册。

西安电子科技大学

2022 年 10 月

前　言

人工智能技术作为新一轮科技革命和产业变革的核心驱动力，正在对全球经济、社会进步和人类生活产生深刻的影响，其发展也为各个专业、学科和行业带来了巨大生机和活力。随着智能化时代大门的开启，为高等院校学生开展人工智能的通识课教育，已成为培养新一代复合型拔尖创新人才的重要基础，有利于提高学生的创新思维能力，推动多学科的交叉融合和立德树人根本任务的全面落实。

本书面向零基础读者，致力于推动人工智能的普及教育，力争通俗地展示每一个知识点，帮助读者快速了解人工智能的基础知识、应用现状及未来发展，推动人工智能普及教育和大学传统专业学习相结合，形成"人工智能＋传统专业"的高校人才培养模式，培养更多符合我国人工智能事业发展战略需求的复合型人才。

全书分为 5 篇，共 12 章。第 1 篇为基础知识篇，对应第 1~3 章内容，主要讲述人工智能的发展历程、行业驱动力和机器学习技术；第 2 篇为感知表达篇，对应第 4、5 章内容，主要讲述智能感知及自然语言理解的发展和未来趋势；第 3 篇为专业智能篇，对应第 6~8 章内容，主要讲述音乐人工智能、智能体育工程、智能绘画及其应用前景；第 4 篇为智慧生活篇，对应第 9~11 章内容，主要讲述智能医疗、智能家居和智能城市及应用前景；第 5 篇为未来展望篇，对应第 12 章内容，主要讲述 AI 发展的未来思考，包括信息安全、相关法律及工程伦理等内容。

本书内容策划、设计和统稿由马苗完成，第 1 章和第 12 章由姚超编写，第 2 章、第 6 章、第 7 章和第 8 章由杨楷芳编写，第 3 章、第 4 章和第 5 章由裴焖编写，第 9 章、第 10 章和第 11 章由武杰编写。本书在编写过程中参考了很多文献，在此谨向这些文献的作者致以衷心的感谢。本书的出版得到了陕西师范大学学科建设处和教务处的资助，在此一并感谢。

由于编者水平有限，书中难免存在疏漏和不妥之处，恳请广大读者不吝指正。

编　者
2022 年 10 月

目　　录

第 1 篇　基础知识篇

第 2 篇 感知表达篇

第 3 篇　专业智能篇

第4篇　智慧生活篇

第 5 篇　未来展望篇

第1篇 基础知识篇

第 1 章　人工智能概述

本章思维导图

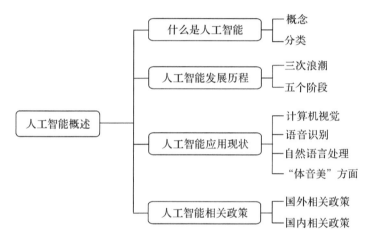

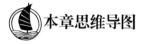**本章目标**

- 了解人工智能的概念、起源和发展
- 了解人工智能的应用情况
- 了解各国政府对人工智能的政策支持情况

2016 年，AlphaGo 的横空出世掀起了人工智能的新一轮热潮。那什么是人工智能呢？它是近年来才发展起来的新技术吗？它会对各个行业产生怎样的影响？是不是只有我国重视人工智能的发展，还是世界上其他国家也在努力发展人工智能技术？我国和其他国家为促进人工智能的发展都制定过哪些政策？本章将简要介绍人工智能的概念、发展历史、应用现状以及政策规划等，使读者初步了解人工智能的发展。

1.1　什么是人工智能

人工智能(Artificial Intelligence，AI)与机器学习、模式识别以及深度学习等技术存在着内在联系(如图 1-1 所示)，但其内涵范畴较上述技术更广。从字面上看，人工智能的定义可分为"人工"和"智能"两个部分。其中，"人工"的概念较为简单，人们对其认识也较为统一，即由人设计，为人创造和制造。而对于"智能"的认识，在不同学科间存在着很大的争议。因为这涉及其他诸如意识、自我、心灵，包括无意识的精神等问题。人唯一了解的智能是人本身的智能，这是被人们普遍认同的观点。但是人们对自身智能的理解非常有限，对构成人的智能必要元素的了解也很有限，所以就很难定义什么是"人工"制造的"智能"了。通常，人工智能的研究往往涉及对人智能本身的研究。此外，关于动物或其他人造系统的智能也普遍被认为是人工智能相关的研究课题。

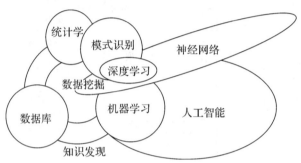

图 1-1　人工智能与其他学科的关系图

　　根据人工智能能力的强弱，通常学者们认为人工智能可以分为弱人工智能、强人工智能和超人工智能三大类。

1. 弱人工智能

　　弱人工智能擅长于单个方面的人工智能，其观点认为"不可能"制造出能"真正"地推理和解决问题的智能机器，这些机器只不过"看起来"像是智能的，但其并不真正拥有智能，也不会有自主意识。比如最早战胜国际象棋世界冠军的人工智能"深蓝"，只会下国际象棋，而面对怎样更好地在硬盘上储存数据等问题，就不知道怎么回答了。再比如 AlphaGo，它被设计的初衷就是下围棋。面对最简单的模式识别问题，譬如辨别猫或狗的图像，它无法做到，所以其本质也是一个弱人工智能。

2. 强人工智能

　　强人工智能，又称通用人工智能或完全人工智能，指可胜任人类所有工作的人工智能。一个可以称为强人工智能的程序，需要具备四方面的能力：存在不确定因素时进行推理的能力，包括使用策略、解决问题和制定决策的能力；知识表示的能力，包括常识性知识的表示能力、规划能力和学习能力；使用自然语言进行交流沟通的能力；将上述能力整合起来实现既定目标的能力。

3. 超人工智能

随着计算机程序的规模和计算速度不断提高，假设未来可以设计出比世界上最聪明、最有天赋的人类还聪明的人工智能系统，那么这个系统就被称为超人工智能。超人工智能的定义最为模糊，因为没人知道超越人类最高水平的智慧到底会表现为何种能力。如果说对于强人工智能，我们还可以从技术角度进行探讨，那么对于超人工智能，今天的人类大多就只能从哲学或科幻的角度进行解析了。

需要指出的是，弱人工智能、强人工智能和超人工智能三者并非完全对立。具体来说，即使强人工智能和超人工智能在未来可以实现，今天对于弱人工智能的研究仍然是有意义的。现在计算机能做的一些事，像算术运算等，在 100 多年前被认为是很需要智能的，并且每一个弱人工智能的创新都是在为建造强人工智能和超人工智能的大楼添砖加瓦。

1.2　人工智能的发展历程

人工智能的鼻祖是英国数学家、逻辑学家阿兰·麦席森·图灵(1912—1954 年)。他在 1936 年提出了一种抽象的计算模型——图灵机(Turing Machine)，即用纸带式机器模拟人们进行数学运算的过程。因此，图灵被视为"计算机科学之父"。1950 年，图灵发表了一篇划时代的论文《计算机器与智能》，提出了人工智能领域著名的图灵测试——如果电脑能在 5 分钟内回答由人类测试者提出的一系列问题，且其超过 30% 的回答让测试者误认为是人类所答，则电脑就通过了图灵测试并认为该电脑有智能。图灵及图灵测试如图 1-2 所示。

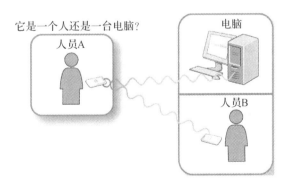

图 1-2　图灵及图灵测试

第一批人工智能探索者找到共同的语言后，于 1956 年在美国达特茅斯大学召开了一次会议(如图 1-3 所示)，希望确立人工智能作为一门学科的任务和完整路径。后来普遍认为，达特茅斯会议标志着人工智能的正式诞生。自达特茅斯会议将"像人一样思考的计算机"定义为"人工智能"以来，其发展历程可简要概括为"三次浪潮"和"五个阶段"。

图 1-3　1956 年达特茅斯会议参会者

1.2.1 人工智能的三次浪潮

1. 第一次浪潮

达特茅斯会议之后的几年，大众对人工智能的憧憬，使其迅速成为热潮。当时整个人工智能领域流行通过计算机进行演算法解决特殊问题，也就是初期人工智能所使用的方法。以走迷宫为例，计算机从起点开始分类，分成往 A 走的情况和往 B 走的情况等，接着将往 A 走和往 B 走的情况继续进行分类，在不断分类的情况下，最后找到终点。虽然思维简单且运算量大，但随着计算机处理速度的提升，机器的优越性逐渐体现，近些年比较流行的棋类游戏都是这种演化算法的产物。

除了算法和方法论方面的进展，在第一次浪潮中，科学家们还造出了智能机器。其中，有一台叫作 STUDENT(1964) 的机器能证明应用题，还有一台叫作 ELIZA(1966)的机器可以实现简单人机对话，如图 1-4 所示。于是，部分学者认为按照这样的发展速度，在不久的将来，人工智能将真的可以代替人类。

图 1-4　1966 年出现的 ELIZA

但到了 20 世纪 70 年代末，以演化算法解决棋类竞赛问题为核心的第一次人工智能浪潮，在机器翻译、机器进化、神经网络等方面接连受挫，没有为医疗等人类亟待解决的实际问题作出预期贡献，美国、英国政府先后切断了资金供给，直接导致第一次人工智能浪潮的结束。第一次人工智能浪潮的夭折是由于在计算机计算能力有限、程序设计工具较为简陋的条件下，科学家们过低和片面地估计了人工智能发展的难度，认为依靠几个推理定理就能解决人工智能的所有问题。

2. 第二次浪潮

20 世纪 80 年代，人工智能科学家、专家系统之父费根鲍姆在以知识为中心实现的机器智能研究中找到方向，即通过将知识——特别是特定领域的知识存入电脑，使电脑变得智能。典型代表是医学专家系统 MYCIN，该系统将过去所有病人诊断为细菌感染的症状与其他情况等知识记录在数据库中，当有新的患者出现时，输入患者症状和其他情况，就能推测患者感染某种细菌的概率。

与此同时，人工智能在机器人、机器翻译、计算机视觉和人工神经网络等领域也取得了重要进展，出现了人工智能数学模型方面的重大发明，其中包括著名的 Hopfield 网络(1982)和 BP 反向传播算法(1986)等，也出现了能与人类下象棋的高度智能机器(1989)。此外，通过人工神经网络研究人员取得了诸多成果，如精度可达 99%以上的自动识别信封上邮政编码的机器已经超过普通人的识别水平。此时，人工智能的发展应用又达到了一个新高潮。

但专家系统的致命问题是只能在既有的知识领域和规则内发挥作用，无法对除此之外的情况作出任何反应，也就是说，机器只能在人工给它"输入"的知识范围内机械地消化吸收，无法发展成通用型专家系统，更无法自主学习进步。除此之外，当时苹果、IBM 开始推广第一代台式机，计算机开始走入普通家庭，其费用远远低于专家系统所使用的 Symbolics 和 Lisp 等机器。相比于现代个人计算机，专家系统被认为古老陈旧且难以维护。所以在 20 世纪 80 年代末第二次人工智能浪潮进入瓶颈期，并再次陷入低潮。

3. 第三次浪潮

20 世纪 90 年代，人工智能研究人员深刻分析总结了前两次浪潮失败的原因，并将发展重点从看似难度很大的计算、思维问题转向看似简单的认知类问题研究，将实现途径从模拟人脑生理结构转向模拟人类思维功能，如图 1-5 所示的深度学习，从各学派的独立研究转变为相辅相成、取长补短的研究。同时，20 世纪末 21 世纪初，互联网和搜索引擎相继诞生，计算机计算能力、存储能力、技术集成能力等飞速发展，智能芯片、智能算法、大数据等核心技术取得关键性突破。

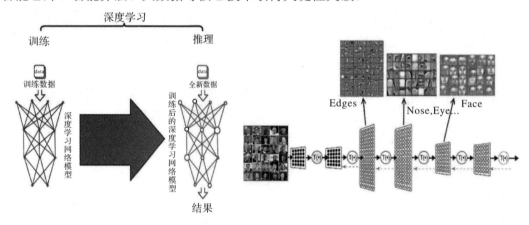

图 1-5 深度学习及卷积神经网络示意图

在这个阶段出现了新的数学工具、新的理论和摩尔定律。在新的数学工具方面，重新挖掘和发现了原来已经存在于数学或者其他学科文献中的数学模型。当时比较显著的几个成果包括 2011 年和 2018 年获得图灵奖的图模型、图优化以及深度学习网络等，都是在 2005 年前后重新被提出来，并重新开始研究；在新的理论方面，由于数学模型对自然世界的简化有着非常明确的数理逻辑，这使得理论分析和证明成为可能。例如，人们可以分析出到底需要多少数据量和计算量来获得期望的结果，这对开发相应的计算系统非常有帮助；更重要的是，摩尔定律让计算能力越来越强大，当更强大的计算能力被应用到人工智能的研究中时，人工智能的研究效果将得到显著提高。

由于这一系列的突破，人工智能又进入了一个新的繁荣期。最早的成果是 1997 年 IBM 深蓝战胜国际象棋大师卡斯帕罗夫，如图 1-6 所示。在更加通用型的功能方面，人工智能机器人在数学竞赛、识别图片等比赛中，已达到或者超过人类水平。

总之，自 1956 年至今，经过 60 多年的发展，人工智能所需的技术环境在 21 世纪初基本成熟，计算机自主学习技术取得重大进展，第三次人工智能浪潮再次走上时代舞台，并持续至今。从目前发展来看，人工智能已经是大势所趋，预计其再次陷入低潮之时，当是下一次技术革命之日。

图 1-6　深蓝和国际象棋大师卡斯帕罗夫对阵场景

1.2.2　人工智能的五个阶段

1. 第一阶段人工智能

第一阶段人工智能是最初级的人工智能，控制程序为输入与输出一一对应的初级程序，只能在程序设定的输入选项中操作，并只能输出设定选项。如目前有些人工智能洗衣机可以根据衣服重量自动调整水量，即洗衣机自动感知重量，按照事先设定水量进行相应的输出。

2. 第二阶段人工智能

第二阶段人工智能能够判断、选择行动并执行的系统，较第一阶段最大的区别在于可以有选择性地输出，而不仅仅是单一选项固定输出。如现在比较流行的扫地机器人，可以运用多个感应器搜集房间信息，并以高速处理器分析判断情况，再从几十种行动模式中汇总，最终选择最适合当前环境的行动，其灵活性、适应性和实用性更高。手机上大部分棋类游戏(围棋除外)都是这个阶段的人工智能。

3. 第三阶段人工智能

第一、第二阶段人工智能的特点是利用人类智慧收集输入信息、分析信息、执行既定动作，不具备人类最基本的学习能力。从第三阶段人工智能开始，机器可以自主学习，通过大量数据输入，让机器在训练中学习事物的特征和规则，针对输入变量通过自身分析得出自己的结论。第三阶段人工智能从 20 世纪 90 年代中期开始普及，上文提到的医学专家系统 MYCIN 就是这一阶段的人工智能，它可以通过输入各种诊断信息，让机器学习总结，并以此为基础进行自主诊断。

4. 第四阶段人工智能

第二阶段人工智能加入机器学习方法后进化成第三阶段人工智能，而在众多机器学习方法中，深度学习(Deep Learning)能够让计算机自行提取特征，不同于第三阶段人工智能通过分析数据特征得出相关规律的方法，它是更高级别的学习方式。具备深度学习能力的人工智能称为第四阶段人工智能。从第一阶段人工智能进化到第四阶段，有些人工智能在某些领域已经超过人类(如 ImageNet 图片分类、AlphaGo 等)。这种人工智能可以在特定领域发挥自己的作用，也称作"特型化人工智能"。人们平时听到的可以下围棋、辨别声音、参加益智问答、自动驾驶和对话的机器人都属于第四阶段特型化人工智能。人类和第四阶段人工智能的区别在于人类在学习过围棋后可以举一反三，将经验运用到其他领域中，但是 AlphaGo 无论有多厉害，它也不具备下围棋以外的能力。

5. 第五阶段人工智能

第五阶段人工智能就是"泛人工智能"，指的是类似于哆啦 A 梦等和人类有相似行为，甚至能够发挥比人类更加优秀的能力。这样的人工智能可以了解人的喜怒哀乐，懂得物体的质感，能够感受人的情感。人工智能在第四阶段以前都是人类的工具，而第五阶段"泛人工智能"不只是具有人类同等的智慧，还有第四阶段特型化人工智能的能力，并在特定领域超过人类。第五阶段人工智能可能不再是人类的工具，也许会对人类产生威胁，但时至今日它还远远没有实现。

1.3　人工智能应用现状

目前，人工智能在计算机视觉、语音识别、自然语言处理以及"体音美"等领域已有许多应用。本节将从上述几方面介绍人工智能的应用现状。

1.3.1　计算机视觉

计算机视觉指利用计算机和相机来模拟或代替人类视觉系统，完成对视频或图像中相关目标的检测、识别和跟踪等任务，同时经过相关图像处理技术，生成更适合人眼观看或适用于仪器处理的视觉信息处理过程。

具体地说，计算机视觉就是通过相机等成像设备和算法，感知不同的外部环境，对不同的内容进行更精确的分析。在人工智能领域下，计算机视觉是计算机通过理论方法研究，通过对视频或图像的处理来获取信息和数据，并对其进行分析的人工智能系统，并广泛应用于社会生活中的各个领域。相对于人眼获取的有限信息，计算机视觉的发展极大提升了各个领域下数据信息获取和提取的精确性与准确性，有利于对产品或图像的判断。目前，计算机视觉主要应用于以下领域。

1. 智能安防

随着各级政府大力推进"平安城市"的建设，各城市中的监控点位越来越多，视频和卡口产生了海量的数据。尤其是随着高清监控的普及，整个安防监控领域的数据量呈现爆炸式增长，仅依靠人工来分析和处理这些信息变得越来越困难。例如，以计算机视觉为核心的安防技术领域具有海量的数据源以及丰富的数据层次，同时安防业务的本质诉求与人工智能的技术逻辑高度一致，可以覆盖到"事前的预防应用"到"事后的追查"。再如智能交通系统中，对于涉事车辆信息可通过监控点位获得，根据得到的信息对其进行跟踪、布防和截获。该应用涉及人脸识别、步态识别、行人跟踪、行人重识别、遗留物检测、车牌识别和车辆跟踪等技术。智能安防系统中的大楼安防如图 1-7 所示。

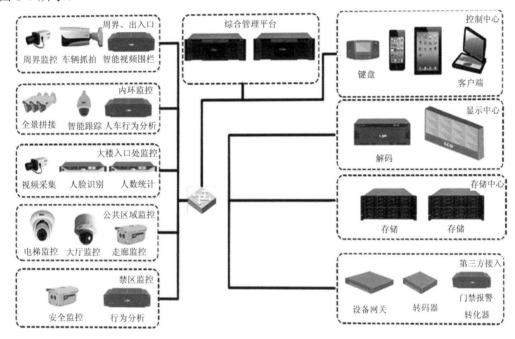

图 1-7　智能安防示意图——以大楼安防为例

2. 工业领域

工业领域存在着海量的检测以及监测工作，耗费着大量的人力物力。在"减支增效"的大环境下，利用人工智能替代人力有着巨大的市场。比如在工业产品检测方面，采用计算机视觉的检测技术，通过变换传感器和各种光源，能够更好地获取图像信息，然后对所获取的信息进行分析，提高工业检测的精确度。此外，充分利用图像处理技术速度和能力的提升特性，在保证图像中目标对象精确度较好的情况下，可以实现对目标对象的位置、大小和形状等信息的获取，更好地完成对图像的处理。因此，相对于传统的工业检测方法，计算机视觉技术可极大提升工业生产效率。再比如对于石油管道、输电线路等工业线路的巡检(如图 1-8 所示)，尤其是在偏远地区，如何高效地完成任务充满挑战。但是，通过无人机采集图像，并对其进行处理可极大提升此类工作的效率。此外，该领域还涉及图像增强、边缘检测等产品缺陷检测技术。

(a) 无人机对输电线路巡检　　　　　　(b) 无人机对输油管道巡检

图 1-8　工业领域视觉应用

3. 医学领域

在现代医疗体系中，计算机视觉技术对医学领域的发展起到了很大的助推作用，计算机视觉技术能够结合生物医学工程，促进多方面多领域的发展，开拓出更加先进的技术。例如，计算机视觉借助人工智能领域的机器学习和深度学习等算法，结合医生的专业判断，能够对医学影像等医学数据做出更加精准的诊断，也使医生及病人家属对检测结果有形象、深刻的理解。计算机视觉技术在医学领域的广泛应用主要是通过图像处理技术，对医学图像进行处理，提取目标对象，提高图像的清晰度，从而使人们能够更加清晰地看到图像中的相关信息。例如，对某个医学影像中病变细胞的扩散区域进行清晰的界定。其次，借助深度学习技术，对医学图像进行分析，经过不断学习，更加深刻清晰地显示影像中的病变区域，结合相关图像处理技术，能够快速有效地将病变区域分离出来，清晰地显示产生病变细胞的位置、大小及形状。这对于医生的诊断以及病人对医学影像的理解具有重要的意义。

1.3.2　语音识别

语音识别指计算机通过识别和理解过程，把语音信号转变为相应的文本或命令的技术。它以语音为研究对象，通过语音信号处理和模式识别让机器自动识别和理解人类语言。人们可以形象地将计算机视觉和语音识别技术分别看作是机器的"视觉系统"和"听觉系统"。除人工智能之外，语音识别技术还涉及信号处理、发声机理和听觉机理等。自 20 世纪 90 年代初，经过 30 多年的发展，语音识别技术取得了显著进步，开始从实验室走向市场。根据识别内容的范围，语音识别可分为"封闭域识别"和"开放域识别"。目前，语音识别的典型应用主要有以下几种。

1. 语音输入

语音输入是计算机根据操作者的语音将其识别成文字的输入方法，因此又称声控输入，可以认为是世界上最简便、最易用、最自然的人机交互方式。目前，该项技术已经深入人们生活的方方面面，比如手机上使用的语音输入法、语音助手、语音检索等应用；在智能家居场景中，有大量通过语音识别实现控制功能的智能电视、空调、照明系统等；智能可穿戴设备、智能车载设备也配置了一些基于语音交互的功能，其核心技术就是语音识别。一些传统的行业应用也正在被语音识别技术颠覆，比如医院里使用语音进行电子病历录入，法庭的庭审现场通过语音识别技术分担书记员的记录工作。此外，影视字幕制作、呼叫中心录音质检、听录速记等行业都可以用语音识别技术来辅助和实现。

2. 声纹识别

声纹识别的理论基础是每一个声音都具有独有的特征，通过该特征有效区分不同人的声音。该技术最早是在 20 世纪 40 年代末由贝尔实验室开发的，主要用于军事情报领域。随着该项技术的逐步发展，20 世纪 60 年代末后期在美国的法医鉴定、法庭证据等领域都使用了该项技术。从 1967 年到现在，美国至少有 5000 多个案件涉及谋杀、强奸、敲诈勒索、走私毒品、赌博、政治腐败等，都通过声纹识别技术获取了有效线索和有力证据。特别强调的是，声纹鉴别技术目前已经列入公安部标准，是可以作为证据进行鉴定的。

相较于声纹识别，语音识别更为大众所熟悉，但二者有本质区别。语音识别解决的是"说什么"的问题，声纹识别解决的是"谁在说"的问题。语音识别必然会从"说什么"发展到"谁在说"，从而克服传统智能语音技术不能区分说话人身份而无法提供相应个性化服务的瓶颈，实现真正意义上的人机交互。需要注意的是，语音场景下要解决身份识别的问题，需要得到声纹生物信息 ID 的声纹识别技术支持。

3. 情感分析

智能产品在人们的生产生活中扮演着越来越重要的角色，人们在能够与这些智能产品实现无障碍沟通交流的同时，还期待人机交互能更加友好和生动，这就要求语音识别技术不仅可以解析人类语言中所蕴含的语义，还需要注重副语言信息，如人类的情感信息。而使计算机等智能产品拥有和人类匹敌的思维感知能力和情感表达能力，是人机交互技术的终极目标之一。

基于语音的情感分析可以对人们的学习、生活、健康等产生影响。例如：在远程教育中，情感分析可以识别学生是否对教学内容感到困惑，从而提升学习效果；在车载监控系统中，情感分析可以通过语音信息识别驾驶者情绪来判断其是否疲劳、醉酒或失控等状态，并通过适度提醒或者播放轻松的音乐来缓解路怒症。在智能养老中，情感分析可以及时关注和了解老人的情绪，在老人出现负面情绪时及时提醒和应对，从而避免老人出现心理疾病或其他意义。除上述例子之外，基于语音的情感识别技术还能在信息检索、刑侦测谎等方面发挥作用，拥有广阔的应用市场。

1.3.3　自然语言处理

作为智能的重要表现方式之一，自然语言是人工智能研究领域中的一个重要研究对象。自然语言处理(Natural Language Processing，NLP)是人工智能和语言学领域的交叉学科。此领域探讨如何处理及运用自然语言，而自然语言认知指让电脑"懂"人类的语言。自然语言处理通常可分为自然语言生成和自然语言理解两部分。其中，自然语言生成指将计算机数据转化为自然语言，而自然语言理解是将自然语言转化为计算机程序更易于处理的形式。目前，自然语言处理主要应用在以下领域。

1. 机器翻译

翻译是将信息从一种语言翻译成另一种语言，而机器翻译是指开发算法让计算机在不需要人工干预的情况下自动翻译。现在常用的词典都会集成机器翻译功能，其中著名的谷歌公司开发的 Google 翻译是基于统计方法开发的。该算法不是逐字逐词替换的工作，而是首先搜集尽可能多的文本，然后对数据进行处理来找到合适的翻译。Google 翻译的算法逻辑和人类很相似。当人们还是孩子的时候，首先学习词语，然后学习对这些词语进行组合和推断，接着才进行语言的学习。然而，由于人类在认知过程中会对语言进行解释或理解，并在许多层面上进行翻译，而机器处理的只是数据、语言形式和结构，因此机器翻译目前还无法做到语言语义的深度理解。

2. 问答系统

随着互联网的快速发展，网络信息量不断增加，人们需要更快更有效地获取更加精确的信息。传统的搜索引擎技术已经无法满足人们越来越高的需求，而自动问答技术成为解决这一问题的有效手段。自动问答是指利用计算机自动回答用户所提出的问题以满足用户知识需求的任务。在回答用户问题时，首先要正确理解用户所提出的问题，抽取其中关键的信息，然后在已有的语料库或者知识库中进行检索和匹配，最后将获取的答案反馈给用户。目前常见的问答系统包括智能客服、聊天机器人等。

3. 知识图谱

知识图谱(Knowledge Graph)在图书情报界称为知识领域可视化或知识领域映射地图，如图 1-9 所示。它是显示知识发展进程与结构关系的一系列各种不同的图形。它利用可视化技术来实现知识资源及其载体的描述，挖掘、分析、构建、绘制和显示知识及它们之间的相互联系。它可用于存储各个事物实体的属性及各个事物实体之间的关联关系。本质上知识图谱是语义网络，是一种基于图的数据结构，可以将所有不同种类的信息连接在一起而得到的一个关系网络。知识图谱提供了从"关系"的角度去分析问题的能力。

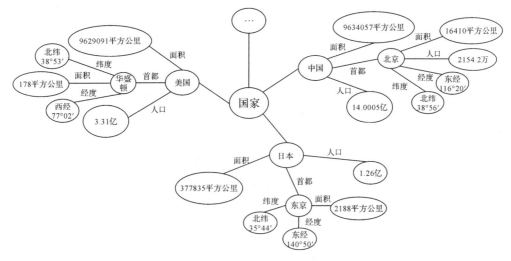

图 1-9　知识图谱示意图

1.3.4　人工智能在"体音美"方面的应用

除了上述经典的应用方向，人工智能与体育、音乐和美术也有结合，并碰撞出新的火花。下面简述人工智能在这三个方面的应用前景。

1. 人工智能+体育

近几年我国的体育产业发展迅速，但与发达国家相比，我国体育产业结构中智能体育服务占比远远落后。因此，通过人工智能技术提升体育服务的能力和效率，是进一步发展体育产业的重要手段之一。

准确获取赛场和训练场的数据，立足运动员特点制定战术，赛后进行数据复盘，是人工智能与体育结合的典型应用。目前，已有科研人员建立了可穿戴智能足球分析平台。他们通过绑在运动员脚踝上的脚带、可穿戴背心等设备，获得运动员的训练和比赛数据，并对其进行分析。有报道称，英国拉夫堡大学的研究人员和切尔西足球俱乐部联合开发了一套人工智能教练和球探系统，通过收集、分析球员不同赛季的数据，构建良好的球员数据模型，实现球员的科学训练。研究人员预计，未来的几年人工智能有可能取代一部分原本属于教练员的工作。图 1-10 为人工智能模型检测球员肢体和姿态。

除此之外，人工智能可以为观众提供更个性化的服务。例如，2017 年首次亮相的美国旧金山三角洲足球队尝试用人工智能技术提高球迷的参与度。球队使用的智能售票系统会根据购票者的背景和兴趣来调整他们的座位。国内也有体育直播平台正在尝试人工智能产品化，把人工智能和内容分发更好地结合起来，相关技术已经在智能

图 1-10　人工智能模型检测球员肢体和姿态

剪辑、机器人图文直播等方面得到了应用。例如，在 2020 年西安马拉松的赛场就为马拉松跑者提供了制作个人专属视频等服务。

2. 人工智能+音乐

音乐一直以来属于人类最重要的艺术之一。人类可以聆听并生产这种艺术，并且将其作为表达情感的一种方式，这是人类与其他动物的区别之一。对于现代音乐来说，自从乐器数字接口(Musical Instrument Digital Interface，MIDI)被创造出来，音乐及其创作过程变得更加格式化和规范化，也使得人工智能与音乐结合成为可能。

旋律识别是将人工智能应用到音乐领域最直观的方式。旋律识别就是把现有的旋律作为一个模式，储存在计算机中，当给计算机听一段未知旋律，计算机来判定是否与已知的旋律匹配。目前许多软件中的"听歌识别"或者"哼歌识别"都来源于此技术。除此之外，预测音乐是否会流行也可以通过现有的人工智能算法实现。例如，英国的音乐发现软件 Shazam 通过挖掘旗下两亿用户生成的七百万条标签数据，对流行音乐趋势进行预测，并发布某年夏季可能流行的音乐榜单。

除上述应用之外，人工智能还可以通过播放音乐对听者的情绪产生影响。美国杜克大学的丹尼尔·鲍林等人就研究了音乐与情绪的关系，并通过统计 7500 首经典音乐，发现大调音使人欢欣雀跃，而小调音令人沉痛哀伤。近年来，通过神经网络生成音乐的研究也层出不穷。例如，Google 公司在 2019 年提出一个交互式算法 Bach Doodle，通过学习 J. S. Bach 的四重奏，可以由用户指定第一声部，然后自动计算出剩余的三个声部。

3．人工智能+美术

随着深度学习的发展，人工智能与美术结合的报道层出不穷。来自克罗地亚的研究人员对 WikiArt 上的 10 万张图片进行了分析。他们采用了几种现有的模型，分析照片的美学、情感价值和记忆性，并修改模型以更适用于美术。研究发现，美丽的画作不一定令人难忘。

近年来，通过人工智能算法进行绘画的研究也层出不穷。如 2018 年 10 月 20 日，央视热播的综艺节目《机智过人》上，由人工智能"道子"所创作的国画与两位人类专业画师同台竞技，让观众找出哪一幅画为人工智能所作。最终，3 位嘉宾和现场 100 名观众在两轮比赛中都没办法将道子的作品找出来。5 天后，在佳士得拍卖会上，一幅名为《埃德蒙·贝拉米像》的计算机创作的油画以 43.25 万美元的价格成交，与同场拍卖的一幅毕加索画作的价格相当。人工智能为什么能"自己"画画？这本质上是在深度学习技术的基础上实现的。在计算机视觉领域，图像分类、识别、定位、超分辨率、转换、迁移、描述等都可以使用深度学习技术实现，而且人工智能也从单纯的临摹慢慢转向了"自我创作"。例如，Prisma 应用程序正是运用了一种被称为"风格"转换的人工智能技术，计算机可以得心应手地临摹名作风格，看起来就像是一种画作再创造。

1.4　人工智能相关政策

在人工智能领域的国际竞争中，一个世界性趋势日渐清晰——为了加快人工智能技术及产业的发展并应对其负面影响，世界各国都竞相采取积极的产业政策。本节将简单梳理近几年来人工智能在顶层设计方面国内外的一些相关政策和做法。

1.4.1　国外人工智能相关政策

自 2013 年开始，许多国家在经济振兴、科技创新、机器人、互联网等方面的政策中就已引入有关人工智能的内容。当前，世界主要经济体国家已将发展人工智能上升为国家战略。下面分别介绍国外一些国家的相关政策。

1．美国

美国率先在人工智能领域布局，持续加大政策支持。2016 年 5 月成立的"人工智能和机器学习委员会"负责协调全美各界在人工智能领域的行动，探讨制定人工智能相关政策和法律。2016 年 10 月，连续发布《为人工智能的未来做好准备》和《国家人工智能研究和发展战略规划》两份报告，将人工智能上升到国家战略层面；2020 年

2 月，美国白宫科技政策办公室发布《美国人工智能行动：第一年度报告》，从投资
AI 研发、释放 AI 资源、消除 AI 创新障碍、培训 AI 人才等方面来打造支持美国 AI
创新的国际环境；2020 年 6 月，美国国会提出《军队人工智能法案》，进一步提高人
工智能在整个国防布局中的地位。

2. 欧盟

欧盟将人工智能确定为优先发展项目。2016 年 6 月，欧盟委员会提出人工智能立
法动议；2018 年 4 月，欧盟委员会发布《欧洲人工智能》；2018 年 12 月，欧盟委员会
及其成员国发布主题为"人工智能欧洲造"的《人工智能协调计划》；2019 年 4 月，
欧盟人工智能高级别专家组正式发布"可信赖的人工智能伦理准则"，同时欧盟委员会
发布《建立以人为本的可信人工智能》；2020 年 2 月，欧盟委员会在布鲁塞尔发布《人
工智能白皮书》，旨在促进欧洲在人工智能领域的创新能力，推动道德和可信赖人工智
能的发展。2020 年 12 月，欧盟公布《数字服务法案》和《数字市场法案》的草案，
意在明确数字服务提供者的责任和义务，为人工智能的数据安全奠定基础。

3. 俄罗斯

俄罗斯拥有数学、物理等学科的优质资源，在人工智能领域有着良好的基础储备。
2019 年 10 月，俄罗斯总统普京签署命令，批准《俄罗斯 2030 年前国家人工智能发展
战略》，提出强化人工智能领域科学研究，提升计算资源可用性，完善人工智能领域人
才培养体系等；2020 年 8 月，俄罗斯总理米舒斯京签署《2024 年前俄罗斯人工智能和
机器人技术领域监管发展构想》，确定俄罗斯监管体系转型的基本方法，在确保个人、
社会和国家安全的同时，鼓励在经济各领域开发并应用人工智能技术。

4. 日本

日本依托其在智能机器人研究领域的全球领先地位，积极推动人工智能发展。在
2016 年提出的"社会 5.0"战略中，明确地将人工智能作为实现超智能社会的核心，
并设立"人工智能战略会议"进行国家层面的综合管理；2019 年 6 月，日本政府出台
《人工智能战略 2019》，旨在建成人工智能强国，并引领人工智能技术研发和产业发
展；2020 年 7 月，日本政府发表《统合创新战略 2020》，指出为了控制风险的同时提
高生产效率，必须运用人工智能、超算等技术推动数字化转型。

5. 其他国家

其他国家也持续加强在人工智能方面的投入，力争通过持续投资促进国家 AI 产业
发展，提升竞争力。例如，2020 年 12 月，德国政府根据近两年的形势变化以及新冠疫
情等带来的现实需求，批准了新版人工智能战略，提出到 2025 年，通过经济刺激和未

来一揽子计划，对人工智能的投资从 30 亿欧元增至 50 亿欧元。韩国政府于 2019 年 12 月发布《国家人工智能战略》，从顶层设计的角度全面推进人工智能技术的研究和发展；2020 年 10 月，韩国发布《人工智能半导体产业发展战略》，预计投入 700 亿韩元培育 20 家创新企业和 3000 名高级人才。2020 年 10 月，沙特阿拉伯发布《国家数据和人工智能战略》，计划培育超过 2 万名大数据和人工智能专家，培育 300 多家初创企业。

值得注意的是，各国对人工智能发展的支持不仅体现在人工智能战略本身，而且在经济、社会和产业等其他领域的法律法规、战略和政策中也多有体现。

人工智能之所以成为世界各国竞争的焦点和产业政策发力的重点，是因为其在经济社会发展全方位都具有巨大的经济价值。一方面，人工智能拥有强大的经济带动性。人工智能是当代通用性极强的技术，即它是一种能够在国民经济各行业获得广泛应用并持续创新的技术。这意味着经济社会对人工智能的需求巨大，人工智能技术能够发展成规模巨大的产业。另一方面，人工智能可对其他产业产生颠覆性影响，加快产业行业的技术创新、商业模式和业态变革，提高生产效率，改善用户体验。

对于这样一种刚进入产业化初期且快速发展的前沿技术，目前没有哪个国家已经具备绝对优势，更没有哪个国家能够像掌控传统产业那样在这一领域形成垄断地位。因此，如果能尽早进入这一领域就希望占据一席之地，甚至获取未来产业发展的主导权，反之则很有可能被其他国家甩在后面。

1.4.2　国内人工智能相关政策

我国自 2016 年将人工智能上升为国家战略后，推出了一系列相关政策文件，主要内容如下。

1. 智能制造开启人工智能道路

2015 年 5 月，《中国制造 2025》中首次提及智能制造，提出加快推动新一代信息技术与制造技术融合发展，把智能制造作为两化深度融合的主攻方向，着力发展智能装备和智能产品，推动生产过程智能化。

2015 年 7 月，国务院印发《关于积极推进"互联网+"行动的指导意见》，将人工智能作为其主要的十一项行动之一，并明确提出，依托互联网平台提供人工智能公共创新服务，加快人工智能核心技术突破，促进人工智能在智能家居、智能终端、智能汽车和机器人等领域的推广应用；要进一步推进计算机视觉、智能语音处理、生物特征识别、自然语言理解、智能决策控制以及新型人机交互等关键技术的研发和产业化。

2016 年 1 月，国务院发布《"十三五"国家科技创新规划》，将智能制造和机器人列为"科技创新 2030 项目"重大工程之一。

2. "互联网+"加速人工智能建设

2016 年 3 月，国务院发布的《国民经济和社会发展第十三个五年规划纲要(草案)》中，人工智能概念进入"十三五"重大工程。

2016 年 5 月，国家发展改革委、科技部、工业和信息化部、中央网信办发布《"互联网+"人工智能三年行动实施方案》，明确提出到 2018 年国内要形成千亿元级的人工智能市场应用规模，确定了在六个方面支持人工智能的发展，包括资金、系统标准化、知识产权保护、人力资源发展、国际合作和实施安排，并规划确立了在 2018 年前建立基础设施、创新平台、工业系统、创新服务系统和 AI 基础工业标准化这一目标。

2016 年 7 月，国务院在《"十三五"国家科技创新规划》中提出，要大力发展泛在融合、绿色宽带、安全智能的新一代信息技术，研发新一代互联网技术，保障网络空间安全，促进信息技术向各行业广泛渗透与深度融合。同时，研发新一代互联网技术以及发展自然人机交互技术成首要目标。

2016 年 9 月，国家发改委在《国家发展改革委办公厅关于请组织申报"互联网+"领域创新能力建设专项的通知》中，提到了人工智能的发展应用问题，为构建"互联网+"领域创新网络，促进人工智能技术的发展，应将人工智能技术纳入专项建设内容。

3. 人工智能成为国家战略规划

2017 年 3 月，在十二届全国人大五次会议的政府工作报告中，"人工智能"首次被写入政府工作报告。李克强总理在政府工作报告中提到，要加快培育壮大新兴产业，全面实施战略性新兴产业发展规划，加快人工智能等技术的研发和转化，做大做强产业集群。

2017 年 7 月，国务院发布《新一代人工智能发展规划》，明确指出新一代人工智能发展分三步走的战略目标，到 2030 年使中国人工智能理论、技术与应用总体达到世界领先水平，成为世界主要人工智能创新中心。

2017 年 10 月，人工智能进入中国共产党第十九次全国代表大会报告，推动互联网、大数据、人工智能和实体经济深度融合。

2017 年 12 月，《促进新一代人工智能产业发展三年行动计划(2018—2020 年)》的发布作为对 7 月发布的《新一代人工智能发展规划》的补充，详细规划了人工智能在未来三年的重点发展方向和目标，每个方向的目标都做了非常细致的量化。

2018 年 1 月，人工智能标准化论坛发布了《人工智能标准化白皮书(2018 版)》。国家标准化管理委员会宣布成立国家人工智能标准化总体组、专家咨询组，负责全面统筹规划和协调管理我国人工智能标准化工作，并对《促进新一代人工智能产业发展三年行动计划(2018—2020 年)》及《人工智能标准化助力产业发展》进行解读，全面推进人工智能标准化工作。

2019 年 3 月，在《2019 年政府工作报告》中将人工智能升级为"人工智能+"；2019 年 6 月，人工智能治理原则首次被提出，人工智能治理专业委员会发布了《新一代人工智能治理原则——发展负责任的人工智能》提出人工智能治理的框架和行动指南。

2020 年 4 月，国家发改委首次明确新型基础设施的范围，而人工智能是新基建的一大主要领域。此外，2020 年 6 月，全国人大常委会上提出人工智能的相关法律法规问题，倡导加强立法理论研究，重视对人工智能、区块链、基因编辑等新技术新领域相关法律问题的研究。

本 章 小 结

人工智能是近年来研究的热点，世界各国都开始重视人工智能的发展。通过本章的学习，读者首先明确了人工智能的概念，然后了解了人工智能的发展历史、每个历史阶段的代表性成果以及人工智能在各行各业中的典型应用，最后清楚了各国政府如何对人工智能在政策方面进行扶持。通过对本章内容的学习，读者将掌握人工智能的发展脉络，厘清人工智能的发展方向，为后面的学习打下坚实的基础。

思政小贴士

通过学习人工智能的发展历史，启发学生运用唯物辩证法的观点看问题，具体体现在以下几个方面：

➢ 事物是普遍联系的，要用联系的观点看问题。

➢ 事物是变化发展的，要用发展的观点看问题。

➢ 内因是事物发展的根据、源泉和根本动力，外因是事物变化发展的条件，外因通过内因起作用。

➢ 量变是质变的前提和必要准备，量变达到一定程度必然引起质变，质变是量变的必然结果。

➢ 事物发展是前进性和曲折性的统一。事物发展的总趋势是前进的，新事物必定战胜旧事物，但发展道路是曲折的。

习 题

1. 人工智能的定义是什么？

2. 人工智能可分为几类？

3. 图灵测试的内容是什么？它有什么作用？

4. 人工智能发展过程中的"三次浪潮"是指什么？代表性成果是什么？

5. 人工智能发展过程中的"五个阶段"是指什么？各有什么特点？

6. 描述人工智能在生活中的一个应用实例。

7. 想象人工智能在未来生活中的一个应用场景。

参 考 文 献

[1] 维基百科编者. 人工智能[G/OL]. https://zh.wikipedia.org/w/index.php?title =%E4%BA%BA%E5%B7%A5%E6%99%BA%E8%83%BD&oldid=66769139.[2021-07-29].

[2] TURING A M. Computing machinery and intelligence, parsing the turing test[M]. Springer，Dordrecht，2009：23-65.

[3] BUCHANAN B G，SHORTLIFFE E H. Rule based expert systems：the MYCIN experiments of the Stanford heuristic programming project[J]. Artifical Intelligence，1985，26(3)：364-366.

[4] HOPFIELD J J. Neural networks and physical systems with emergent collective computational abilities[J]. Proceedings of the National Academy of Sciences，1982，79(8)：2554-2558.

[5] RUMELHART D E，HINTON G E，WILLIAMS R J. Learning internal representations by error propagation[R]. California Univ San Diego La Jolla Inst for Cognitive Science，1985.

[6] LECUN Y，BOSER B，DENKER J S，et al. Backpropagation applied to handwritten zip code recognition[J]. Neural Computation，1989，1(4)：541-551.

[7] HINTON G E，SALAKHUTDINOV R R. Reducing the dimensionality of data with neural networks[J]. Science，2006，313(5786)：504-507.

[8] LECUN Y，BENGIO Y，HINTON G. Deep learning[J]. Nature，2015，521(7553)：

436-444.

[9]　FORSYTH D A，PONCE J. Computer vision：a modern approach[M]. Pearson，2012.

[10]　尚邵湘. 平安城市促进视频监控大发展[J]. 中国公共安全，2008(11):86-86.

[11]　汤明文，戴礼豪，林朝辉，等. 无人机在电力线路巡视中的应用[J]. 中国电力，2013，46(3)：35-38.

[12]　FUJITA H. AI-based computer-aided diagnosis (AI-CAD)：the latest review to read first[J]. Radiological Physics and Technology，2020，13(1)：6-19.

[13]　YU D，DENG L. Automatic speech recognition [M]. Springer London Limited，2016.

[14]　刘乐，陈伟，张济国，等. 声纹识别：一种无需接触，不惧遮挡的身份认证方式[J]. 中国安全防范技术与应用，2020 (1)：32-40.

[15]　王建成，徐扬，刘启元，等. 基于神经主题模型的对话情感分析[J]. 中文信息学报，2020，34(1)：106-112.

[16]　Handbook of natural language processing[M]. CRC Press，2010.

[17]　RATIU O G，BADAU D，CARSTEA C G，et al. Artificial intelligence (AI) in sports[C]. Proceedings of the 9th WSEAS International Conference on Artificial Intelligence，Knowledge Engineering and Data Bases，2010：93-97.

[18]　DE MANTARAS R L，ARCOS J L. AI and music：From composition to expressive performance[J]. AI Magazine，2002，23(3)：43-43.

[19]　CHEN P H，CHANG L M. Artificial intelligence application to bridge painting assessment[J]. Automation in Construction，2003，12(4)：431-445.

[20]　新华网. 世界主要国家人工智能战略及其产业政策的特点[J/OL]. http://www. xinhuanet.com/tech/2019-04-17/c_1124376113.htm. [2019-04-17].

[21]　中国产业经济信息网. 2020 年人工智能政策汇总：更倾向基础层与复合型人才[J/OL]. http://www.cinic.org.cn/ sj/sdxz/kxjs/866542.html. [2020-07-14].

第2章　AI行业发展的驱动力

 本章思维导图

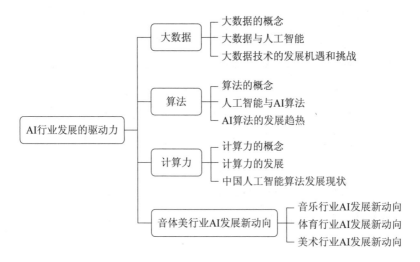

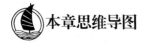 **本章学习目标**

- 了解大数据的概念、未来发展机遇和挑战
- 了解大数据与人工智能的关系
- 了解算法和计算力的概念及发展趋势
- 掌握人工智能算法的相关技术
- 正确认识音体美行业人工智能发展的新动向

　　近些年，人工智能迅速发展，人工智能技术深入到各行各业，其核心驱动力和生产力由格灵深瞳、英特尔联手给出了答案：数据、算法和计算力。它们是人工智能时代前进的三大马车。本章将分别对这三大驱动力进行介绍，首先从大数据的内涵、特点以及大数据和人工智能的关系介绍大数据的概念，然后介绍算法的概念和算法的发展趋势以及计算力的概念和发展现状，最后针对音乐、体育和美术领域分别介绍人工智能应用和发展的新动向。通过学习本章内容，读者将对人工智能发展的核心驱动力

和相关领域的发展现状有更清晰的认识。

2.1　大　数　据

2.1.1　什么是大数据

从古至今，数据一直伴随着人类社会的发展变迁。人们对以数据为基础的世界的认识有了很大的进步。从文明之初的"结绳记事"，到文字发明后的"文以载道"，再到近现代科学的"数据建模"，数据承载了人类基于数据和信息认识世界的努力和取得的巨大进步。随着计算机网络的飞速发展，人们的生产和生活方式发生巨大变化。信息的传播和处理也更加方便和快捷，信息的种类和数量日益增多，各式各样的数据迎来爆炸式增长。例如，Google 公司每月处理的数据量超过 400 PB；百度每天大约要处理几十 PB 数据；Facebook 注册用户超过 10 亿，每月照片的上载量超过 10 亿张，每天生成超过 300 TB 的日志数据；淘宝用户规模已达到创纪录的 7.55 亿，这意味着"家家都有购物车"，甚至不止一辆购物车，每天交易量达千万笔，相关数据量为 20 TB以上。

1980 年，托夫勒在《第三次浪潮》中首次提及"大数据"一词。2008 年 9 月，Nature 专门针对"Big Data"，即"大数据"出版了一期专栏，从多方面介绍了大数据带来的挑战。2009 年，"大数据"成为行业中的热门词汇。2011 年 6 月，"大数据时代已经到来"最早出现在麦肯锡公司发布的《大数据：下一个创新、竞争和生产力的前沿》研究报告中。从此"大数据"受到各国的争相追捧。"大数据，大影响"也成为2012 年 1 月世界经济论坛年会上的重要议题之一。时任美国总统奥巴马于 2012 年 3月宣布其政府投资 2 亿美元启动"大数据研究和发展计划(Big Data Research and Development Initiative)"，美国政府认为大数据在未来将会对经济和科技的发展产生重要影响，称其为"未来的新石油"。大数据是一种规模庞大、高增长率和多样化的信息资产，需要新的处理模式才能具有更强的决策能力、洞察力和流程优化能力。大数据要实现数据的价值，就要以数据为核心资源，通过采集、存储、处理、分析、应用和展示数据。大数据本身是一个比较抽象的概念，从大数据的特征出发，可以阐述和归纳其定义。大数据的特点可以总结为 4 个"V"。

1. 规模性(Volume)

大数据的第一个特点就是数据量大、数据集合的规模不断扩大，其计量单位已从GB 到 TB，再到 PB 级，目前起始计量单位至少是 PB，即 1000 TB，或 EB，即 100

万 TB，甚至是 ZB，即 10 亿 TB。

2. 多样性(Variety)

大数据的第二个特点是数据类型繁多，包括结构化、半结构化和非结构化数据。网络日志、音频、视频和图片等非结构化数据的大幅增长是现代互联网应用呈现出的显著特点。多种类型的数据对大数据的处理能力提出了更高要求。

3. 价值性(Value)

大数据的第三个特点是数据的价值密度相对较低。大数据时代中，数据无处不在，每天都能产生海量的数据，例如一段 24 小时的道路监控视频，可用的信息一般较少，因此数据的价值密度较低。如何通过强大的智能算法快速地完成数据价值"提纯"，是大数据时代急需解决的问题。

4. 高速性(Velocity)

大数据的第四个特点是处理速度快、时效性要求高。这个特点是大数据与传统数据分析最显著的区别。大数据时效性很强，这就需要用户把握好对数据流的掌控从而更加有效地利用这些数据。数据自身的状态与价值往往随时空变化而发生演变，数据的涌现特征明显。

毫无疑问，有效地组织和利用大数据，可以推动科学研究与社会经济的发展。美国从 2009 年起，全面开放了 40 万政府原始数据集，美国政府的创新战略、国家安全战略及国家信息网络安全战略都离不开大数据，大数据已经成为战略制定的交叉领域和核心领域。2014 年 7 月，欧盟委员会也呼吁各成员国迎接大数据时代，采取具体措施发展大数据业务。欧盟已对科学数据基础设施投资 1 亿多欧元，并将数据信息化基础设施作为 Horizon 2020 计划的优先领域之一。可见，大数据研究和应用已成为各国政府重要的战略布局和发展方向。

2.1.2　大数据与人工智能

海量数据的迅速积累得益于智能终端和传感器的快速普及，这为基于大数据的人工智能带来了快速持续发展的动力。就像食材与美味佳肴的关系，信息是原料，数据是产品。数据与人工智能的关系非常密切，例如 AlphaGo 之所以能够战胜人类围棋高手，其本质就是依赖海量数据的支撑。过去 10 年，数据的获取在数量、质量以及种类方面均呈现井喷式增长，支撑了 AI 技术的快速发展。随着信息技术的快速发展，机器学习相关算法发展迅速，我们可以从海量数据中挖掘更多的信息价值。据相关报道，大数据和人工智能的关系主要体现在以下几点。

1. 海量大数据成为人工智能发展的燃料

研究报告显示,全球数据总量在 2025 年将达到 175 ZB,足足是 2016 年全球数据总量的 10 倍多,其中属于数据分析的数据总量将达到 5.2 ZB,比 2016 年增加了 50 倍。数据的爆发性增长为人工智能提供了丰富的数据积累和训练资源。以人脸识别为例,百度训练人脸识别系统需要 2 亿幅人脸画像。

2. AI 芯片提升了大数据的处理效率

人工智能技术离不开海量数据,而数据量的快速增长需要高强度、高频次的数据处理技术。想要提升大规模、海量数据的处理效率,就需要 AI 芯片。目前,主要硬件芯片包括 GPU、NPU、TPU、FPGA 和各种各样的 AI-PU 专用芯片。以往即使训练简单的神经网络,传统的双核 CPU 也需要花几十个小时甚至几天的时间,而利用专用芯片只需要几分钟。可见,AI 芯片的运算速度已经达到 CPU 处理速度的 70 倍。

3. 人工智能算法充分挖掘了数据的价值

海量数据让人工智能更加"智能",人工智能算法让海量数据的价值充分地发挥出来。本书后面讲到的音乐才女和绘画天才"小冰"、英特尔的精准医疗和特斯拉无人驾驶技术,都离不开海量数据的学习。正是"深度学习""增强学习""机器学习"等智能算法的发展与应用使得海量数据成为新的"石油"。

4. 人工智能推进大数据的深度应用

在体育领域,大数据与人工智能技术的结合,可以有效提升运动员的训练效率,教练可以更好地掌握运动员的训练情况,制订个性化的训练方案;在交通领域,大数据与人工智能技术的结合,开发如智能交通疏导、智能交通流量预测等人工智能应用,可以实现智能交通控制;在医疗领域,大数据与人工智能技术的结合,可以实现智能医疗影像分析、辅助诊疗和智能诊疗等,为人们提供更加便捷、智能的医疗服务。大数据技术与人工智能技术紧密结合,进一步加速推进人工智能相关应用的快速发展,帮助人们挖掘数据背后的价值以及更深层和更准确的知识,从而催生出一系列新业态和新模式。

2.1.3　大数据技术的发展机遇和挑战

目前大数据已经进入了稳步的发展时期,主流的大数据计算框架已经成型,接下来的趋势就是基于这些主流框架的精细化上层应用的发展。但是,正如李国杰院士所说,大数据意味着大机遇,但也带来了巨大的挑战。只有解决了基础性的挑战问题,如工程技术、管理政策和人才培养等,才能利用好这个大机遇,挖掘大数据更深层次的价值。构建大数据和谐生态系统,需要国家层面从政策制定、资源投入和人才培养等方面给予强有力的支持和保障。我国党的十八届五中全会将大数据上升为国家战略。中国人民解放军军事科学院副院长梅宏回顾过去几年的发展，认为我国大数据发展可总结为："进步长足，基础渐厚；喧嚣已逝，理性回归；成果丰硕，短板仍在；势头强劲，前景光明"。

随着数字中国建设的推进，各行业不断提升数据资源采集和应用能力，进而实现更快更多的数据积累。未来，我国有望成为全球金融中心及数据资源大国。2015 年 9 月，国务院发布《促进大数据发展行动纲要》，其中重要任务之一就是"加快政府数据开放共享，推动资源整合，提升治理能力"。

"十三五"期间，"计算和大数据"成为我国在国家重点研发计划中设立的相关重点专项。当前科技创新 2030 大数据重大项目正在紧锣密鼓地筹划和部署中。目前，我国在大数据内存计算、协处理器芯片和分析方法等方面取得了一些关键技术的突破，国内互联网公司推出的大数据平台的服务和处理能力也跻身世界前列。尤其国家大数据战略实施以来，地方政府纷纷响应联动，并积极谋划布局。国家发改委组织建设了 11 个国家大数据工程实验室，为大数据领域相关技术创新提供支撑和服务。发改委、工信部、中央网信办联合批复贵州、上海、京津冀和珠三角等 8 个综合试验区也加快建设。各地方政府出台促进大数据发展的指导政策、发展方案、专项政策和规章制度等，使我国大数据发展呈现蓬勃之势。

然而，我们必须清醒地认识到，我国在大数据方面仍存在一系列亟待补上的短板：

(1) 我国与数据管理、数据安全等内容相关的法律法规还不健全；

(2) 与发达国家相比，我国在基础理论、核心器件、算法和软件等方面仍显落后；

(3) 我国大数据与实体经济融合有待持续优化。

那么未来大数据方面的发展趋势是什么？

首先，世界互联网用户的基数已达到十亿量级。物联网、5G 技术的飞速发展，将进一步快速提升数据源和传输层面的能力，数据的总量也将继续扩大。IDC、希捷科技发布的《数据时代 2025》白皮书显示，到 2025 年全球数据总量预计将从 2018 年的 33 ZB 增长到 175 ZB(如图 2-1 所示)。

其次，爆炸性增长的数据催生了新技术，并成为深度学习和计算机视觉等技术快速发展的肥沃土壤。

最后，随着人工智能的快速应用及普及，大数据的不断累积，强化学习以及深度学习等算法不断优化，人工智能技术与大数据技术将深度融合。人们需要树立对大数据的正确认识，积极防范大数据可能带来的风险。未来的人才应具备用大数据思维发现、分析和解决问题的基本素质和能力，才能在数字经济时代成为国家的中流砥柱，助力国家综合竞争力的提升。

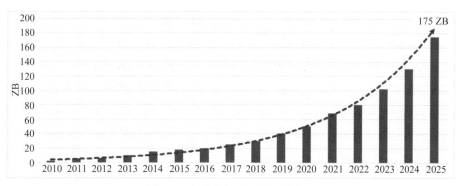

图 2-1　全球数据总量的规模变化

2.2　算　　法

2.2.1　什么是算法

如果说数据是人工智能前进的燃料，那么算法就是人工智能前进的发动机。随着数据量和计算水平的不断提高，当前学术界研究与产业应用的热点，已逐渐聚焦到数据驱动的机器学习算法设计上。在深度学习出现之前，机器学习领域的主流算法是神经网络、逻辑回归和支持向量机(Support Vector Machine，SVM)等各种浅层学习算法。深度学习突破人工智能算法瓶颈后，计算机视觉的主要识别方式也发生了重大转变。

2.2.2　算法与人工智能

算法演进是推动人工智能实际应用的主要动力。人工智能概念提出后，算法经历了数十年的发展，不断演进和进步，从决策树到神经网络，从机器学习到深度学习。与此同时，算法的研究逐步走出实验室，与产业和行业相结合，衍生出丰富的与行业应用和典型场景相关的算法分支。

仅用了短短几年时间，深度学习就颠覆了语音识别、语义理解和计算机视觉等基础应用领域的算法设计思路，逐渐形成了一类从训练数据出发，经过端到端的模型，直接输出最终结果的一种模式。深度学习根据用户提供的大量已有数据(训练数据集)来自我调整规则中的参数，进而调整规则，所以如果不同的场景拥有相似的训练数据，那么神经网络就可以做出很准确的判断。深度学习出现之后，自学习模式成为视觉识别主流。机器能从海量数据库里自行学习归纳目标特征，再根据特征规律识别目标。图像识别的精准度也得到极大的提升，于 2016 年提升到 96.5%，如图 2-2 所示。

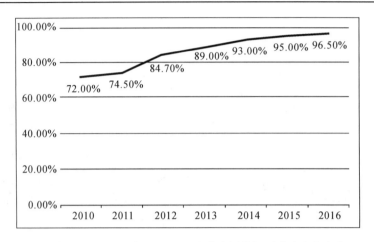

图 2-2 2010—2016 年 ImageNet 比赛中图像识别准确率的变化

2.2.3 AI 算法的发展趋势

学术界、工业界对未来人工智能算法发展趋势一直有着激烈的讨论。根据 OpenAI 的最新测算，从 2012 年开始训练一个大型人工智能模型的计算力年平均增长为 11.5 倍，另外，算法效率也在不断提高，年平均节省约 1.7 倍的计算力。未来，人工智能技术发展的核心驱动力将主要依靠算法层面的创新与突破。众所周知，数据和计算力为过去 10 年人工智能的发展奠定了重要基础，而人工智能技术在 2020 年取得里程碑式发展的重要原因是基于深度学习的算法结合其应用取得的性能突破。人工智能算法的未来发展将呈现以下特点。

1. 先验知识与深度学习的结合

当前的深度学习方法通常依赖于大量标注的训练数据，以"端到端"的方式逐步优化整个网络。这种"端到端"的方式通过特征设计和选择的问题与模型训练过程进行整合，有效避免了人为特征设计和选择的困难。但这一"数据驱动"方法往往会导致模型具有可解释性差、泛化能力弱等不足。如果将数据中隐藏的特定先验知识与深度学习算法相结合，可以避免在解决方案空间中盲目搜索，从而获得性能更好、应用范围更广的模型。

2. 更加优秀的模型结构

与生物神经网络相比，深度学习模型的模型结构过于简单。如果可以从生物科学、生物神经科学的进步和发现中吸取灵感，将帮助人们发现更加优秀的模型。另一个可能产生突破的方式是通过设计更好的参数建模方法提高深度学习模型处理随机不确定性问题的能力。

3. 人工数据标注的减少

目前来看，依赖大数据训练 AI 模型不是大问题。但是，AI 模型的训练过程需要大量的人工标注数据。现在的研究热点之一在于利用无监督或半监督(弱监督)算法缓解或者大幅降低模型训练对于人工标注数据的依赖。如果能够实现数据的自动标注，研究人员就可轻松创建 AI 的训练数据。

4. 模型自评估

无论是机器学习算法，还是其中的深度学习算法，现有的 AI 算法在研发过程中往往通过训练闭环(Closed Loop)、推理开环(Open Loop)的方式完成。如果可以通过设计模型自评估，在推理环节将开环系统进化成闭环系统也是一个值得思考和进一步研究的领域。大量研究表明，采用闭环算法的系统在性能和输出可预测性上，均优于开环系统。闭环系统的这一特性为提高 AI 系统鲁棒性和可对抗性提供了一种新的思路和方法。

回望人工智能技术过去 10 年发展取得的成就，大数据、算法和计算力推动人工智能快速发展，极大地改善了人们的生活、工作和学习。未来 10 年，我们期待人工智能能用更少的数据、更高效的算法，实现真正意义上的通用智能！

2.3　计　算　力

2.3.1　什么是计算力

所谓计算力，是指实现 AI 系统所需要的硬件计算能力。当前，计算力对于人工智能技术的作用如同厨房灶台对于美味佳肴一样，其本质是一种基础设施的支撑。计算力作为承载人工智能应用的平台和基础，推动了人工智能系统的发展和快速演进，是人工智能的关键核心要素之一。

19 世纪蒸汽机的出现，开启了工业时代；而后电力让人们进入了电气时代，电力成为生活必需品，人们的生活、学习和工作都离不开电力。19 世纪 80 年代，随着计算机的出现，人们逐渐进入信息化时代，计算力成为与人们生活息息相关的核心驱动力，手机上的社交信息、数据服务、音像服务都离不开计算力。随着人工智能的不断发展，人们也越来越依赖计算力，未来某个云计算公司的计算力出现故障有可能会严重影响各类服务，甚至人们的正常生活。在人工智能时代，我们有理由相信计算力将成为影响整个社会发展的新生产力，成为数据的产生和处理、算法优化和快速迭代的催化剂，成为近年来人工智能取得快速发展的核心推动力，推动着人工智能系统的整体发展。人工智能技术应对人类越来越高的应用需求，神经网络必须变得更加强大。如果神经网络可以像人类一样自动学习、自动更新知识库，以及自动做线上认知识别，届时计算量可能会出现上千万倍的增大，人们对于计算力提升的需求将更加迫切，对计算力的依赖也更加严重。

人工智能计算力的原动力来自半导体计算类芯片的发展。为了弥补通用处理器(CPU)性能的不足，图形处理器(GPU)迅速发展。无论是在计算能力还是在内存访问速度上，GPU 都很好地克服了 CPU 的性能发展瓶颈问题。2019 年的 AI 芯片收入中 GPU 芯片拥有 27%左右的份额，而 CPU 芯片仅占 17%的份额。

2.3.2　计算力与人工智能

2019 年 3 月 28 日，IDC 和浪潮联合研究发布的《2018—2019 中国人工智能计算力发展评估报告》报道，人工智能市场投资的 66%是计算力投资，人工智能以计算力为核心已从探索走向实践。2019 年 8 月 28 日，IDC 和浪潮联合研究发布的《2019—2020 中国人工智能计算力发展评估报告》指出，计算力是承载和推动人工智能走向实际应用的基础平台和决定性力量，在计算力的驱动下中国正从 AI 产业化进入到产业 AI 化的新发展阶段。2020 年 12 月 15 日，IDC 和浪潮联合发布的《2020—2021 中国人工智能计算力发展评估报告》强调，随着 AI 算法突飞猛进地发展，越来越多的模型训练需要巨大的计算力支撑才能快速有效地实施，未来人工智能应用取得突破，计算力将成为决定性因素。2021 年 10 月 26 日，IDC 和浪潮信息联合发布的《2021—2022 中国人工智能计算力发展评估报告》指出，AI 芯片呈现多元化发展趋势，AI 芯片算力持续提升满足模型规模增长态势，未来 AI 服务器将朝着多元开放、绿色节能的方向发展。目前，某些模型已经逼近人工智能的计算力极限，例如，OpenAI 公布的史上最大 AI 语言模型 GPT-3 不仅模型尺寸增大到了 1750 亿，数据量也达到了惊人的 45 TB。中国工程院院士、浪潮集团首席科学家王恩东认为，没有计算就没有人工智能，计算力在人工智能的发展中始终发挥着关键作用。数据、计算力与算法是人工智能迅速发展的三大驱动力，它们都与计算息息相关。近年来 GPU 等加速技术带来计算力的跨越式发展，计算力和深度神经网络模型的不断提升，带动了整个人工智能的革命与复兴。因此，人工智能的发展离不开计算力的快速发展。从某种意义上来讲，是计算点亮了 AI，同时，AI 的快速发展也为计算提出更高的要求。

根据《2018—2019 中国人工智能计算力发展评估报告》，在人工智能发展的早期阶段，80%的计算力集中在训练场景，而在未来大规模应用阶段，80%的计算力将集中在推理场景，届时人工智能的计算力分布将呈现"二八法则"。随着人工智能技术的发展，人工智能将引领第四次工业革命，计算力是推动人工智能的核心驱动力。2020年全球人工智能市场中，用于计算力的投资将超过 176 亿美元，该市场未来 5 年的复合增长率(2017—2022 年)将超过 30%。2018 年，我国人工智能市场投资规模约 25 亿美元，其中 70%以上是以计算力为核心的基础架构硬件市场投资。到 2022 年，我国的人工智能市场投资规模将超过百亿美元，未来 5 年的复合增长率将超过 59%，其中人工智能基础架构的硬件市场规模将超过千亿元人民币。

我国互联网行业在计算力方面的投资一枝独秀，约占全部行业投资的 62%(如图 2-3 所示)。在 AI 计算力分布前十名的城市中，杭(州)北(京)深(圳)沪(上海)合(肥)居前五。可见，我国各区域人工智能计算力发展不平衡，西部地区发展程度低于东部地区。人工智能应用快速落地将为更多行业提供强劲的发展动力，当然，这也带来了数据和训练任务量的指数级增长，同时也激发了对计算需求的爆发性增长。

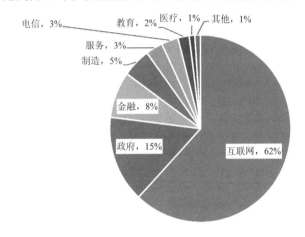

图 2-3　中国人工智能计算力投资行业分布

计算力是人工智能的强大驱动力，对于计算力来说，其内在驱动力就是芯片。当前深度学习算法的主流方式仍为 GPU 芯片。从架构上看，虽然 GPU 相比于 CPU 更有效率，但要达到最优效率还有很大的提升空间。目前，谷歌和百度等公司都推出了其自主研发的芯片，AI 芯片也成为当前创业投资的热门领域。然而，目前看来传统固有的计算瓶颈尚未被打破，其主要原因是这些为深度学习定制的专用 AI 芯片还没有形成规模，这也是计算力难以获得突破的根本原因。当前，市场对于人工智能发展的需求旺盛，但神经网络和其他机器学习系统的实现，依然依赖于庞大的计算力。如果人工智能是一辆需要加速前进的汽车，那么作为发动机的计算力的发展已略显滞后。

2.3.3　计算力的发展

2017 年 5 月，在中国乌镇围棋峰会上，世界排名第一的中国棋手柯洁以 0∶3 输给了人工智能。人们开始相信，机器可以像人类一样思考，甚至比人类做得更好。同年 7 月，国务院发布《新一代人工智能发展规划》，我国进入人工智能产业发展的"黄金窗口期"。各地区也都从不同层面加强人工智能相关政策的部署。如果说 2017 年是中国人工智能元年，那么 2018 年则是中国人工智能市场投资和应用加速成长、迅速落地的一年。从 2018 年开始，互联网和产业界巨头不断加大对人工智能市场的投入，这使得人工智能产品和服务层出不穷，智能与经济时代的全新产业版图初步显现，"商业落地"成为人工智能发展到当前阶段鲜明的主题词。

人工智能的发展需要巨大的计算力支撑，计算力也是推动人工智能应用和系统发展的核心驱动力。2018 年 IDC 针对亚太地区进行的企业人工智能接受度和应用成熟度调研结果显示，我国人工智能的市场接受度从 2017 年的 10%迅速提升到 20%以上；同时，在未来两年中计划使用人工智能的企业比例也从 27%提长到 60%。目前国内人工智能行业的上市公司主要有百度、腾讯、阿里巴巴、科大讯飞等。由微软赞助的安永《大中华区人工智能成熟度调研：解码 2020，展望数字未来》指出，大部分中国受访企业的人工智能发展尚处在早期试行阶段，但随着中国政府对企业转型的扶持，六成人工智能成熟度较高的受访企业已选择优先发展人工智能战略，抢占市场先机。有了政府的全力支持、科技巨头的大力发展，新兴企业迅速崛起，我国人工智能生态圈呈现蓬勃发展的势头。

最新发布的《2020 全球计算力指数评估报告》显示，计算力与经济增长紧密相关，计算力指数平均每提高 1 个点，数字经济和 GDP 将分别增长 3.3‰和 1.8‰。从选取的样本国家来看，AI 计算的占比正逐年提高，从 2015 年的 7%增加到 2019 年的 12%，到 2024 年预计将达到 23%。其中，我国的拉动作用最为显著，2015—2019 年，在样本国家的 AI 计算市场支出增长中，有接近 50%来自中国。

计算力推动数据处理和算法演进，应用成熟度提升。现在，人们不需要担心海量数据的获取，但是将更多的数据开放出来，就需要更加注重数据的安全和隐私的保护，在此前提下实现数据的增值处理是当前数据处理的核心问题之一。2017 年 6 月 1 日，我国发布并实施了《中华人民共和国网络安全法》，为数据的存储、管理和应用提供了法律依据。

计算力的提升不仅需要芯片、内存、硬盘和网络等硬件设备能力的提升，同时不同的数据类型和应用需求要求计算架构、资源的管理和分配完成针对性的优化，这是个复杂的系统工程。不过经过多年的发展，在芯片技术方面，我国 14 nm 制造工艺量产，存储芯片批量生产，个人计算机及服务器端的 CPU 芯片产品线丰富，AI 专用芯片快速发展。在计算系统方面，我国的天河系列、神舟系列等超级计算机多年位列全球前位，大规模云计算系统与国际先进水平相当。在面向人工智能应用方面，如模式识别、计算机视觉等方向的算法创新动力十足，量子计算、类脑计算等前沿领域都有突破。在软件技术方面，我国操作系统企业供给质量持续提升，数据库领域不断涌现出新兴产品，开源生态的建设取得一定突破。在产业生态方面，我国龙头企业在架构、生态、计算力、软件和方案等领域均积极布局，构建计算生态。可以说我国计算力产业已经取得长足的进步。2021 年 5 月，国家发展改革委、中央网信办、工业和信息化部、国家能源局联合印发《全国一体化大数据中心协同创新体系算力枢纽实施方案》，明确提出为了应对数据量的爆发式增长及相关存储、计算和应用需求的大幅提升，需要构建数据中心、云计算、大数据一体化的新型算力网络体系，促进数据要素流通应用，实现数据中心绿色高质量发展。

国际上来看，美国科技企业以核心技术和创新精神引领着人工智能市场的发展和计算力的提升，例如，2019 年谷歌发布了第二代和第三代 TPU Pod，可以配置超过 1000 颗计算神经网络专用芯片 TPU；英特尔公布了全新的基础设施处理器以及超凡的数据处理中心 GPU 架构 Ponte Vecchio，其具备英特尔迄今为止最高的计算密度，Nvidia 不断推出新的 GPU 产品和软件；微软和 AWS 率先在云端推出 AIaaS 服务。与之相比，我国厂商仍然缺乏提升计算力的核心技术，不过，随着国内领先企业在芯片、算法框架、应用部署和管理工具等方面加大研发和投入，丰富和加强自己的计算力平台，将极大提升算法的效率和演进的节奏。伴随着算法的提升，人工智能将更好地与产业和行业相结合，形成计算力、算法和数据的良性互动，促进人工智能生态的快速发展和繁荣。

2.4   "音体美" 行业 AI 发展新动向

2.4.1   音乐行业 AI 发展新动向

在现代计算机技术和信息技术迅猛发展和普及的趋势下，人工智能赋能音乐创作，音乐人工智能(Music AI)出现在音乐及计算机应用领域，属于音乐科技的一部分。人工智能影响了音乐生成、音乐信息检索(Music Information Retrieval，MIR)以及所有其他涉及 AI 的音乐相关的应用，如音乐机器人、智能音乐教育、智能音乐分析、智能混音、基于智能推荐的音乐治疗等，为现代音乐注入了新的元素和活力。

2019 年 11 月，为庆祝著名音乐家约翰·塞巴斯蒂安·巴赫的 333 岁诞辰，谷歌的 "Magenta" 和 "PAIR" 团队创作了一个谷歌涂鸦。它通过机器学习分析巴赫的 306 首原始音乐作品，然后使用用户提供的音符来创作出一首乐曲，以特殊的方式纪念了音乐历史上伟大的音乐家。当然这也引发了人们的思考：人工智能在未来的发展对艺术家、歌曲作者、制作人和工程师会带来什么影响？人工智能与音乐进行碰撞会有怎样的未来？

全球著名会计师事务所"德勤"发布的《企业报告》中指出，人工智能的使用率从 2017 年到 2018 年在全球范围内增长了 5%，总体采用率达到了 63%左右。人工智能的增长可以在未来几年创造出 5800 万个全新工作岗位。未来，艺术家和音乐创作者可能常常与机器一起进行创造性的工作。人工智能音乐软件有望替代人类完成大部分录制工作，而且在产生同样效果时所需成本要低得多。

音乐艺术领域将伴随着人工智能技术的发展而发展，人工智能技术在未来不仅有希望真正理解艺术家们的情感表达，还可以理解其个性化的思考，使人工智能演奏出来的音乐更深远、更有高度。

2.4.2　体育行业 AI 发展新动向

人工智能赋能体育领域，为现代体育行业带来新气象。想象一下，人工智能可以帮助运动队发现人才，为训练运动员提供指导，与球迷互动，做辅助裁判，完成体育赛事转播等，甚至可以帮助人们在智能体育运动场馆中进行针对性的锻炼。如今的体育时代已是一个智能化的时代。人工智能正普遍服务于体育事业和体育文化等领域，取得了丰富的成果。人工智能赋能体育行业，不仅帮助体育行业不断走向"更快、更高、更强"，还诞生了一些体育新领域。

人工智能的发展和应用为体育事业带来新的发展契机。从辅助运动训练、辅助健康管理、保障心理状态到智能赛事转播、智能运动场馆，人工智能已被应用于体育事业的各个领域。虚拟运动训练环境借助 360 度视频及虚拟现实(VR)技术构建出沉浸式的数字化环境，为运动员模拟实际比赛条件进行练习，有效降低身体的损伤风险。人工智能还可以通过分析和处理训练产生的海量运动视频，为运动员提供战术或策略。这些建议有时比人工判断更细微、更快速。在网球、板球、足球等领域，人工智能有助于体育人才的深入发掘，借助人工智能神经网络分析运动员动作模式、预测运动结果并及时提供反馈建议。人工智能还可以帮助运动员更快地修复运动损伤，智能康复机器人可以提供正确的运动模式，促进运动员运动能力的恢复。人工智能心理健康大数据平台通过人工智能模型了解、发现并及时调节运动员的心理状况，提高运动员参与体育竞赛的信心。通过不断分析运动员的动作或身体参数数据流，识别运动员出现骨骼肌或心血管问题的早期迹象，通过实时监测运动员的身体健康状况，帮助其保持最佳身体状态。此外，人工智能还可以改变现场直播模式，进一步完善观众体验体育的方式。人工智能赋能体育赛事转播，可以根据用户的需求自动选择更优的相机角度，可以智能化地提供赛事的解说以及预测比赛结果，甚至还能选择投放广告的合适时机。例如，根据体育竞技场上赛事的状况、观众的情绪等内容，通过设计更有效的广告投放策略，扩大广告商的盈利机会。

"更快、更高、更强"是每一个奥林匹克运动员的目标和追求，也成为每一个普通大众的运动追求和不断挑战身体素质的动机和精神。智能体育场馆及其他全民基础设施使用互动机器人等教授人类运动的动作要领，讲解太极拳等民族传统体育项目，更好地为人们服务。另外，智能场馆能够实现进出人员的智能化和在线化管理，提高体育活动的组织效率、缩短策划时间，使场地资源能够被更充分地使用，提高运营效率。智能化公园的开发为居民提供了更具互动性和吸引力的智能环境。2018 年首个人工智能公园亮相海淀，乘坐无人驾驶电动车逛公园，在智能跑道上刷脸跑步等，这些智能设施不仅吸引全民体验和参与，而且促使人们更加热爱并坚持体育活动。

众所周知，传统的体育项目和体育赛事都是以人类为主角。但如今，随着人工智能的发展，机器人也开始进入体育竞技领域，拓展出了体育行业的新维度。其中，备受瞩目的机器人世界杯(RoboCup)国际合作项目是机器人竞赛的重要赛事。该机器人项目最终目标是到 2050 年，开发出完全自主的类人机器人队，在国际足联的规则范围内打败人类足球世界冠军队。

随着科学技术的不断发展，人类对世界的掌控能力越来越强。然而，科技是把双刃剑，在关注人工智能等科技为体育行业带来发展的同时，绝不能忽视其背后潜在不公平体育竞技环境的危机。例如一些高台滑雪运动员利用头戴装置提升肌肉训练效果，通过脑机接口直接刺激大脑中的特定部位以提高成绩。这种技术性辅助工具与物理层面人体的结合能够超越人类本身的运动生理极限，提高运动成绩。韩国棋院第 145 届普通人定段赛中发生的"利用人工智能比赛作弊案"，通过在对决中偷拍实时棋局，再利用人工智能分析比赛形势，提高人类棋手的对战能力。可见，此类技术与体育的结合将对体育运动比赛的公平性和透明性带来挑战。

IBM 全球赞助和客户服务部门副总裁诺亚·赞克曾经说过："对人工智能技术来说，体育行业是一块良田，机遇非常之多。不论是涉及商业运营，还是球员个人的数据分析，都适合应用人工智能。"融入了人工智能技术的体育竞赛会间接推动人类运动员自身素质的不断突破，形成一种人类智慧、人类体能与人工智能互相促进的模式，前景可期。然而，在利用包括人工智能在内的科技提升体育的发展道路上，人们也面临一些问题和挑战。我们应积极应对挑战，不断推进人工智能助力体育事业和体育文化的良性发展，使科技更好地服务人类。

2.4.3　美术行业 AI 发展新动向

人工智能赋能美术行业，也带给人们很多的改变和惊喜。智能化的介入改变了创作者与人工智能之间过去艺术工具的单向使用关系，能够帮助艺术家们更好地进行创作。人工智能打破了机械复制的艺术形式，不断在艺术表现上延伸着产生新作品、新形势、新概念的可能性。

在《人工智能与中国绘画：重塑绘画介质新生态》一文中，作者为智能绘画给了一个初步的定义。人工智能绘画的出现是基于智能媒介发展过程中所呈现的智能工具绘画论和自主创作绘画论的迭代发展，在传统绘画的基础上融合了本质特征，即引入了人工智能技术。以大数据和超强运算能力为基础的人工智能，结合照相或扫描技术，可以快速地模仿各类绘画效果，也可以针对某种特定风格进行创作，对传统人类绘画产生巨大的冲击。

2019 年 12 月 14 日，莱阳市义乌古玩城画廊举办了"见未来二零一九"王伯驹人工智能绘画 PK 王励均当代油画作品展，这是十九岁的科技少年王伯驹编写的六五人工智能绘画系统绘制的又一个成功的作品展。在这次作品展上，人工智能绘画作品丝毫不落下风，体现出了人工智能强大的创造力。六五 AI 绘画团队先后邀请了 40 余名艺术领域的专家进行指导，通过服务器昼夜不停地对大量人类作品进行取样，并转化为一些特殊的数学模型，以人类的审美为依据，由计算机自主绘画，从而形成了自己的作品。

人工智能小冰与中信出版社携手合作出版的《或然世界：谁是人工智能画家小冰？》，是基于小冰的绘画模型训练结果，具备跨时代和穷尽特征而展开的想象。小冰的创作，凝结了 400 年的绘画史，因而可以象征任何一个"曾经可能存在的时空"，一个"或然世界"。

在艺术和科技融合互通的今天，谈起人工智能进行艺术创作，小冰的导师——中央美术学院实验艺术学院院长邱志杰教授曾直言："教人工智能画画有点像猫教老虎。"在他看来，人类教小冰画画是在培养一个"敌人"，但是只有这个"敌人"足够强大，甚至能取代人类，人类才会被逼着进化为"超人"。

就像群众体育和竞技体育的区别一样，绘画也有着基本技法和高超技法的区别。专业画家必须通过掌握专业的技巧或开辟新的思路，才能绘画专业的画作。然而，通过人工智能的帮助，即使是普通的绘画爱好者，只需要掌握最基本的作画技巧，就可以完成与专业画家媲美的绘画创作。虽然现在人工智能还不能完全替代人类绘画，但它可以帮助人类得到绘画的很多技巧与步骤，没有太多绘画技巧的人也能制作出高水平的作品，提供人类学习专业难度较高的绘画技巧的动力。人工智能在绘画领域有望成为技艺高超的画匠，人们应抱着一个乐观积极的心态去发展人工智能。可以想象，在人工智能的帮助下，未来人人都是设计师和艺术家。

本 章 小 结

人工智能时代，衣、食、住、行都伴随着数据的生成，数据量的迅速积累以及更强大的计算力、算法和数据也将赋予人工智能更广泛的应用空间。智能时代正在来临，新兴科技的发展给人类文明的进步提供了机遇与空间。"人机互补""人机互动""人机融合"使人与机器智能深度结合，艺术与人工智能共生，人工智能为艺术的创新提供重要手段。

思政小贴士

通过 AI 发展的三大驱动力学习，引导学生意识到科技自立自强的重要性，强化学生科技强国使命，筑牢理想信念。

通过音体美行业与 AI 深度融合发展的学习，使学生了解基础知识对科学前沿应用的支撑关系，培养科学兴趣，倡导学以致用，服务社会。

人工智能为代表的科技创新，最终目标是为了人民，引导学生树立科技为民、报效祖国的远大理想。

习　　题

1. 在 AI 的三大驱动力中，你认为最重要的是哪一个，理由是什么？
2. 结合所学专业说一下 AI 的未来发展趋势。
3. 计算力的提升会给 AI 人工智能带来什么影响？
4. AI 算法和普通算法相比，AI 算法的优势体现在什么地方？
5. 在大数据时代下，人们的隐私很容易泄露，我们应该怎么办？
6. 结合身边的实例，浅谈大数据带来了哪些改变？

参 考 文 献

[1] 蔡登江. 基于大数据背景下人工智能在计算机网络技术中的应用[J]. 电脑编程技巧与维护，2020(11)：75-77.
[2] 李国杰，程学旗. 大数据研究：未来科技及经济社会发展的重大战略领域：大数

据的研究现状与科学思考[J]. 中国科学院院刊，2012，27(6)：647-657.

[3]　托夫勒. 第三次浪潮[M]. 上海：三联出版社，1983.

[4]　MANYIKA J，CHUI M，BROWN B，Jet al. McKinsey Global Institute[DB/OL]. https://www.mckinsey.com/business-functions/mckinsey-digital/our-insights/big-data-the-next-frontier-for-innovation.html. [2011-05-01].

[5]　叶润哲. 基于开放数据的租赁型保障房城市空间布局规划方法研究[D]. 西安：西安建筑科技大学，2018.

[6]　应璇. 大数据背景下的用户信息行为解析模型研究[D]. 上海：华东理工大学，2017.

[7]　闫秋玲，杨爱梅，司海芳. 大数据时代高校计算机公共课教学改革研究[J]. 福建电脑，2016，32(7)：56-58+77.

[8]　谢梓平，沈文，罗帆，等. 运用大数据和人工智能技术促进内部审计数字化转型：以国家外汇管理局为例[J]. 中国内部审计，2020(11)：18-24.

[9]　福建人工智能协会. 福建省人工智能学科发展研究报告[J]. 海峡科学，2018(10)：40-46.

[10]　苏宁金融研究院. 如何看待人工智能未来十年的发展？[EB/OL]. https://sif.suning.com/article/detail/1597886102578.html. [2020-08-20].

[11]　饮鹿网. 大数据与 AI 深度融合，进入智能社会时代[EB/OL]. https://www.sohu.com/a/232874526_100018121.html. [2018-05-25].

[12]　梅宏. 大数据发展现状与未来趋势[J]. 交通运输研究，2019，5(5)：1-11.

[13]　IDC. Data Age 2025 [EB/OL]. https://www.seagate.com/our-story/.[2021-7-26].

[14]　司晓，孙那. 科技革新如箭在弦[N]. 光明日报，2017-04-26(14).

[15]　赖皓，刘羽超，武哲，等. 紧凑型 500kV GIS 设备检修安全措施研究[J]. 信息通信，2018(12)：289-291.

[16]　李蕴明. AI 医疗多点爆发在即[N]. 医药经济报，2017-05-15.

[17]　机器学习算法与人工智能. 回顾：2017 年里中国人工智能行业发展前景分析[EB/OL]. https://blog.csdn.net/MIcF435p6D221sSdLd2/article/details/79017412?utm_source=blogkpcl6.html.[2018-01-08].

[18]　宋骏. 结合先验知识的深度学习算法研究与应用[D]. 杭州：浙江大学，2018.

[19]　新闻助手. AICC2019 公布最新中国人工智能计算力排名：北京超杭州跃居第一[EB/OL]. https://www.jiqizhixin.com.[2019-08-28].

[20]　浪潮 AI 系统架构师. 计算力将成为推动 AI 计算未来发展的基础因素[EB/OL]. https://m.sohu.com/a/288987801_256833.html.[2019-01-14].

[21]　IDC，浪潮.《2018—2019 中国人工智能计算力发展评估报告》[EB/OL].　https://

baijiahao.baidu.com/s?id=1629306574275300011&wfr=spider&for=pc.[2019-3-28].

[22] IDC，浪潮.《2019—2020 中国人工智能计算力发展评估报告》[EB/OL]. https:// baijiahao.baidu.com/s?id=1643115874337007794&wfr=spider&for=pc.[2019-8-28].

[23] IDC，浪潮.《2020—2021 中国人工智能计算力发展评估报告》[EB/OL]. https:// baijiahao.baidu.com/s?id=1686138096205100527&wfr=spider&for=pc.[2020-12-15].

[24] IDC，浪潮. 2021—2022 中国人工智能计算力发展评估报告[EB/OL]. https://baijiahao. baidu.com/s? id=1714916265246974269&wfr=spider&for=pc.[2021-10-26].

[25] 情报所. 中国 AI 计算力：杭州最强华东最快[N]. 科技日报，2018-09-17(8).

[26] 周慧. 2018 中国 AI 计算力城市排名：合肥贵阳跃升中西部黑马[N]. 21 世纪经济 报，2018-09-14(2).

[27] 徐元. AI 芯片，下一片蓝海?[J]. 投资北京，2016(12)：27-29.

[28] 智东西. 中美 AI 争高下的秘诀！一文看尽中国 AI 计算力发展[EB/OL]. https:// tech.ifeng.com/c/7lV59x2R6ib.html.[2019-03-31].

[29] 199IT. 大中华区人工智能成熟度调研：解码 2020，展望数字未来[EB/OL]. https://baijiahao.baidu.com/s?id=1681798061900515398&wfr=spider&for=pc.html. [2020-10-28].

[30] 发展改革委，网信办，工业和信息化部，能源局. 关于印发《全国一体化大数据 中心协同创新体系算力枢纽实施方案》的通知[EB/OL]. http://www.gov.cn/ zhengce/zhengceku/2021-05/26/content_5612405.htm.[2020-10-28].

[31] 靳琪慧. 人工智能技术应用于音乐教育的可能性与发展趋势研究[J]. 湖北函授 大学学报，2018，31(11)：142-143.

[32] 中国社会科学网. 人工智能助力体育发展[EB/OL]. https://baijiahao.baidu.com/s? id=1663273693513522576&wfr=spider&for=pc.html.[2020-04-07].

[33] 门殿雪. 高中生机器人竞赛培训模式研究[D]. 新疆：石河子大学，2019.

[34] 刘艳. AI 投身赛场发掘下一个体坛巨星[N]. 科技日报，2018-12-17.

[35] 郭子淳，高峰. 人工智能与中国绘画：重塑绘画介质新生态：以 "道子" 人工智 能绘画系统为例[J]. 艺术学界，2019(1)：208-218.

[36] 李江皓. 人工智能与绘画艺术研究[J]. 数码设计(下)，2019(1)：132.

[37] 站长号. 见未来二零一九，让人工智能绘画更加不平凡 [EB/OL]. https://m. chinaz.com/mip/article/1073195.shtml.html.[2019-12-16].

[38] 中信美术馆. 人工智能小冰推出首部 AI 绘画作品集[EB/OL]. https:// www.thepaper. cn/ newsDetail_forward_8889704.html.[2020-08-26].

[39] 孟庆涛. 人工智能对未来绘画的影响[J]. 艺术科技，2019(32)：62，83.

第3章 机器学习

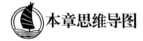

本章思维导图

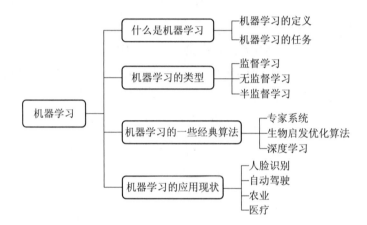

本章学习目标

- 了解机器学习的定义、发展历程、经典算法和应用现状
- 掌握机器学习的任务和类型

　　本章主要介绍机器学习相关的内容。近年来，机器学习因其强大的学习能力活跃在各个领域中，成为人工智能的基础和核心。本章首先介绍机器学习的基本概念和四大基本任务；接着从数据集的角度，讨论机器学习的类型；然后基于机器学习的有关知识，列举一些经典的算法；最后介绍机器学习的应用现状。

3.1　什么是机器学习

　　双因素论认为人的发展是由先天遗传和后天环境共同决定的。后天学习是我们认知过程中必不可少的环节之一。通过学习，人们可以掌握各种技能，从而融于社会。学习是人的本能，它可以是自觉的，也可以是无意识的。正如人们不是天生就会唱歌、跳舞和绘画等,长时间地对这些方面知识和练习的累积使得人们熟练掌握了相关技能。与人的学习过程相似,机器学习通过构建已知数据集中样本内或样本间的关系,将学习到的关系用于类似数据处理,从而解决实际问题。

3.1.1　机器学习的定义

机器学习(Machine Learning)是一门涵盖了多方面知识的学科,主要以计算机作为工具来模拟人的学习思维及方式,以达到像人类一样认知和改造世界的目的。人类对世界的认知和改造涉及多方面的知识和原理,加之近年来与计算机相关领域的不断发展,以至于机器学习也涉及诸多知识领域,包括但不限于心理学、生物学、数学和计算机科学等学科。作为人工智能领域的重要分支,机器学习在促进人工智能发展的过程中发挥着不可替代的作用。人工智能要想具备智能的能力,并接近人类智能,必须拥有学习能力,以便于它在大数据支撑下获得数据背后的知识与关系。因此,机器学习是人工智能的核心,是人工智能研究的重要学科之一。

近年来,人工智能、机器学习和深度学习广泛出现在人们的视野中,那么它们之间有着什么样的关系呢?首先,人工智能是计算机科学的一个分支,在这三者中范围最大,是一门研究模拟人类智能的相关理论技术的学科体系。其次,机器学习是基于已有的数据,通过从数据中抽象建立模型,然后用模型解决问题,是一种实现人工智能的方法。因此,它包含于人工智能。最后,深度学习是近年来机器学习研究中的一个新兴领域。它通过模拟人脑的信号传递过程,使用深度神经网络结构来实现各类数据关系的深入挖掘与抽象,如图像和音频等数据。

人工智能、机器学习和深度学习之间的关系如图 3-1 所示。尽管图 3-1 用包含或被包含关系描述了人工智能、机器学习和深度学习之间的关系,但是它们三者之间并不是独立存在的,而是存在着互补的关系,不能完全割裂它们之间的联系。

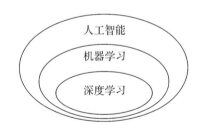

图 3-1　人工智能、机器学习和深度学习的关系图

1. 机器学习的发展历程

机器学习的发展史跌宕起伏,与人工智能的发展密不可分。从图灵机的提出到机器学习被应用于人工智能的各个领域,机器学习已经变得日益重要。通常来说,机器学习的发展历程可以分为萌芽阶段、停滞阶段、复兴阶段和多元发展阶段四个历史时期。

1) 萌芽阶段

一直以来，人们并不满足于计算机的计算功能，而是希望计算机可以模拟人类的自主思考能力。1949 年，唐纳德·赫布在神经心理学的基础上提出了 Hebb 学习规则，通过控制神经元连接之间的权重来提取输入信息的特征，并按照这些信息的相似程度来进行分类。除了这些工作，研究者们还专注于研究神经元模型相关的内容，基于神经元的工作也取得了非常大的进步。

1950 年，图灵发表了一篇题为 *Can Machines Think?* 的论文。在这篇文章中，他引入了"机器思维"的概念，也就是常常被提到的"智能"，提出了可操作的认定计算机智能的方式，即图灵测试。图灵测试的具体内容就是让计算机和人在不被询问者看到的情况下回答问题，允许计算机撒谎。询问的问题包括天气情况甚至复杂的数学计算题。这些问题既包含了感性认知，又包含了理性认知的内容。如果一台机器可以做到在与人类对话时成功欺骗了人类并且不被发现，那么这台机器就具有智能。因为图灵测试相当难通过，所以甚至有人举办了有奖金的比赛来征集可以通过图灵测试的计算机。值得一提的是在 2014 年有一台名为 Eugene Goostman 的机器真的通过了图灵测试。

同一时间，贝叶斯分类器的发展也开始起步。它利用贝叶斯公式进行分类相关的计算，得出各个对象属于每一个类别的概率，然后选择概率数值最大的类别，作为这个对象的最终类别。由于贝叶斯分类器具备良好的理论基础，直到现在其仍在被人们使用并不断发展。

1958 年，Richard Rosenblatt 设计了第一个人工神经网络，即感知机。感知机是一种线性模型，可以看作全连接神经网络的前身。

1967 年，Thomas 提出了最近邻算法。最近邻算法可以说是目前最简单、也最常用的机器学习算法之一。它通过判断某一点周围最近的 k 个点的所属类别，从而实现这一点相关信息的确定。

2) 停滞阶段

大约在 20 世纪 60 年代中到 70 年代末，包括机器学习在内的人工智能的发展陷入了停滞阶段。究其原因是研究人员对人工智能的发展寄希望于大数据和大型数据库的发展。该目标在当时科技水平不足的情况下显得有一些脱离实际。当时的科技发展水平无法支持研究人员建立大型的数据库或者处理过多的数据。然而，这个时期的研究人员也并非毫无成果。其中，Ward 在 1963 年提出了一种名为层次聚类的聚类算法。除此之外，还有不少算法也是在这个时期产生的，有一部分现在也在被广泛使用。同时，人们也开始尝试使用符号代替数值来进行学习问题的研究，并得到了广泛的应用。

3）复兴阶段

20 世纪 70 年代末，人们意识到单一的学习方式终归是有局限性的。他们开始尝试拓展机器学习，寻求多样化学习方式，机器学习迎来了新的发展契机。

1977 年，用于聚类的最大期望值算法诞生。它不仅能解决聚类问题，还可以解决一些特定的估计问题。

1974 年，反向传播算法正式诞生。它通过信号的正向传播和误差的反向回馈调整神经元间的权重。实际上，不少算法都受到反向传播算法的启发。反向传播算法适用于多层神经网络，现在大部分的神经网络都是多层的，一般认为层数越多，模型的输出结果更准确。

1981 年，在神经网络反向传播算法中，人们提出了多层感知器的概念，其结构如图 3-2 所示，将输入经过数学变换转换成另一种结果，以学习事物内在的规则。接着科学家们在该算法的基础上，开始尝试把反向传播算法和多层感知器结合在一起，然后不断提出新的神经网络模型和新的算法。在这个阶段，机器学习系统开始发展，并通过知识库来实现强化学习。

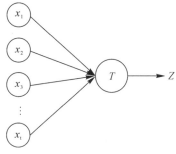

图 3-2　感知器结构

4）多元发展阶段

20 世纪 90 年代初开始，机器学习的发展进入成熟期。从模型复杂的角度来说，机器学习主要分为浅层学习和深度学习两种类型。深度学习在现实中的应用如图 3-3 所示，其中，(a)为对汽车运行轨迹的检测应用，通过分析汽车已有轨迹数据的规律来预测其在未来一段时间内的轨迹，(b)为把汽车作为检测目标的目标检测应用，用来辅助分析车流信息。随着深度神经网络的提出，深度神经网络学习算法在实际场景中的应用逐渐深入，并取得了良好的性能，因此当前深度学习的应用比浅层学习更广泛。

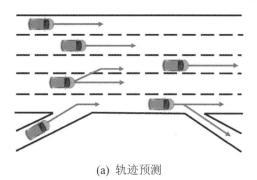

(a) 轨迹预测

(b) 目标检测

图 3-3　深度学习的应用

1964 年，支持向量机被提出。1995 年，支持向量机被用于手写字符识别。在多名学者的推动下，支持向量机得到快速发展，展现了无与伦比的泛化性，当时的神经网络也无法与之竞争。

2000 年，长短期记忆网络首次被提出。它是一种特殊的循环神经网络，在处理长序列输入时的表现比一般循环神经网络更好。例如，它能记住需要长时间记忆的信息，并忘记不重要的信息。

21 世纪初，神经网络之父 Geoffrey Hinton 将反向传播算法引入到深度学习的领域，开启了神经网络被广泛研究的新局面。Hinton 以及其他研究人员还在不断尝试推进神经网络的发展，其中比较著名的两位学者就是与 Hinton 并称深度学习三巨头的 Yoshua Bengio 和 Yann LeCun。2018 年，他们 3 人一起获得了计算机领域的诺贝尔奖——图灵奖。

当时，机器学习领域最热门的两类研究方法是神经网络和支持向量机。神经网络和支持向量机都在竭力证明自身的优越性。相对来说，支持向量机的计算复杂性较低，应用起来比较方便，所以在实际应用领域占有一定优势。而作为后起之秀的神经网络，可以承担比支持向量机更为艰巨的任务，在近年来的研究中展现了新的潜在特性。经典的神经网络模型由输入层、隐藏层和输出层构成。顾名思义，输入层输入数据信息，隐藏层实现数据信息处理，输出层则输出相应的结果。

2. 机器学习的一般步骤

对于一个机器学习问题，通常处理的流程可以分为四个步骤(如图 3-4 所示)，即收集数据、数据的分析和预处理、选择并训练模型及评估模型。

图 3-4　机器学习的一般步骤

(1) 数据的收集。收集相关的数据是在明确待解决问题后首要的工作之一。通常可使用现有开放的数据集。当然，使用自己整理的数据集也是值得推荐的。对于特定的问题，也可以将公开数据集和自己建立的数据集交叉在一起，构成混合数据集。

(2) 数据的分析和预处理。收集到的数据通常是不完美的，可能会包含大量的异常数据或缺失数据。数据的质量直接影响着模型或算法的训练和性能，因此提升数据的质量十分重要。一般来说，可以通过以下几种方法来实现数据的预处理：① 数据清洗，它的主要思想是通过处理异常数据等方法来使数据更加一致。异常数据则是根据数据规律来确定异常数据后再做进一步处理；② 数据集成，它的主要思想是将多个数据中的数据集进行整合，以统一的存储方式进行数据存储。数据集成的时候要注意去除冗余信息，还要解决来自不同数据源的数据格式冲突等问题。除此之外，数据规约和数据变换也能使数据变得更加规范，有兴趣的读者可以自行上网探索相关知识。

(3) 为待处理的数据选择合适的模型并设置模型参数。从任务类型的角度，模型的选择可以根据具体的任务种类选择分类、回归和聚类等模型；从数据集是否有标签的角度，可以选择有监督学习、无监督学习或半监督学习模型。当适用模型筛选后仍有多种符合条件的模型时，可以结合具体问题的特性通过对多种模型进行评估分析后确定最优模型。

(4) 模型确定之后要对模型的性能进行评估。以分类任务为例，评估分类模型优劣最常见的标准有准确率、精确率、召回率和 F1 值等。准确率指在所有样本中，判断识别正确的样本占比值。精确率指确定为正类的样本在被识别为正类样本中的占比。召回率指被正确预测为正类的样本在正类样本中的占比。F1 值则采用权重方式整合精确率和召回率，平衡了一个模型对召回率和精确率的要求，给出一个较为综合的评价指标。

显而易见，人工智能和机器学习现如今已经进入人们生活的方方面面，它无时无刻不在影响人们的生产生活，比如基于机器学习的语音录入、智能导航等。机器学习还在不断进步，研究者正在从多方面推进机器学习的发展。

3.1.2 机器学习的任务

根据解决具体任务方式的不同，机器学习任务通常可分为分类、回归、聚类和降维四大任务。表 3-1 是对机器学习四种任务含义和功能的概括，并不是所有机器学习算法都可以完美地归类于这四种，有的算法可以解决上述提及的四种任务中的多种。

表 3-1 机器学习任务

任务	分　类	回　归	聚　类	降　维
含义	将输入划分到多个预先定义的类别中	依据已有数据拟合出一条曲线或曲面	依据数据的特性,将数据集上的个体划分到不同的类别中	用低维度特征空间表示高维度特征空间
功能	输出离散的分类结果	输出非离散的预测结果	将数据归至不关心类别数量的类	降低数据的复杂度

1. 分类

分类是对输入数据进行识别，并确定其属于哪一个类别的问题，属于监督学习。分类在实际应用中的使用非常广泛，如车牌号识别、垃圾邮件识别和数字手写体识别等应用。

根据类别的不同，分类任务可以分为二分类和多分类两种。对于二分类，只需要判断输入属于两个类别中的哪一类即可，比如判断收到的邮件是否垃圾邮件。对于多分类，可供选择的类别有两个以上，比如多标签分类。多标签分类就是给每个数据一套属于它们的目标标签，然后根据标签的情况对数据进行分类。不同的算法能实现的分类方式也不同。图 3-5 展示了二分类和多分类中三分类的例子，实际分类任务通常更复杂。

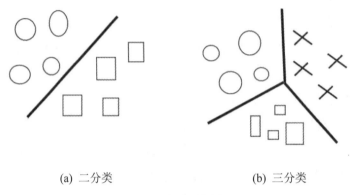

(a) 二分类　　　　　　　　　(b) 三分类

图 3-5　分类示意图

评估一个分类方法的性能往往需要使用损失函数，借助损失函数将预测的类别和其实际类别进行对比。分类任务中常用的损失函数是交叉熵函数。在二分类和多分类情况下，它的运用是不同的。选择一个合适的损失函数有助于更好地了解这个方法的实际情况。

为了更好地理解，以判断图片中的物体是苹果还是圣女果为例(如图 3-6 所示)。通常这种分类方式有两种结果，一是苹果，二是圣女果，因此对图片的判断结果不是判定成苹果就是判定成圣女果。哪怕现在拿出一张梨的照片，这种分类方式也会将它归类到苹果或者圣女果的类别中，因为它只有两个类别可选。上述分类方式就是典型的二分类方法。

(a) 苹果　　　　　　　　　　　(b) 圣女果

图 3-6　二分类算法输入展示

在多分类中，输入的数据用 x 表示，输出的分类结果用 y 表示。对于不同的 x 值，输出的 y 值可能也不尽相同，即可以输出多种分类结果。对于多分类问题，通常可以将其拆分成多个二分类问题然后再求解。比如将 1、2、3 三类拆分为 1 和 2 分类、2 和 3 分类、1 和 3 分类后，通过整合结果实现三分类。部分情况下采用这种分类策略比直接分类具有更好的性能。

判断分类性能最简单的指标就是准确率。如果希望进一步提高分类的性能，可以借助可视化工具进行数据分析，实现模型选择。

分类问题和下面的回归问题有些类似，但分类问题输出的是对输入数据的类别预测。垃圾邮件处理过滤器就是一种二分类的分类器，即判定输入邮件是不是垃圾邮件。

2. 回归

回归的前提假设是输入与输出之间存在某种数学映射关系。这种数学映射关系是根据已有的数据来确定的，其相关参数是根据数据集所呈现的特性来进行求解。图 3-7 所示为回归预测房价示意图，可用回归器拟合住房所在位置、占地大小、房间数和价格的关系模型。

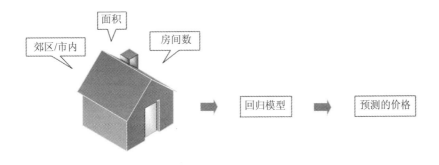

图 3-7　回归预测房价示意图

回归与分类一样，也属于监督学习的范畴。在机器学习领域，回归可以分为线性回归和非线性回归两类。线性回归模型是指每一项参数是一个数，或者是数与变量的乘积。反之，不满足线性回归特点的模型则是非线性模型。

分类问题的结果是已知类别中的一个，无法预测不在预先设定类别内的任何其他类。从本质上讲，分类往往只能用于获得离散结果，而回归则可以获得连续值。因此，回归是对分类的补充和拓展。一般来说，如果待输出的结果是有限且离散的，那么可以将其归结为分类问题，否则将其归结为回归问题。

3. 聚类

聚类是指将没有任何标签表明数据自身所属类别的数据，按照其内在逻辑(一般是指相似度)聚集在一起，即"物以类聚"。一般来说类内数据之间相似度高，类间数据相似度低，距离近(相似度高)的数据更有可能被分为一类，也就是说，相似相近的数据更容易被聚集在一起，如图 3-8 所示。

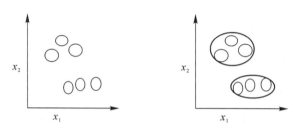

图 3-8　聚类示意图

聚类与分类不同，分类总可以将输入归于一个已定义的类别中，比如邮箱的垃圾邮件分类器，聚类则只关注把相似度高的对象划分为一类，而不关心划分到哪一个类别中，即分类的结果往往带有实际意义，而聚类的结果只考虑了数据间的内在逻辑关系。聚类算法不同于前面的分类和回归算法，是基于无监督方式实现不同类样本的区分，如 K 均值聚类。K 均值聚类的基本思想可以概括为：通过不断地更新类中心点，使得各样本距其所属类中心的距离最小，而离其他类中心的距离最大。

聚类算法应用范围广，它的部分应用如图 3-9 所示，比如市场划分和社交网络分析，通过聚类的方式将相似的市场归为一类，将有关系的人们聚集在一起。

(a) 市场划分

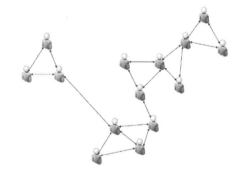

(b) 社交网络分析

图 3-9　聚类的应用

4. 降维

在机器学习领域，经常存在高维的数据，即数据样本具有很多个属性。由于高维特性，高维数据的处理与分析是一个困难的问题。因此，如何在保持数据高维状态特性的同时降低维度，是机器学习领域一种很重要的思想。这对数据的可视化有极大的帮助。

降维方法的分类如图 3-10 所示，基于属性选择的降维只保留原始数据的关键维度，这些关键维度能够近似地表达原始数据；而基于映射的降维根据降维过程是否用线性变换来完成的，可分为线性映射和非线性映射两种。

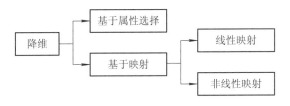

图 3-10　降维的分类

　　图像处理中，图像压缩就体现了降维的思想，即只需要存储图像的关键信息就可以近似地表达图像的内容(如图 3-11 所示)。图 3-11 分别在无压缩、低程度压缩、中等程度压缩和高程度压缩等情况下展示了图像重建后的视觉效果。可以看到低程度压缩时，原图信息基本得到保留，在一定程度上可以替代原图；中等程度压缩时，图像开始模糊，部分边缘和轮廓信息丢失；高等程度压缩时，图像中的基本信息得到保留，但已失去了大部分边缘和轮廓信息。

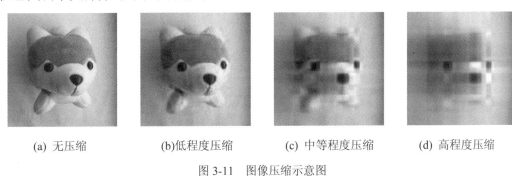

(a)　无压缩　　　　(b)低程度压缩　　　　(c) 中等程度压缩　　　　(d) 高程度压缩

图 3-11　图像压缩示意图

3.2　机器学习的类型

　　数据是机器学习的基础。根据数据是否具有监督信息，机器学习可以分为监督学习、无监督学习和半监督学习，如图 3-12 所示。

　　这三种类型也分别对应了目前机器学习中的三种学习方式。这种分类方式可以很直观地展现各种学习方式对数据监督信息的依赖程度，以便于更好地供使用者选择。使用者可以通过选择合适的算法解决具体的问题。

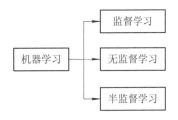

图 3-12　机器学习的类型与任务

3.2.1　监督学习

　　人类需要学习知识才能掌握技能并实践，计算机也是如此，它需要通过学习才能正确处理输入的数据。监督学习(Supervised Learning)就是机器学习中被广泛使用的一种。监督学习是使用一组包含完全监督信息的数据，不断优化模型，使其具备分类或预测的能力。监督学习依靠标记的数据实现对已知数据同分布的未知数据进行推断的机器学习方式。

　　监督学习使用已经标记完成的数据来解决机器学习中的任务。监督学习分析训练数据，并且学习到推断的能力。因此，监督学习里面每个数据对象都由两部分组成，一部分是输入数据，另一部分是期望输出的结果。监督学习示意图如图 3-13 所示，监督学习模型在西瓜和苦瓜构成的训练集上训练完成后，具备了鉴别这两种食物是否带甜味的功能。若将西瓜输入模型，则得到的结果通常是带甜味。机器学习是希望可以通过有限样本的学习，使模型预测错误的可能性最小。

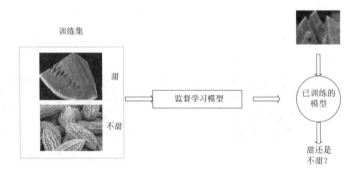

图 3-13　监督学习示意图

　　监督学习可以解决回归和分类任务。监督学习的应用十分广泛，日常生活中很多地方都有监督学习的身影。例如，监督学习可以用来解决声音处理、图像处理、房价预测和手写数字识别等任务。

　　监督学习的经典算法有很多，这里简单介绍最近邻算法。最近邻算法是一种基本的分类和回归方法。它的原理可以简单概括为每个样本可以用它最邻近的 k 个样本来表示，即直接利用 k 个近邻样本的特性来确定当前待分析样本的特性。

3.2.2　无监督学习

　　与监督学习相比，无监督学习(Unsupervised Learning)依靠没有任何标注信息的数据样本来解决机器学习中的相关问题。无监督学习不需要训练样本的标注信息就可以对数据进行处理。机器学习中的聚类就属于无监督学习，虽然它不知道样本具体的种类，却可以将它们中特征相似的样本分在一起。无监督学习示意图如图 3-14 所示，无监督学习模型可以根据数据特性将输入数据聚类成黄瓜、圣女果和西瓜三类，每一类中的个体之间十分相似，但类别间的个体则十分不同。一般来说监督学习的效果更好，因为它有标签的标注，但是制作标签本身可能会消耗极大的时间和精力，而且在某些实际应用中某些标签无法获取和制作，这时就需要运用无监督学习。无监督学习可以理解为在样本标注信息未知的情况下，依据数据内在的特性去学习处理数据。

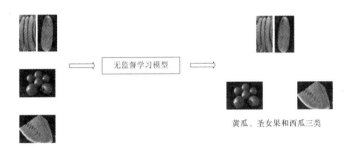

图 3-14　无监督学习示意图

无监督学习也是数据驱动的一种机器学习方法，可以被应用在数据挖掘领域。数据挖掘因为需要处理的数据量巨大，导致标注标签的工作量极大，监督学习在这种情况下难以被使用，此时使用无监督学习可以发挥作用。另外，并非任何情况下监督学习的效果都比无监督学习的效果好。一般来说，在数据集有标签的情况下，标签这一先验信息有助于监督学习获得好的效果。实际上，算法是没有好坏之分的，只有适不适合解决某一特定的实际问题。因此，单独比较监督学习方式好还是无监督学习方式好是没有意义的。

无监督学习方式通常可以用来解决聚类和降维任务，也有部分无监督学习算法兼顾两者。常用的无监督学习算法主要有最大期望值算法等。最大期望值算法是一种迭代算法，通过迭代找到模型的参数。最大期望值算法一般可分为计算期望和后验概率最大化两个步骤。计算期望是建立函数模型并计算出最优值，后验概率最大化则是利用计算期望求出的值得出待估计参数的值，这两个步骤一般交叉迭代进行。

3.2.3　半监督学习

机器学习以大量有效的样本数据集为基础，监督学习需要的样本集是带有样本标签的，而无监督学习的样本集则不需要带有样本标签。在实际中，往往一些数据集只带有少量的样本标签或者只有少量的样本标签是容易制作的。倘若使用监督学习的方法来处理这些数据，由于标记样本标签是极其复杂而费时的工作，那么没有样本标签的数据则无法使用。如果使用无监督学习的方法来处理这些数据，则数据的样本标签会被浪费。由此，半监督学习(Semi-supervised Learning)的方法开始兴起。它既具有监督学习的特点，能利用标签数据的监督信息，又具有无监督学习的特点，可以利用无标签数据。

半监督学习经典算法有半监督支持向量机、简单自训练、协同训练、半监督字典学习、标签传播算法、生成式方法、图半监督学习和基于分歧的方法等，有兴趣的读者可自行上网学习这些算法的详细知识。

这里简单介绍半监督支持向量机。半监督支持向量机是将支持向量机扩展到混合数据集，首先用有标记的数据集训练一个支持向量机二分类器，接着用这个训练好的分类器逐个标记其他数据样本，然后在前一步得到的数据集上重新训练支持向量机分类器，最后找出异常值并调整，整个过程可以概括为以局部搜索的方式迭代求解。

3.3　机器学习的一些经典算法

3.3.1　专家系统

专家系统(Expert System)是一种基于机器学习的计算机程序系统。人们通常只关注自己所在的领域，希望让系统的目标也集中在自己关注的领域。借鉴这样的思想，专家系统应运而生。专家系统包含一个专业领域的知识和经验，它能够有效应用人类专家已有的知识和经验，模拟专家的思考决策方式，然后得出一些结论，解决只有专家才可以处理的复杂问题。现在的专家系统在解决问题的时候，应用的专业知识往往是多领域的，当然也可以做到只使用一个领域的专业知识。值得一提的是，专家系统是当今机器学习系统的前身，也是目前人工智能领域最活跃的技术领域之一。

专家系统大致起源于 20 世纪 60 年代初，人们运用逻辑学和心理学知识做出了可以进行简单逻辑推理的程序，但是它只是一个适用性很窄的推断程序，甚至可以说不具备特殊的专业性。1965 年，Feigenbaum 与化学家 Lederberg 合作，通过将计算机与化学领域的专业知识相结合，研制出世界上第一个专家系统。1968 年，第一个名叫 DENDRAL 的专家系统在美国斯坦福大学研究成功，它可以帮助化学家判断化学物质的分子结构。自此，专家系统不断发展，它的应用几乎涵盖了所有领域，如数学、物理、生物、医学、气象和农业等。在专家系统掌握专业知识的同时，人们还在努力让它掌握一些人类专家应该有的常识，以便解决更多的问题。最为典型的专家系统同样是由斯坦福大学开发的 MYCIN。

专家系统目前已经经过了三个阶段的发展。第一代专家系统，如 NDRAL 系统，十分专业化，求解特定领域问题的能力强。但是第一代专家系统可移植性差，而且可以应用的范围小，功能十分有限，系统本身也不够完善。第二代专家系统的结构体系比较完善，相对第一代在移植性和人机互动等方面都有所改善。第三代专家系统综合了多个学科,它不像前两代局限于单个专业领域,而是可以在多个领域都能应用的大型系统,包含了多种专家专业知识,还有各种各样的推理计算方法。第三代专家系统已经相当成熟了,但这不是专家系统发展的终点,人们仍旧在努力让专家系统的能力更加贴合人类专家,希望有朝一日专家系统可以真正替代专家解决问题。

专家系统相比传统的计算机程序,专业性更强,它被要求模拟专家解决问题的思维,因此它得出的答案和传统程序单一的输出结果有明显区别,适用范围也比传统程序有限。可以说它是用适用范围换取了高度的专业性。此外,专家系统便捷的交互界面也是一般计算机程序做不到的。专家系统还有传统计算机程序不具备的可以解释自身推理情况的能力。

专家系统通常由人机交互界面、知识库、推理机、综合数据库、知识获取、解释器等六个部分构成,如图 3-15 所示。

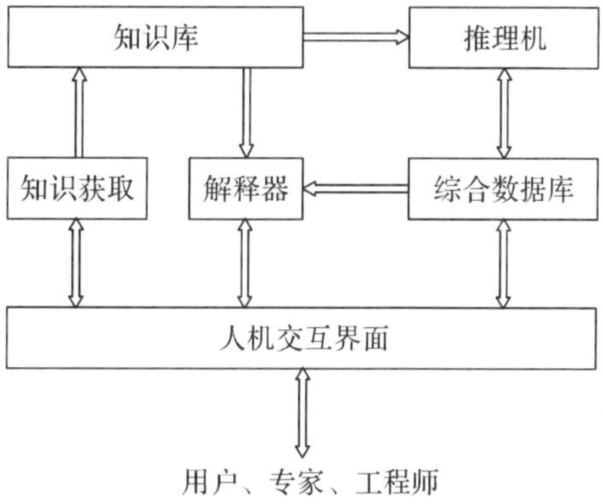

图 3-15　专家系统六个部分的关系

1. 人机交互界面

人机交互界面指用户和系统交流使用的界面,是专家系统最关键的部分。它把用户的需求传送给机器,然后再将机器得出的结果呈现给用户。

2. 知识库

知识库是存放专家提供的专业知识和经验的储存库。高质量的专业知识是专家系统解决问题的知识基础。知识库会影响专家系统的水平和质量,但知识库是可以升级的,可以通过完善它来改善专家系统的性能。

3. 推理机

推理机(Inference Engine)针对提出的问题,借助知识库中的信息,得出问题的结论。推理机就是专家系统的大脑。它既可以正向推理,也可以反向推理,还可以双向推理。推理机推理的过程相当于专家思考的过程。没有推理机,专家系统就不会有推理判断的能力,知识库也没办法实现它的价值。

4. 综合数据库

综合数据库是一个暂时的储存区域,用来储存推理的开始数据、中间过程和最终结果。

5. 知识获取

通过知识获取,专家系统可以完善、核对知识库中的内容,甚至可以实现自主学习。

6. 解释器

用户可以使用解释器来查看专家系统的推理运行过程。

为了更好地区分不同的专家系统，人们将专家系统根据领域划分成诊断型专家系统、解释型专家系统、预测型专家系统、设计型专家系统、决策型专家系统、规划型专家系统、教学型专家系统和监视型专家系统等。其中，诊断型专家系统根据已有情况推断出对象产生问题的原因，比如诊断疾病或者检查机械故障；预测型专家系统可以依靠现有的信息，预测未来可能发生的情况并给出相应的数据，例如天气预报；解释型专家系统可以根据当前的信息推断出信息表层下的潜藏含义，例如分析卫星图像和化学物质结构。

现在的专家系统还存在一些限制，多数只能处理特定领域的相关问题。未来，它可能会拥有更全面的功能，可以解决更多跨领域的问题。

3.3.2　启发式优化算法

人类创作的灵感往往来自自然界的万物行为。这种模仿自然的思路产生了许多与自然界生物的行为或自然现象相似的算法，如遗传算法、蚁群算法和模拟退火算法等。这类启发式优化算法对于寻找复杂问题的解提供了新的思路，近几十年来在优化算法领域取得了一系列进展。

为了展示启发式优化算法模拟自然的原理和过程，这里以遗传算法为例介绍其整个过程。遗传算法的核心是达尔文的"自然进化论"思想，即适者生存、优胜劣汰。生物启发优化算法中的遗传算法是一个不断迭代的计算过程，基本过程包括编码、选择、交叉和变异。

1. 编码

借鉴遗传学的相关概念，遗传算法中的编码就是将实际问题的解表示为基因序列，从而产生初始解。常见的编码方式有二进制编码、格雷编码等。二进制编码就是使用 0 和 1 表达基因序列信息。格雷编码较为复杂，有兴趣的读者可上网查找相关资料。

2. 选择

选择体现了优胜劣汰的思想，根据个体对环境的适应能力从上一代种群中保留优秀的个体。常用的方法是轮盘赌选择，个体被选择的可能性与它的适应能力成正比，适应能力可量化为适应度函数值，适应度函数值大的个体更能得以保留。轮盘赌选择算法如图 3-16 所示，在随机旋转轮盘的过程中，面积占比 40% 的区域更容易被选中，30%、20%、10% 的区域被选中的可能性依次减小。这里所说的面积占

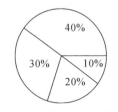

图 3-16　轮盘赌选择算法

比值体现了个体适应度函数值的大小。这使得每个个体被遗传到下一代的概率与其适应度函数值相关，适应度函数值大的个体被遗传到下一代的可能性就大，反之亦然。显然，由于轮盘赌选择具有随机性，这个过程中可能会淘汰优秀的个体。

3. 交叉

交叉就是将两个个体的染色体(如果是二进制编码则为二进制数)按设定的交叉概率做交叉操作。常见的交叉方式有单点交叉和两点交叉。单点交叉是选取两条染色体，随机选定一个位置进行切割，把切割点的右边部分交换，得到两个新的染色体。两点交叉就是随机选中两个位置，将两点中间的部分进行交换。

4. 变异

与交叉相似，变异也是根据预先设定的变异概率使个体染色体上的基因序列的某些值变为其他值。经典的变异操作是二进制变异。

通过借鉴生物进化论的过程，使用选择、交叉和变异操作淘汰适应能力低的个体，保留适应能力强的个体，从而生成下一次迭代的输入，经过多次迭代后，就可以找到适应能力最强的个体，即问题需要的最优解。

3.3.3 深度学习

深度学习作为机器学习领域的一个重要分支，极大地推动了机器学习甚至人工智能的发展。深度学习是对人脑思维过程模拟的产物，其发展经历了感知器、多层感知器、全连接神经网络和卷积神经网络等阶段。与大脑处理信息的过程一致，底层网络提取点、直线等这类低级特征，高层网络提取带有丰富内涵和实际意义的高级特征。深度学习通过对低级特征的叠加、组合，形成了更加抽象的高级特征，从而发现数据的分布特征和内在逻辑。

1. 深度学习的发展

1) 感知器

感知器是模仿人类大脑神经元的工作原理而设计出来的，它是深度神经网络的基石。

2) 全连接神经网络

全连接神经网络通常是多个感知器的组合，因此又被称为多层感知器。全连接神经网络的结构如图 3-17 所示，除了包含输入层和输出层之外，全连接神经网络还包含隐藏层。隐藏层可以是单层的，也可以是多层的，图 3-17 中就有 m 个隐藏层。由多个隐藏层组成的全连接神经网络是深度神经网络的雏形。

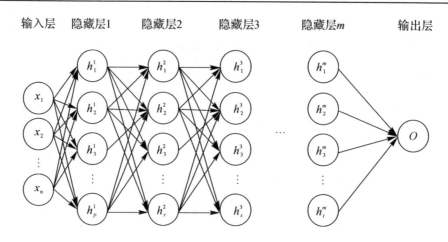

图 3-17　全连接神经网络

3）卷积神经网络

人脑中个体皮层神经元只有在视野中的特定区域范围才能对刺激作出反应，多层神经元的感受层层传递，最终覆盖整个视野。根据这样的原理，卷积神经网络的提出弥补了多层感知器难以处理具有多维特征的复杂数据的不足。

卷积神经网络一般由输入层、卷积层、激活层、池化层和全连接层组合而成。其中激活层即是激活函数所在的层，全连接层就是前面的全连接神经网络。下面分别介绍卷积层和池化层。

卷积层是卷积神经网络中十分重要的组成部分，用于提取前一层的特征。整个卷积网络中底层的卷积层提取低级特征，高层的卷积层提取高级特征。

池化层也称为下采样层，用于降低输入的维度和降低过拟合风险，主要有最大池化和平均池化两种形式。最大池化即将池化操作定义的空间邻域的最大值作为当前池化窗口操作的结果。同理，平均池化即将池化操作定义的空间邻域中所有元素的平均值作为当前池化窗口操作的结果。

2．正向传播

正向传播就是根据网络中各层的详细定义，将输入数据从网络的输入层到输出层进行逐层传递与计算的过程，最终会得到一个预测值。这一预测值是计算损失值的重要组成部分。

3．反向传播

反向传播就是根据正向传播的预测值与真实值之间的差异来反向更新网络中各层可训练参数的过程，其中更新可训练参数的程度取决于该参数对损失值贡献的大小，即贡献越大，更新越大，贡献越小，更新越小。

4. 损失函数

损失函数是模型参数优化过程中的标准和方向，常常通过使损失函数最小化来优化模型参数。与损失函数相似的还有目标函数和代价函数，下面简要介绍它们的区别。

1) 损失函数

损失函数的对象是数据集上的单个样本，是计算模型预测值与样本真实值间的差距，体现了模型学习的好坏。

损失函数的类型有很多种，不同的模型需要的损失函数也不一样，但它们的本质都是真实值和输出值的误差。

常见的损失函数如下：

(1) 均方差损失：主要原理是计算真实值和预测值的欧氏距离，距离越小则二者就越接近，所有样本距离的平均值可作为均方差损失。

(2) 平均绝对误差损失：通过计算真实值和预测值之间的绝对误差值的平均值判断模型优劣。

(3) 平均绝对百分比误差：它与上面两者并称回归评价的三大指标。平均绝对值百分比误差和平均绝对误差相似，不同的是它是一个百分比数值，显得更加直观。

2) 代价函数

代价函数是针对整个数据集的，它通常计算的是所有单个样本误差的平均误差。代价函数直观地表现了模型在整个数据集上的优劣，可以通过不断改良模型的结构来提升学习效果，使得代价函数变小。

3) 目标函数

为了防止模型过拟合，通常在代价函数的后面追加一项作为正则化项，这样有助于缓解模型的复杂度，目的是让模型在复杂度和性能之间找到一种平衡关系。

5. 激活函数

深度神经网络并不是只存在一层神经元，根据它的结构，每个神经元的输入值都是上一层神经元的输出值，它也会将自身输出值传给下一层。在这种情况下，上层的输出和下层的输入存在一个函数关系，这个函数就是激活函数。激活函数在神经网络传输信息的过程中发挥着重要的作用。如果没有激活函数，神经元之间只能传递线性信息，模型展现不出它应有的良好表现，因此需要激活函数来使传递具有非线性特征。由于激活函数具有的非线性特性，使其可以更好地逼近所需要的结果。

激活函数主要分为饱和激活函数和不饱和激活函数两种。Sigmoid 和 Tanh 函数都是饱和激活函数，ReLU、Leaky 函数等都是不饱和函数。接下来介绍这些比较常见的激活函数。

1) Sigmoid 函数

对于 Sigmoid 函数，若输入值不是集中在 0 附近，那么该函数就会让网络中的参数更新缓慢，即学习速度显著降低。这种参数更新缓慢其实是不利于神经网络优化的，很容易导致模型的学习能力不再变化。因为要进行指数运算，它对计算机不太友好，也会导致神经网络不易收敛。

2) Tanh 函数

和 Sigmoid 函数相似，不过 Tanh 函数把输入值范围控制为[-1，1]，具有 0 均值的特性，解决了 Sigmoid 函数参数单向更新和收敛缓慢的问题。但是 Tanh 函数依旧没有解决 Sigmoid 的其他问题，指数计算甚至看起来还要复杂一点。

3) ReLU 函数

ReLU 函数具有分段线性特性，故参数的更新是稳定变化的，即不会发生参数更新陡增陡减的弥散问题。它是现在神经网络计算过程中经典的激活函数。ReLU 函数计算简便，能快速提高效率。

6. 手写体数字识别

手写体数字识别在文本翻译、文本检索和文本阅读等应用方面发挥着重要作用。然而，手写体数字识别是一个极具挑战性的任务，主要原因在于人们的书写结果没有统一的标准。这使得现有算法难以高准确率地识别手写内容。随着深度学习的兴起，神经网络以其强大的学习能力和泛化能力在很多领域表现突出。下面以深度学习算法识别手写体数字为例进行介绍。

本例使用的数据集为 MNIST 数据集，包含 60 000 张的训练图像和 10 000 张的测试图像，部分样本如图 3-18 所示。下面可以选择 keras 框架为基础，通过选择模型、构建网络、编译模型、训练以及预测等过程实现了手写体数字识别。

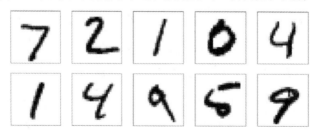

图 3-18　手写体数字识别的部分样本

在手写体数字识别中，深度学习能从众多样式的手写体中抽象出一个通用的识别方法，并且达到较高的准确率，这表明深度学习能满足手写体识别任务的要求。同时，这也是由它本身所具备的学习能力所决定的。尽管利用卷积神经网络使得手写体数字识别得到较好的准确率，但是由于不同领域人群手写体差异大，不同人群的书写习惯也不相同，网络模型的泛化能力还有很大的提高空间。

3.4 机器学习的应用现状

机器学习的应用在现代生活中已经非常广泛了，生活中的方方面面都有机器学习的身影，主要原因在于，在这个数据爆炸的时代，高效处理数据已经变得非常关键，机器学习就是其中的一种方法。

机器学习的潜力不仅表现在研究领域，还包括它极其优秀的商业价值。大部分企业都认为人工智能可以帮助其提高经济效益。这一点不难理解，人们使用的不少软件就已经使用了机器学习的相关算法，如浏览器的信息推送功能，它会预测人们喜欢的内容并推送给人们。这种相关推送可以看作机器学习的分类或者聚类任务，不过具体实现要再复杂一些。

近年来大家最熟悉的机器学习应用可能就是谷歌研究出来的 AlphaGo。它在 2016 年打败了韩国九段围棋选手李世石，并掀起了全球人工智能讨论的热潮。无数人看到了人工智能带来的巨大利益，开始讨论科幻小说里机器人占领世界的可能性。人们在计算机的机器学习领域投入了更大的精力，希望再创造一个个机器人学习实际应用的范例。尽管人工智能离真正的智能还很远，但是 AlphaGo 突出的计算和自主学习能力着实震惊了人们，也让人们看到了机器学习巨大的可能性。

人脸识别也是机器学习应用的高频领域，如何通过少量的数据识别出特定的人脸，使人脸对于机器也成为一种可以识别的信息，如人脸支付和人脸开锁都属于这个范畴。人脸识别最开始是尝试将人脸和其他物体区别开来，现在区分人脸的技术成熟后，大部分研究都在尝试如何提高识别特定人脸的准确性。举例来说，现在市面上的手机大部分具有面部开锁的功能，用户希望只有自己的脸可以打开自己的手机，但是在面部识别手机刚问世的时候，它曾因为无法百分百识别出双胞胎之类相似人脸的差距而被人质疑。准确性无疑是人脸识别应用时最需要关注的方面。

自动驾驶领域也是机器学习比较热门的一个应用领域。谷歌、百度等互联网公司乃至一些汽车品牌都在尝试利用自动驾驶解放人类双手。自动驾驶是人工智能技术和汽车技术深度融合出的一种全新产物，尽管人类已经无数次想象自动驾驶的汽车，但直到 21 世纪这个梦想才走进现实。目前，谷歌基于无人驾驶项目已经成立了一个专门从事无人驾驶的子公司。他们的无人驾驶汽车主要应用了三种传感器，其中最特殊的就是激光雷达，它可以有效感知周围物体的三维特征。此外，谷歌利用机器学习为无人驾驶汽车设计了许多特殊的算法来辅助实现更好的无人驾驶。

农业生产也是机器学习应用领域之一。通过机器学习分析农作物种植的土壤、气候和肥力条件，然后再提出相关的解决方案，可以有效提升农业种植的效率。机器学习还能预测农产品的价格和产量的走向，帮助种植人员更好地调整种植方案，避免产能浪费，增加农民收益。同时，机器学习还可以用来辨识植物的生长情况和种类，如快速辨识杂草并且清除它们。智能施肥、灌溉和喷洒农药等智能化农业在机器学习的辅助下能更精准地监控农作物的生长以及提供应对措施。

智能医疗领域也是目前机器学习比较热门的一个领域，尤其在 2020 年全世界经历了一场从未被预料到的新冠肺炎疫情袭击，公共卫生及医疗的重要性日益上升。人们一直希望利用计算机的计算能力帮助医生进行医疗诊断，因为医学诊断是一件非常复杂的过程，从某种角度上来说，甚至连医生自己也无法保证诊断的正确率。人工智能依靠机器学习，使计算机拥有了自主学习的能力，虽然能力还不够完善，但是给了人们利用人工智能重塑医疗行业的可能性。在智能医疗领域，比较著名的应用就是沃森。大家对沃森的了解可能停留在它在"危险边缘"电视问答游戏中，但事实上它赢得比赛后就开始在医学院进行"学习"。可以说它从开始就避免了计算机医疗诊断的一个大难点——所学习的数据不够准确，背靠著名的医疗中心，沃森收到的医学信息质量非常高。但无论沃森有多么卓越，现阶段人工智能的医学诊断距离临床应用仍然存在很大的空间。于是人们退而求其次，使用人工智能来辅助医生进行诊断。研究人员运用机器学习等方式，检测医学影像的具体情况，尝试为医生标注病灶的大致位置，减轻医生的负担。在新冠肺炎疫情暴发的情况下，肺部 CT 成了鉴别是否感染的方式之一。在检测人数如此庞大的情况下，利用人工智能进行辅助，率先过滤一部分正常人的影像，医生确诊病人的效率会迅速提升。

机器学习也在改变教育领域。传统的教育模式可以借助机器学习完成革新。当代社会，教学方式已经从单一的线下授课转变为线上授课或线上线下混合授课。但是无论哪一种授课方式大多是以一对多形式开展的，没办法针对每一个学生制定专属的教学任务。而借助人工智能，有望实现针对每个学生的特性，实现个性化教育。针对在线教育，可以通过将各个学生的需求进行数据化，利用智能数据分析技术，自动形成专属于每个学生的学习方案。针对线下教育，可以借助智慧教室(融合了计算机技术、网络技术、多媒体技术和自动控制技术的一种新型教室)准确感知与分析学生的学习状态，为教学过程的顺利展开奠定基础。此外，通过机器学习可以迅速提供更合适的课程资源，增加与学生的互动方式。不仅如此，人工智能甚至可以用来刻画学生的心理状况，有效扫除传统教育的盲区，真正实现线上线下互补。

经过一段时间的高速发展，机器学习已经可以解决很多现实中的问题。哪怕它们的实际应用还不太完善，存在一些安全隐患，但是它们未来必将引领时代的潮流，对人们的生活、工作和学习产生巨大的影响。

本 章 总 结

机器学习是一门多学科结合产生的学科，其目的是使机器像人一样具有学习的能力，读者需要了解它，以便应对未来高速发展的人工智能，而不被时代甩在身后。

本章首先介绍了机器学习的基本概念、一般步骤、发展历程和四大机器学习任务；然后阐述了监督学习、无监督学习和半监督学习的概念和特点，并分析了它们之间的区别；接着详细介绍了机器学习的经典算法以及它们的发展历程，如专家系统、启发式优化算法和深度学习；最后对机器学习在人脸识别、自动驾驶、农业生产、医疗诊断和现代教育等方面的应用作了介绍。机器学习既是一个机遇，也是一个挑战，人们应不断了解它，以便跟上高速发展的人工智能时代。

思政小贴士

通过机器学习基本过程的学习，培养学生实事求是的工作态度，启发学生勇于钻研、严谨朴实、锲而不舍的科学家精神。

通过机器学习中经典算法的学习，引导学生树立认真负责、去伪存真、求真务实的科研态度和精益求精的大国工匠精神。

习　　题

1. 按范围从大到小的顺序列出人工智能、深度学习和机器学习的关系。
2. 列出机器学习发展的四个阶段。
3. 机器学习的主要任务有哪些？
4. 列举机器学习的三种形式。
5. 列举三种机器学习的经典算法。
6. 列举三个专家系统。

7. 专家系统一般由哪几部分构成？

8. 列举两种遗传算法中的编码方式。

9. 卷积神经网络一般由哪些部分组合而成？

10. 列举至少两个 3.4 节未提及的机器学习应用领域。

参 考 文 献

[1] 李昊朋. 基于机器学习方法的智能机器人探究[J]. 通讯世界, 2019, 26(4): 247-248.

[2] LUCCI S, KOPEC D. 人工智能 [M]. 2 版 林赐, 译. 北京: 人民邮电出版社, 2018.

[3] SCHREIBERD G 等. 知识工程和知识管理[M]. 史忠植, 梁永全, 吴斌, 等译. 北京: 机械工业出版社, 2003.

[4] 史忠植, 王文杰. 人工智能[M]. 北京: 国防工业出版社, 2007.

[5] LUGER G E. 人工智能: 复杂问题求解的结构和策略[M]. 5 版. 史忠植, 张银奎, 赵志崑, 等译. 北京: 机械工业出版社, 2005.

[6] 史忠植. 知识发现[M]. 北京: 清华大学出版社, 2001.

[7] 周志敏, 纪爱华. 人工智能: 改变未来的颠覆性技术[M]. 北京: 人民邮电出版社, 2017.

[8] 杉山将. 图解机器学习[M]. 许永伟, 译. 北京: 人民邮电出版社, 2015.

[9] 神崎洋治. 从零解说人工智能: 结构原理及其应用[M]. 邓阿群, 李岚, 译. 北京: 化学工业出版社, 2018.

[10] 鲁斌, 刘丽, 李继荣, 等. 人工智能及应用[M]. 北京: 清华大学出版社, 2017.

[11] 蔡自兴, 蒙祖强. 人工智能基础[M]. 北京: 高等教育出版社, 2016.

[12] 王万良. 人工智能及其应用[M]. 北京: 高等教育出版社, 2016.

[13] 贾可荣, 张彦铎. 人工智能[M]. 北京: 清华大学出版社, 2006.

[14] FLACH P. 机器学习[M]. 段菲, 译. 北京: 人民邮电出版社, 2016.

[15] Wrox 国际 IT 认证项目组. 大数据分析师权威教程: 机器学习、大数据分析和可视化[M]. 姚军, 译. 北京: 人民邮电出版社, 2017.

第 2 篇　感知表达篇

第4章 智能感知

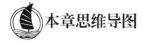**本章思维导图**

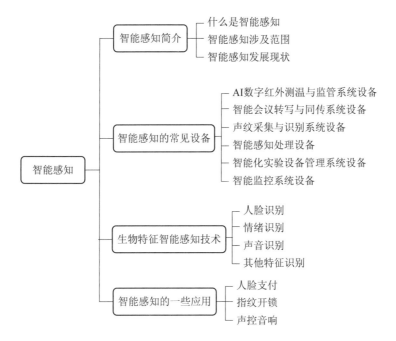

本章学习目标

· 了解智能感知的定义、发展、常见设备和应用

· 掌握生物特征智能感知技术

　　智能感知是人工智能应用中的重要组成部分,是智能获取信息和认知环境的重要途径。本章首先引入智能感知的基本知识和常见设备;然后从定义、特点及基本原理三个角度切入,详细介绍一些生物特征智能感知方面的核心技术;最后通过列举一些智能感知方面的应用来展现智能感知在实际生活中的具体案例,以加深对智能感知的理解。

4.1　智能感知简介

4.1.1　什么是智能感知

要定义智能感知(Intelligent Perception)，首先需要对感知有所了解。感知指人或动物具有视觉、听觉和触觉等感知能力，能够接受并反馈外界信号，从而达到与外界交互的目的。智能感知指将物理世界的信号通过各种传感器，如摄像机和麦克风等硬件设备，借助语音识别和图像识别等相关技术，映射到数字世界，再将这些数字信息进一步处理，提升至机器可认知的层次，比如记忆、理解、规划和决策这些通常经由人主观感知的行为能力。通俗来讲，智能感知的研究目的便是如何通过科学的方法让机器具有近似人类的感知和认知能力。

由于各种传感器感知的信息具有不同的特征，因此智能感知的重要任务之一就是要从各种传感信息中抽象出对象的各种特征，即使用特征选择算法对这些特征进行分析和处理，以获得期望的结果，通过不断地重复调整训练实现对象特性的准确感知。由此可见，机器习得知识的方式类似于统计模型训练的过程，需要大量的数据不断进行训练和模型调整，对数据进行拟合，并提高泛化性。所谓泛化性，好比人的"应变能力"，即用已有知识解决未曾遇见过的相似问题的能力。最终目的是提高机器对信息数据的感知识别能力。通俗来讲，这种方式类似于马戏团动物训练，利用反馈激励机制，让动物形成条件反射。

正如幼儿对新事物的认知过程一样，机器对环境的感知实际上是一个记忆和学习的过程。近年来蓬勃发展的深度学习方法通过反复训练让机器模拟自然界人或动物的记忆和学习机制。深度学习的概念源于人工神经网络的研究。其中，包含多个隐藏的多层感知器就是一种深度学习结构。深度学习通过组合低级特征形成更加抽象的高级特征，从而发现数据的内在特征表示。例如，深度学习对运动目标进行特征提取与学习，是一个对其速度、高度和机动等特性获取与学习的过程。

当获取了对象和环境的各种特征之后，智能感知的另一重要任务是判断和推理。实际上，一种传感器仅能给出目标和环境的部分特征信息，如何利用多种传感器的特征信息来确定目标和环境的类别与属性，需要基于多传感信息融合的判断和推理，把在空间或时间上的冗余或互补的信息依据某种准则进行充分组合，以获得感知对象的一致性解释或描述，从而完成智能感知过程。

4.1.2　智能感知涉及范围

　　智能感知的应用范围极其广泛,包括计算机视觉、语音识别、情绪识别、指纹识别、目标识别和人脸识别等领域。

　　为了让机器能够像人一样学会观察世界,并能精确识别所见之物,计算机视觉快速兴起,其属于智能感知范畴之一。计算机视觉是指用计算机实现人的视觉功能,对客观世界的三维场景的感知、识别和理解,从而使计算机具有通过二维图像认知三维环境信息的能力。这不仅需要使机器习得能够感知三维环境中物体的几何信息(形状、位置和运动等)的能力,而且能对它们进行存储、识别、理解和描述。

　　为了让机器能够像人一样学会倾听万物之声,并能准确分析出声源特征,智能感知研究内容之一即语音识别技术。一个语音识别实例如图 4-1 所示,语音识别算法能实时地将语音转换成文字。

图 4-1　语音识别实例展示

　　语音识别是以语音为研究对象,通过语音信号处理和模式识别让机器自动识别和理解人类语言。语音识别技术是一种让机器经由识别和理解过程把语音转变为相应文本的技术。语音识别涉及交叉学科,与声学、语音学、语言学、信息理论、模式识别理论以及神经生物学等多种学科都有非常密切的联系。

　　为了让机器更好地理解人类,感知人类情绪变化以及其产生原因,智能情绪识别已被开始运用于各种感知设备中。情绪识别示意图如图 4-2 所示。通过输入想分析的文本(如,好喜欢吃苹果),系统会自动判断这句话的情绪(喜爱)。

图 4-2　情绪识别示意图

　　情绪识别通过获取个体的生理或非生理信号对个体的情绪状态进行自动识别，是情感计算的一个重要组成部分。情绪识别研究的内容主要体现为对人的各种面部表情进行识别与处理，从而判断用户的情绪状态。美国加州大学教授 Albert Mehrabian 把人的感情表达效果公式化，认为：感情的表达= 7% × 语言+ 38% × 声音+ 55% × 表情。可见表情在人类所有感情的外在表达中占据着重要位置。从天猫精灵、监控探头到自动驾驶汽车,情绪检测技术正变得无处不在。常见的情绪识别方法主要分成两大类——基于非生理信号的识别和基于生理信号的识别。基于非生理信号的情绪识别方法主要包括对面部表情和语音语调的识别。由于在不同情绪状态下人们会产生相应的面部肌肉运动和表情模式，因此面部表情识别方法可以根据表情与情绪间的对应关系来识别不同的情绪。表情识别一般流程如图 4-3 所示。

图 4-3　表情识别处理流程

4.1.3　智能感知发展现状

　　智能感知的目标是机器具有一定的自主感知、记忆和思维能力、学习能力、自适应及自主的行为能力等。要想让机器习得复杂场景中的动态智能感知能力，需要利用多源信息融合技术，将跨时空的同类和异类传感信息进行汇集和融合，进而在一定程度上提高传感器感知的准确性，从而推动机器正确认知对象类别与属性的目的。

　　随着人工智能技术的发展，传感器已经成为人工智能迈向实际应用的重要基础。以智能汽车为例，自动驾驶车辆中至少安装了三套传感器系统(如摄像头、雷达和激光雷达)才能采集到车辆行驶过程中的环境信息，完成智能行驶。正如华为技术有限公司中国战略部副部长陈亚新所说："汽车迈向新智能化，可以帮助驾驶员更好地控制车辆行驶以及车内娱乐，我们开始进行动感汽车相关业务，基于华为的研究技术，每辆车上的传感器超过了 1000 个。利用这种智能传感器，可以降低运营商的成本和效率，产生较低的故障率。"

目前，自然界人和动物认识客观事物的多传感信息融合机制还有很大的探索空间，人工智能可以通过感知信息融合的全过程来模拟人和动物的认知过程。

智能感知到底是如何模拟人类智能的呢？微软亚洲研究院由低到高，将人类智能分为计算与记忆力、感知、认知、创造力和智慧五大层级。在最底层的计算与记忆力层面，计算机已成为人类不可或缺的助手。而上一层面，即智能感知层面，目前已经成为当下发展的热点。

据相关报道称，基于视觉和听觉等感知能力的感知智能近年来取得了相当多的突破，在业界多项权威测试中，智能感知系统已经达到甚至超过人类水平。人脸识别和语音识别等感知智能技术如今已广泛应用于安防和医疗等众多领域。

至于智能感知中的认知层面，人们也已开展探索研究。认知智能可以帮助机器跨越模态理解数据，学习到最接近人脑认知的"一般表达"，获得类似于人脑的多模感知能力。2020 年 1 月 2 日，阿里巴巴达摩院发布 2020 十大科技趋势，其中趋势预测的第一名即为"人工智能从感知智能向认知智能演进"。认知智能的出现使得 AI 系统可以主动了解事物发展的背后规律和因果关系，而不只是简单的统计拟合，因此会进一步推动下一代具有自主意识的 AI 系统。

阿里巴巴达摩院智能计算实验室资深算法专家杨红霞指出，AI 目前对于单一任务上取得的成绩，如图像识别和机器翻译等均是通过海量样本的堆砌与合适深度学习模型架构得到，这与人类学习的过程非常不一样，目前感知智能技术的方式是从无到有，而人类学习是有体系的、多模态和多任务的连续学习。她认为，感知智能目前还只是任务驱动，做到从底层信号到最终结果的条件反射，不是经过显式的、高维的、概念的识别和组合。而这种概念识别和组合的能力才是人类能处理各种不同任务或者新任务的基础。为了突破这些感知智能的局限性，AI 需要向认知智能演进。同时，她还提出了未来研究的方向，"更多地去研究如何发现、积累可理解的可分解性的概念以及概念间的关系，融合基于高纬度概念的可靠的推理方法，从而提高模型的稳定性与可靠性，完成可靠的逻辑推理。"

如今，智能感知已经开始渗透和改变人类社会，但是在关键的分析和决策领域，智能感知仍需和人类共同完成。21 世纪以来，无人驾驶汽车受到多国政府与企业的重视，而无人驾驶汽车的重要支撑技术之一就是智能感知，如图 4-4 所示。

教育部门对智能感知的发展予以厚望。2020 年 2 月 21 日，《教育部关于公布2019 年度普通高等学校本科专业备案和审批结果的通知》中公布的"新增审批本科专业名单"里已经增设了有"智能感知工程"专业。

图 4-4　无人驾驶汽车

4.2　智能感知的常见设备

1. AI 数字红外测温与监管系统设备

该系统设备融合红外热成像、人脸检测、声纹识别和自然语音处理等 AI 技术，支持红外测温且具有人脸识别、声纹识别和身份证识别的功能。除此之外，还能进行虚拟数字智能分析，将智能播报以及人机交互相融合，实现语音提示测温、语音播报和疑似记录报警。该系统设备还能同时支持多设备组网联控，构建全方位体温监测网络，进而有效满足各种场所体温测查需求。

2. 智能会议转写与同传系统设备

该系统设备提供实时语音转写、音频语音离线转写、会议纪要生成等多种功能服务。在纯离线状态下普通话转写与英文转写能达到较高的准确率。该系统设备还可以外接多个麦克风，并具备智能实现多角色分离的功能。

3. 声纹采集与识别系统设备

该系统设备通过将定向采集到的音频进行降噪、去混音等一系列声学智能技术处理后，输出至声纹采集软件进行质量评估。评估合格的声纹信息被上传至上一级声纹库中，接着运行后期的声纹比对校验、搭配声纹采集终端软件，从而支持语音定向采集、人员信息采集、声音质量检测、声纹信息采集等管理功能。

4. 智能感知处理系统设备

该系统设备包括核心处理部件、操作系统部件、通信接口部件、联动控制部件和数据存储部件。智能感知处理设备的核心处理部件支持多种类和多数量感知设备接入，并兼容多种通信协议，减少感知数据处理前端设备的使用量，降低应用成本，通过多传感器数据融合剔除干扰源对数据采集的影响，提高数据的可信度。

5. 智能化实验设备管理系统设备

该系统设备可有效整合实验教学资源，在设备的有限生命周期内充分提高其利用率，使其使用价值达到最大化，从而在一定程度上提高实验室设备的整体利用率，满足实验要求以及实现实验设备管理的科学化、自动化和智能化。该系统设备利用多种感知技术和网关通信等技术实现对设备的智能感知，自动发现设备，并进行状态的申报和记录，实现多样化的智能感知。

6. 智能监控系统设备

智能监控系统和智能视频分析技术被广泛地应用于交通运输和家庭监护等领域。该智能监控系统设备通过对视频图像进行分析，检测出异常事件的发生，并自动发送报警信息。与传统的监控系统相比，该方式可以减轻值班人员工作压力，提高工作效率。在视频分析方面，前端模式与平台模式相比，提高了目标检测的实时性，并且大大节省带宽。该系统设备实现了快速的基于背景差分的运动目标检测框架，该框架在测试环境中能够实时地准确地检测出运动目标，不受光线强弱和背景大小的影响。系统集成了智能化全景视频监控、目标检测与跟踪、视频摘要、图像云储存、传感器监控等功能，可以满足学校、家居等多种场景的需要。

4.3　生物特征智能感知技术

4.3.1　人脸识别

1. 人脸识别的定义

人脸识别通过提取图片中待识别人脸的特征，并与数据库中的人脸特征对比，从而确定人的身份。一般而言，人脸识别可以大致分为两类，一类是判断两张图片中的人脸是否同一人，另一种是判断照片中的人脸是数据库中的哪一个人的人脸。

2. 人脸识别的特点

在日常生活中，由于人脸识别是非接触性的，较为方便，因此常常被用来验证人的身份。人脸识别是生物识别技术中的一种，除了人脸识别以外，还有指纹识别、掌纹识别、虹膜识别等识别技术。与其他的生物识别技术相比，人脸识别已经达到了较高的准确率，但是人脸识别仍然存在较大的缺陷，常常会受到光照、遮挡、观察角度等的影响。这些因素较大程度地影响了人脸识别的准确率。相比于其他识别技术，人脸识别技术可以直接使用计算机或者手机上的摄像头来动态捕捉人的面部特征，或者通过已经拍摄好的人脸图片来提取人的面部特征。这些面部特征主要是指面部器官本身具有的特征，以及器官之间的几何关系(例如两眼的距离)，把提取到的人脸面部特征与数据库中已存在的面部特征进行对比，通过相似度的比较就可以得到人脸识别的结果。这样的识别方式极大减少了人与设备间的接触，只需要在远处就可以识别人脸，减少了人们对身份识别的抗拒心理。人脸识别除了具有非接触性和较高准确率的特点外，还具有自然性和不易被发现的特点。人脸识别过程中提取面部特征的示意图如图4-5 所示。

图 4-5　提取面部特征示意图

所谓自然性，指该识别方式和人类识别的方式相同。例如人们通过人脸来识别不同人的身份时，都是通过观察人脸的特征来识别人的身份，而人脸识别技术也是以这种方式，通过观察和对比人脸特征是否相同来判断这个人的身份。除了人脸识别具有这种自然性外，声音识别和体态识别也具有这种自然性，但指纹识别和虹膜识别没有这种特点。

不易被察觉的特点对于一种识别方法的推广很重要。因为识别技术如果具有不易察觉的特性，那么被识别的人就不会对这个识别技术反感，并且可以在人们不经意间完成识别，这对该技术的推广有好处。此外，这种不易察觉的特点使得人们不会特意在镜头下伪装。人脸识别具有这种不易被察觉的特性，通过采集的图片或者视频就可以识别到人脸，不需要近距离接触。而指纹识别则需要利用光学扫描仪或者电子压力传感器来采集指纹。虹膜识别更是需要使用红外线来采集虹膜图像。这样的采集需要人们配合，并且所需的时间较长。

通过人脸识别的特点可知，人脸识别具有以下优点：

(1) 非接触性：可以通过摄像机拍摄不同人的人脸图像，进而得到人脸特征，不需要和设备有近距离接触就可以获取。

(2) 高准确性：人脸识别的准确率较高，可以达到 99%以上。

(3) 隐蔽性：现有多数摄像头可以直接采集人脸信息，不会占用专门时间，且不易被察觉。

(4) 易操作性：人脸识别可以用手机等普及的通信设备直接采集人脸数据。

(5) 并发性：在不同的场景中可以一次性识别多个人脸图像，而不需要一一识别。

3. 人脸识别系统的组成部分

一般而言，人脸识别系统主要包括四个组成部分：人脸图像采集和检测、人脸图像预处理、人脸图像特征提取以及人脸图像匹配与识别。

1) 人脸图像采集和检测

(1) 人脸图像采集：通过摄像机来拍摄不同的人脸图像或者视频，生成的这些图片或者视频是人脸识别的原始数据。

(2) 人脸检测：输入一幅已经拍摄好的图像，使用人脸检测的相关算法对图片进行检测，确定输入的图像中是否存在人脸。人脸检测的实现主要有两个方面的挑战，其中一个是因为人脸具有 44 块肌肉，正是因为这些肌肉的相互协调，使得人脸具有很多的表情，这也导致了人脸具有很多的细节变化，而在人脸检测时，不同人的人脸有着较大的差异，例如不同的人在拍摄时具有不同的脸型、肤色、表情和面部动作等，这些都会对人脸检测产生一定的影响。此外，由于拍摄角度不同，也会产生不同的人脸姿态，此外，拍摄时的光照情况也会影响图像在人脸检测时的准确率。

2) 人脸图像预处理

由于人脸拍摄时会受到各种因素的影响，所获得的人脸图像质量可能无法满足后续处理的要求，甚至影响人脸识别的准确率。因此，在进行人脸识别前，需要对拍摄的人脸图像进行预处理，使得拍摄的图像能够满足识别的需求。通过人脸图像预处理，可尽量消除人脸图像在大小、表情、明暗和面部遮挡物等方面对人脸识别的影响。不同的人脸识别系统所采用的识别算法会有所不同，这也就导致不同人脸识别系统采用图像预处理的方法并不相同。常用的人脸图像预处理方法包括滤波去噪、灰度变换、边缘检测和尺寸归一化等。通常需要综合使用多种方法来进行人脸图像的预处理。

3) 人脸图像特征提取

人脸识别过程中,需要提取图像中人脸的相关特征。这些特征可以分为视觉特征、基于模型的特征、基于统计的特征和基于神经网络的特征。其中视觉特征是首先定位到面部关键特征点,如眼睛、鼻子、嘴和面部轮廓点等,然后通过这些特征点之间的关系确定人脸的特征。基于模型的特征是通过人脸的不同特征状态的概率来提取人脸图像的特征。基于统计的特征把人脸图像当做随机向量,用统计分析的方法来实现人脸图像特征的提取。基于神经网络的特征利用神经元间的层层映射来实现人脸图像的特征的提取。

4) 人脸图像匹配与识别

人脸图像匹配与识别是将提取到的人脸图像特征与数据库中已经存储的特征进行匹配,并设置一个阈值。这个阈值就是判断两张图片是否相似的标准,只有当两种图片的相似度达到或超过这个阈值时,才把匹配到的图片及其信息输出。这一过程将人脸识别分为两类,一类是判断两张图像中的人脸是否为相同的人,另一类是判断图像中的人脸是哪一个人的人脸。人脸识别系统识别人脸的过程如图 4-6 所示。

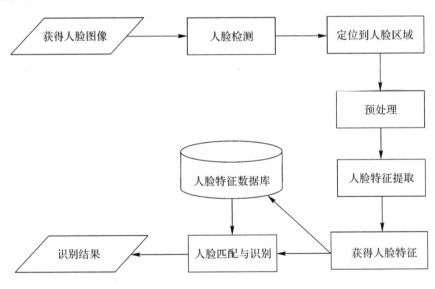

图 4-6　人脸识别系统识别人脸过程

4. 人脸识别发展历程

早在 20 世纪 60 年代,人脸识别技术开始兴起。在此期间,人脸识别的研究被看作是一个模式识别问题。当时的研究人员主要是使用人脸本身的几何特征来实现识别的功能，也就是根据眼睛、鼻子、耳朵和下巴等器官的位置来识别人脸。

20 世纪 80 年代后期，随着计算机技术和可见光图像技术的快速发展，人脸识别技术也开始了快速的发展。20 世纪 90 年代后期，人脸识别技术进入到初级的应用阶段。在这个时期，美国、德国和日本在人脸识别技术上处于优先地位，人脸识别的实际应用在这三个国家也发展迅速。在此期间，人脸识别技术取得了重大的突破，主要成果有：

(1) 诞生了非常著名的"特征脸"人脸识别方法；

(2) 实现了人脸识别系统的搭建和实践应用；

(3) 建立了庞大的人脸识别数据库。

到了 21 世纪，人脸识别技术在很多行业中已经有较为广泛的实际应用，极大地方便了人们的日常生活及工作。一般来说，人脸识别技术的广泛应用主要是得益于三个方面的发展，其一是研究人员对人脸图像建模方法的改进，提出了很多种不同的人脸模型的构建方法，其二是研究人员对影响人脸识别精准性因素的深入研究，其三是研究人员对人脸图像的采集数据源及特征提取方法进行了深入研究与分析，提出了多种多样的人脸识别方法。

4.3.2　情绪识别

1. 情绪的定义及其分类

情绪的概念很复杂，目前的研究水平很难对其进行全面精确的定义。一般而言，情绪是以个体愿望需要为中心的一种心理活动，是关乎一个人思想、感受和表现的心理状态。当客观事物或情境符合主体的愿望时，就能引起主体积极的情绪；当客观事物或情境不符合主体的愿望时，就会使主体产生消极的情绪。斯多葛学派将情绪分为四种：恐惧、受伤、欲望和愉快。后来，达尔文和普罗杰提出情绪的进化观点，即情绪是在自然选择中进化的，从而情绪具有跨文化的普遍性。而 Plutchik 将情绪分为八种原始类型，并将其表示成一个情绪车轮的形状。此外，Ekman 认为情绪和面部表情存在关系。北大教授孟昭兰在其著作《人类情绪》一书中指出：无论情绪、情感或感情，指的是不同于认识和意志的同一过程和心理现象。Davidson 等人发现情绪的产生是由于个体适应环境的结果，并且情绪作为一种生理现象，其产生具有瞬时性。Keith Oatley 等在其著作中提出，情绪起到了搭建人们沟通桥梁的作用，是心理变化、生理变化、外部环境、主观感受等方面的共同影响。

目前普遍认为，情绪由三个部分组成：主观体验、外部表现和生理唤醒。简单而言，主观体验是个体独特的自我感受，是个体对内部情绪的认知和判断，受到每个人不同的生活经验和认知风格等因素的影响；外部表现是与主观体验紧密相关，即人们所说的表情，包括面部表情、姿态表情和语调表情，是情绪状态发生时身体各部分的动作量化形式，其对应不同的主观体验；而生理唤醒是指情绪产生的生理反应，它涉及广泛的神经系统，不同的情绪会产生不同的生理反应，包括呼吸频率、血压和心率等方面的变化。

在心理学领域，情绪的定义并没有公认的统一表述。如何有效地划分情绪类型也一直是一个颇有争论的问题。早在2000多年前的周朝，古书《礼记》把人的情绪称为"七情"，即喜、怒、哀、惧、爱、恶、欲。目前对于情绪的划分方式有很多种，情绪也有很多种，如高兴、愉快、难过、悲伤、愤怒、恐惧、厌恶、恐惧、惊奇、爱和怜悯等。现代心理学家把情绪分为4类：快乐、愤怒、悲哀、恐惧。

(1) 快乐(Joy)：感到幸福或满意。

(2) 愤怒(Anger)：是一种紧张、不愉快的情绪体验，通常发生在挫折或不公平等不满意事件之后。

(3) 悲哀(Sadness)：当理想没有实现、愿望破灭或失去了心爱的对象等情况时，所产生的一种体验。理想、愿望和对象的价值及重要性决定了悲哀情绪的体验程度。

(4) 恐惧(Fear)：想摆脱或躲避某种情景而又无能为力的情绪体验，缺乏处理不利情景的能力与手段常常是引起恐惧情绪的罪魁祸首。

在人们日常生活中，较为常见的一种情绪划分方式是正面情绪(积极情绪)和负面情绪(消极情绪)。

(1) 正面情绪：快乐、荣誉、谦逊、坦然、真挚。

(2) 负面情绪：愤怒、焦虑、罪恶、羞愧、厌恶、嫉妒、悲伤。

2. 情绪识别的定义

情绪产生时，必然会发生表情、声音或身段等方面的变化。因此，可以通过上述变化对其个体情绪进行推测与判断。生理变化与心理变化共同对情绪产生作用，而对于内部的生理变化与心理变化，人们没有办法进行直接的观察。因此，以表情、语调和肢体动作等方面的直观因素为切入点，获得有关个体的情绪状态是当前情绪识别的主要过程。

3. 情绪识别方法的分类

情绪识别方法可分为基于面部表情的情绪识别、基于姿态的情绪识别、基于语音的情绪识别、基于文本的情绪识别和基于生理的情绪识别等。

1) 基于面部表情的情绪识别

人类通过视觉、味觉、听觉、嗅觉和触觉来认识世界，把用眼睛观察到的视觉信息叫做图像信息，如人脸的表情信息。一般的表情识别可以用单个感官完成，也可以用多个感官相配合来完成。它是一个整体识别和特征识别共同作用的结果。具体来说，远处辨认人，主要是整体识别，而在近距离面部表情识别中，特征识别则更重要。另外，人脸各部位对情绪识别的重要程度也不尽相同，如眼睛和嘴巴的重要程度大于鼻子。

表情能够准确而微妙地表达自己的思想感情，也能够使人们辨认他人的态度和内心世界。如前所述，关于表情传递信息的作用，心理学家 Mehrabian 给出了公式：感情表达= 7% × 言辞+38% × 声音+55% × 面部表情。人脸表情识别(Face Emotion Recognition，FER)研究如何自动、可靠、高效地获得人脸表情所传达的信息，是人工心理理论研究的重要组成部分。人脸表情含有丰富的人体行为信息，对它的研究可以进一步了解人类对应的心理状态。计算机和机器人如果能够像人类那样具有理解和表达情感的能力，并能够自主适应环境，这将从根本上改变人与计算机之间的关系，使计算机能够更好地为人类服务。这也正是研究人脸表情识别并赋予计算机具有情感理解和情感表达技术的意义。

2) 基于姿态的情绪识别

基于姿态的情绪识别是指通过身体动作、身体姿势、位置以及动作的多少、行动的特点等信息来进行情绪识别。虽然对于身段表情的研究稍晚也较少，但事实上，身段表情和面部表情一样，能够传达出个体的情绪状态，同时更能够体现其动作意图。人在不同的情绪状态下，身体姿态会发生不同的变化，如焦虑时抚摸头发、高兴时手舞足蹈、恐惧时紧缩双肩、紧张时坐立不安以及无可奈何时的双手一摊，等等。因此，基于身段表情识别的研究具有重要的实践意义，也是与个体状态最为贴切的研究方向之一。

3) 基于语音的情绪识别

语音是人类表达情绪最直接的方式。但要从语音的声学特征逆向反推出情绪的类别，就当前的研究现状而言实为不易。因为除了声学特征所具有的复杂多变特性，语音结构和语音内容的解析还涉及自然语言理解等复杂问题。

基于语音的情绪识别常采用的方法是：首先采集说话者的声学特征，如基频语调、声音力度、语速缓急和流利程度等，然后将这些特征与情绪分类系统进行对照，从而判断说话者的情绪。

4) 基于文本的情绪识别

根据文本粒度的大小，基于文本的情绪识别可以分为词语级、句子级、篇章级和海量级文本情绪倾向性判断。基于文本的情绪识别主要有两种方法，一种是基于语义词典 How Net 进行分析识别，另一种是基于大规模语料库进行分析识别。

两种方法都需要首先对文本进行主客观分类等预处理，剔除对于实体事件及其属性的客观性陈述文本，然后从包含有丰富感情色彩的情绪观点和态度的主观性文本中抽取情绪特征词，根据预设阈值判断特征词的极性和强度，最后计算句子语义的相似度。在句子情绪倾向分析的基础上，进行篇章或海量级文本的整体情绪分析识别。

基于文本的情绪识别在自然语言理解技术中贴近实际需求，2019 年出现的 HiGRU 模型已经能够实现较高的准确率。

5) 基于生理的情绪识别

生理信号情绪识别即从人的生理信号(如图 4-7 所示)中抽取出特征模式来识别人的情绪。由于情绪变化引起的人体生理变化只受人的自主神经系统和内分泌系统的作用，不会受到人的主观意识控制，因此基于生理状况进行情绪识别结果应最为准确与客观。

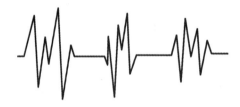

图 4-7　心电图(部分)

跟情绪有关的生理信号一般有心电图、皮肤电反应、皮肤温度、血管压力、呼吸频率和幅度等。由这些生理参数进行情绪识别往往简单易行且结果较为准确。

4. 情绪识别的基本原理

由于基于面部表情的情绪识别最为经典，相关的研究工作最为广泛，因此接下来主要介绍基于面部表情的情绪识别。

基于面部表情的情绪识别就是表情识别，通过人脸检测获取人脸图像并进行预处理、表情特征的提取和表情分类，建立一个人脸表情识别系统。首先对人脸进行检测，得到表情图片。接着从人脸图像或图像序列中提取能够表征输入表情本质的信息，得到表情特征，在提取特征的过程中，常常为了避免维数危机会对特征进行降维、分解等预处理。最后分析特征之间的关系，将输入的人脸表情划分为相应的情绪类别。

1) 人脸检测

人脸检测的基本思想是用知识或统计的方法对人脸建模，比较待检测区域与人脸模型的匹配程度，从而得到可能存在人脸的区域。人脸图像检测与定位就是在输入图像中找到人脸确切的位置，是人脸表情识别的第一步。

2) 特征提取

根据图像性质的不同，表情特征的提取可分为静态图像特征提取和序列图像特征提取。静态图像中提取的是表情的形变特征，即表情的静态特征。而对于序列图像不仅要提取每一帧的表情形变特征，还要提取连续序列的运动特征。形变特征提取依赖中性表情或模型，把产生的表情与中性表情做比较从而提取特征，而运动特征提取则依赖于表情产生的面部变化。

特征提取是提取图像上的特征向量，判断其是否属于某一类特征。特征提取目前比较经典的算法是运用卷积神经网络的方式，使网络自行学习图像中的特征，也有一些传统的方法，如主成分分析法和局部二值模式等，在这里不作具体介绍。

3) 表情分类

通过分析所提取特征间的关系，可以构建不同表情所具有的特征属性。据此表情分类，这一步将输入的人脸表情划分到相应的类别。目前，按照心理学上的基本表情，表情类别分为 7 种：生气、厌恶、恐惧、高兴、悲伤、惊讶和轻视。一些文献中对于动态表情分类常用隐马尔可夫模型，而静态表情分类的常用方法有人工神经网络、支持向量机等。

4.3.3 声音识别

1. 声音识别的定义

声音识别技术是对基于生理学和行为特征的说话者嗓音和语言学模式的运用。它与语音识别的不同在于这项技术不对说出的词语本身进行辨识，而是通过分析语音的唯一特性，例如通过发音的频率(如图 4-8 所示)来识别发出声音的人或物。声音识别技术可以通过说话的嗓音来控制人们能否出入限制性的区域。

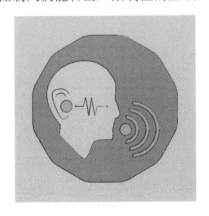

图 4-8 声音特征

举例来说，可以通过声音进行电话拨入银行、数据库服务、购物或语音邮件，甚至进入保密的装置。虽然语音识别是方便的，但其识别过程的低准确度导致它并不可靠。例如一个患上感冒的人有可能被错误地拒认，从而无法使用该声音识别系统。

2. 声音识别的特点

所谓声纹(Voiceprint)，是指用电声学仪器显示的携带人类言语信息的声波频谱。人类语言的产生是人体语言中枢与发音器官之间一个复杂的生理物理过程。不同人在讲话时使用的舌、牙齿、喉头、肺、鼻腔等发声器官在尺寸和形态方面会具有较大差异，因此任何两个人的声纹图谱是不同的。

然而，每个人的语音声学特征既有相对稳定性，又有变异性，不是绝对一成不变的。这种变异可能源自生理、病理、心理、模拟、伪装等因素，也可能与环境干扰有关。尽管如此，在一般情况下，人们仍能区别不同人的声音或判断是否是同一人的声音。

与其他生物特征相比，声纹识别的应用有一些特殊的优势：

(1) 蕴含声纹特征的语音获取方便且自然，声纹提取可在不知不觉中完成，因此使用者的接受程度也高；

(2) 获取语音的成本低廉，使用简单，一个麦克风即可，在使用通信设备时更无需额外的录音设备；

(3) 适合远程身份确认，只需要一个麦克风、电话或手机就可以通过网络(通信网络或互联网络)实现远程登录；

(4) 声纹辨认和确认的算法复杂度低；

(5) 配合一些其他措施，如通过语音识别进行内容鉴别等，可以提高准确率。

这些优势使得声纹识别的应用越来越受到系统开发者和用户的青睐。目前，声纹识别的世界市场占有率为 15.8%，仅次于指纹和掌纹的生物特征识别，并有不断上升的趋势。

3. 声音识别的基本原理

声音识别技术主要包括预处理、声音特征提取和分类识别等。其中，声音的预处理包括振幅归一化、预加重、样本分割等。在特征提取方面，特征参数可以是能量、基音频率、共振峰值等。较常见的算法有线性预测系数(Linear Prediction Coefficient，LPC)、线性预测倒谱系数(Linear Predictive Cepstrum Coefficient，LPCC)和梅尔倒谱系数(Mel-scale Frequency Cepstral Coefficients，MFCC)等。分类识别是将输入的声音进行分类以达到识别的目的，执行分类任务的主要模型有贝叶斯模型、支持向量机等。

1) 预处理

(1) 振幅归一化。幅值归一化就是把每一个采样值除以本段信号的平均幅值。

(2) 预加重处理。对高频部分进行加强，增加语音的高频分辨率成分。

(3) 加窗处理。由于发声器官的惯性运动，可以认为在一小段时间内语音信号近似不变，即语音信号具有平稳性。这样，可以把语音信号分为一些短段。语音信号的分帧常采用可移动的有限长度窗口进行加权的方法实现。

2) 特征提取

(1) 线性预测系数。一个语音的采样值可以通过若干语音采样值的线性组合来逼近(最小均方误差)，能够决定唯一的一组预测系数，而这个预测系数就是 LPC，是该语音的一个特征。

(2) 线性预测倒谱系数。线性预测倒谱参数是线性预测系数在倒谱域中的表示。LPCC 参数的优点是计算量小，易于实现，对元音有较好的描述能力，其缺点在于对辅音的描述能力差，抗噪声性能较差。

(3) 梅尔倒谱系数。在语音识别(Speech Recognition)和话者识别(Speaker Recognition)方面，最常用到的语音特征就是 MFCC。根据人耳听觉机制的研究发现，人耳对不同频率的声波有不同的听觉敏感度。其中，200～5000 Hz 的干扰信号对语音的清晰度影响最大。当两个响度不等的声音作用于人耳时，较高频率响度成分的存在会影响到对较低频率响度成分的感受，使其变得不易察觉，这种现象称为掩蔽效应。一般来说，由于频率较低的声音在内耳蜗基底膜上行波传递的距离大于频率较高的声音，因此低音容易掩蔽高音，而高音掩蔽低音较困难。在低频处，声音掩蔽的临界带宽较高频要小。所以，人们从低频到高频这一段频带内按临界带宽的大小由密到疏安排一组带通滤波器，对输入信号进行滤波。将每个带通滤波器输出的信号能量作为信号的基本特征，对此特征经过进一步处理后就可以作为语音的输入特征。由于这种特征不依赖于信号的性质，对输入信号不做任何的假设和限制，又利用了听觉模型的研究成果。因此，这种特征与基于声道模型的 LPCC 特征相比具有更好的鲁棒性，更符合人耳的听觉特性，而且当信噪比降低时仍然具有较好的识别性能。

4.3.4　其他特征识别

生物识别技术是利用人体的生理或行为特征进行身份识别的技术。生活中常见的生物识别技术主要分为九种：指纹、脸型、虹膜、视网膜、手写体、声音、掌纹、手形和脸部热谱图等。本节主要介绍指纹和掌纹两种识别方法。

1. 指纹识别

1) 指纹的特征

指纹识别是将识别对象的指纹(如图 4-9 所示)进行分类，从而进行判别。一般来说，可以通过定义指纹的两类特征来进行指纹的验证，即总体特征和局部特征。总体特征是指那些用人眼直接就可以观察到的特征，而局部特征是构成总体特征的基础，如直线、边缘和角点等。

图 4-9　指纹

(1) 基本纹型。常见的指纹图案有环型、弓型和螺旋型，其他的指纹图案都基于这三种基本图案进行表征。本质上来看，这是一个较粗的分类，仅仅依靠图案类型来分辨指纹是远远不够的，但该分类有利于在大数据库中快速搜寻相关的指纹。

(2) 模式区。模式区是包含了纹型特征的区域，即从模式区就能够分辨出指纹是属于哪一种类型的。

(3) 纹数。纹数是指模式区内指纹纹路的数量。局部特征是指指纹上的节点，两枚指纹经常会具有相同的总体特征，但它们的局部特征却不可能完全相同。

2) 指纹识别的基本原理

指纹识别技术主要包含两种：第一种是基于统计对比的方法，第二种是采用指纹图像本身固有的特征信息进行比对的方法。第一种方法主要是将两幅指纹图像进行统计对比，查看它们之间相似度的大小，并判断这两幅指纹是否取自于同一个人，从而实现身份识别的作用；第二种方法是根据两幅指纹图像的结构特征，比较它们的特征信息，确认它们的身份。特征包含全局特征和局部特征两种类型。指纹识别技术的全过程如下：

(1) 使用指纹采集设备采集指纹图像。目前市场上常用的指纹采集设备有五种：滑动式、按压式、光学式、硅芯片式和超声波式。

(2) 对指纹图像中的噪声点进行预处理，从而提升后续处理的效率，在预处理之后，得到了一个关于指纹图像的轮廓线，为下一步特征提取做准备。

(3) 进行指纹图像的特征提取，提取出其特征信息点。

(4) 对指纹图像进行特征匹配，把提取的特征点与数据库中预存的特征点进行比对，通过比对来判断身份。根据英国学者 E. R. Herry 的研究发现，两个指纹图像中，如果特征点的对数有 13 对是重合的，就可以认为这两个图像取自于同一个人。

自动指纹识别系统一般需要将输入指纹与一个很大的指纹数据库进行匹配。为了减少搜索时间、降低计算的复杂性,将指纹以精确且一致的方式划分到每个指纹子库是很重要的,这样输入指纹只要跟子库中的指纹匹配就可以了。指纹分类被认为是指纹匹配的初级阶段,在大部分的研究中,指纹一般分为旋涡型、左环型、右环型、弓型和尖弓型五类。

2. 掌纹识别

1) 掌纹的特征

掌纹识别使用掌纹特征来进行身份识别,包括人眼可见或不可见的掌纹特征。人手掌上的掌纹特征非常丰富,包括主线、褶皱、乳突纹、细节点和三角点等。

可以通过选择不同的算法来提取不同的掌纹特征,以区别身份。可用于身份识别的掌纹特征总结如下:

(1) 几何特征,反映手掌几何形状的特征,如手掌的宽度和长度等。

(2) 主线特征。主线是手掌上最强最粗的几条线。大多数手掌上有三条主线,分别称为生命线、感情线和智慧线。

(3) 皱褶特征。除了主线外,手掌上还有很多褶皱线,一般这些线要比主线细、浅,并且很不规则。

(4) 细节点特征。由于手掌上布满了和指纹一样的乳突纹,所以和指纹识别一样,在手掌上也可提取这些乳突纹的细节点特征。

(5) 三角点特征。三角点是乳突纹在手掌上形成的三角区域的中心点。这些三角区域位于指根的下面以及中指下方靠近手腕的位置。

严格地说,在这些特征中,几何特征不属于掌纹特征,而属于手形特征,这种特征简单,但唯一性很难满足,即具有相同几何特征的手掌较多,很难在身份辨识中获得高的识别精度,并且手掌的几何特征比较容易通过制作手掌模型的方法来伪造。

三角点和细节点是乳突纹形成的特征,只有在高分辨率和高质量的图像中才能提取出来。

掌纹线包括主线和皱褶,可以从较低分辨率和较低质量的图像中提取出来,并且很稳定,是掌纹识别中用到的重要特征之一。

以上这些都是掌纹的基本特征,由这些基本特征还可以形成很多其他的特征,如可以由乳突纹、皱褶和主线共同形成掌纹纹理特征等。

2) 掌纹识别的基本原理

掌纹识别包括两个阶段:注册阶段和识别阶段。在注册阶段,用户的掌纹图像被采集后,先进行预处理,然后提取特征,最后放到模板库中;在识别阶段,用户的掌纹图像被采集后，同样先进行预处理和特征提取，然后再与模板库中的模板进行匹配，最后得到识别结果。

　　掌纹识别主要由掌纹采集、预处理、特征提取和掌纹匹配等模块组成，主要流程如图 4-10 所示。

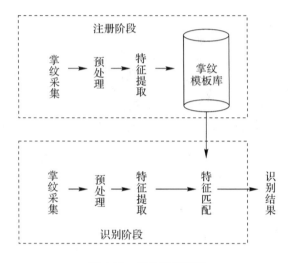

图 4-10　掌纹识别流程

　　(1) 掌纹采集模块完成掌纹图像的获取功能，是掌纹识别研究的基础。要求所获得的图像清晰度高，受环境变化影响小，采集速度足够快，采集方便、易于被用户接受。该模块的研究内容包括硬件和软件两个部分：硬件是指掌纹采集设备的研制；软件是指设置和控制设备以获取掌纹图像的程序。

　　(2) 预处理模块完成掌纹图像的去噪、增强、分割、定位和归一化等操作，以利于进一步的特征提取和匹配。预处理算法是根据掌纹图像的特点而设计的。由于不同的采集设备获取的掌纹图像特点不同，因此预处理算法与掌纹采集设备密切相关。

　　(3) 特征提取模块定义和提取区分能力较强的掌纹特征，是掌纹识别中最为重要的部分，特征提取的好坏是影响掌纹识别系统性能的关键。在进行特征定义与提取时，要考虑特征区分能力的大小，应尽量使类间距离较大，同时类内距离较小，也要考虑提取特征所需要的时间。该时间越少越好，如果提取特征的时间开销太大，就很难满足身份识别的实时性要求。此外，还需要考虑特征所占空间的大小，特征占用空间太大，系统就需要更多的存储介质，这必然导致整个系统成本的增加。同时，特征匹配所需的时间量与特征占用的空间量成正比，因此特征空间占用量太大会影响整个系统的响应速度。

　　(4) 特征匹配模块决定掌纹匹配算法的设计和选取。掌纹匹配的算法与所提取的掌纹特征密切相关，不同的特征需要不同的匹配算法。

4.4 智能感知的一些应用

4.4.1 人脸支付

1. 人脸支付业务流程

目前人脸支付的产品业务流程还未标准化，因此不同的机构或者企业的人脸支付流程还具有一定的差别，下面为支付宝和银联的人脸支付流程。

使用支付宝进行人脸支付时，用户首先进入到支付阶段，选择人脸支付的方式；然后按照系统要求做出相应动作，从而采集人脸并进行活体检测；紧接着人脸支付的后台会对当前支付是否安全进行评估，根据评估结果，人脸支付系统会要求用户输入已绑定手机号；最后进入确认支付的页面。支付流程如图 4-11 所示。

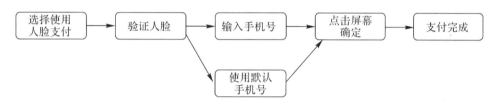

图 4-11 支付宝人脸支付业务流程

使用银联进行人脸支付时，用户首先进入支付阶段，选择人脸识别；其次采集符合人脸数据并进行活体检测；同时需要用户输入支付密码，若输入密码正确，则可以进入最后的支付确认界面，在确认支付中选择确认就可以完成人脸支付。支付流程如图 4-12 所示。

图 4-12 银联人脸支付业务流程

通过这两种人脸支付系统，不难看出基本的流程相同，都需要验证人脸，确认自己信息。但不同点在于验证自己身份信息这一部分，支付宝采用手机号验证，而银联采用的是输入密码或者口令支付。

2. 人脸支付存在的问题

人脸支付还存在很多问题，最大的问题就是安全性问题。2020 年 10 月 26 日，央视新闻上发布一条新闻，新闻内容是有关人脸识别安全性的问题。记者通过调查发现，在某些网络交易平台上，花 2 元就可以买到上千张人脸照片，这些照片如果落到不法分子手中，照片主人除了有可能会遇到精准诈骗外，还有可能因人脸信息被用于洗钱、涉黑等而卷入刑事诉讼。这一则新闻就爆出了人脸识别的安全问题。目前最简单的人脸识别系统，只要采集、提取人脸上的 6 个或 8 个特征点就可以实现识别功能。而复杂的人脸识别，则需要采集、提取人脸上的数十个乃至上百个特征点才能实现。相比于解锁手机，"刷脸"支付、"刷脸"进小区等应用，采集的人脸特征点更多，其安全性自然也更高。但是，这样也增加了人脸识别系统的成本。除了人脸信息被暴露外，还可以通过人脸面具来骗过人脸识别系统。在一个测试面具是否可以解锁手机的实验中，科研人员将人脸面具放置于手机对面，并通过调节不同的光线、色温以及角度等来解锁。通过几次对比发现基本都能成功解锁手机。这个实验得到一个结论：通过面具或头套进行人脸识别的成功率可以达到 30%。

另外，有关人脸支付的法规还有待完善。当下人脸识别技术行业刚发展起来，相应的标准以及法规还未建立，这也就使得人脸识别滥用，增加了人脸信息泄露的风险。

3. 人脸支付发展历程

人脸支付是人脸识别技术在实际领域的应用之一，而将人脸识别首次应用于支付领域的是芬兰。

2013 年 7 月，芬兰的一家创业公司发布了第一款可以在实际场景中使用人脸识别技术进行人脸支付的系统。用户在使用这款人脸支付系统时，只需要站在收银台对面的 POS 机屏幕前，之后 POS 机的屏幕会通过摄像头进行拍照，从而采集到用户的人脸数据，之后再把采集的人脸信息与数据库中存储的人脸信息进行对比。用户只需要在使用该系统支付之前完成人脸数据的采集并存入数据库中，之后 POS 机屏幕会显示出用户的个人信息，例如姓名和照片等。用户在核对过信息无误后，点击确认就可以完成交易。在芬兰出现人脸支付系统之后，美国和日本等国也开发出了自己的人脸支付系统并投入到市场中。

在我国，中科院在 2013 年启动对人脸支付的研究，2014 年就有成果产出。同年，蚂蚁金服也成立了人脸识别项目并开始人脸支付的相关研究。2015 年，人脸识别技术开始应用于支付宝。在 2015 年 3 月 16 日的德国汉诺威 IT 博览会上，马云通过使用支付宝的人脸支付功能成功购买了一款 1948 年汉诺威纪念邮票。这也就意味着支付宝已经可以使用人脸支付功能进行购物，并且已经可以在商业中实现初步的应用。

2017 年 9 月 1 日，支付宝可以在肯德基的 KPRO 餐厅使用人脸支付系统进行支付，实现我国在全球首次将人脸支付用于商业领域。除了支付宝实现人脸支付的商业化应用外，人脸识别在很多实际场合中也得到了应用，2018 年 1 月，微信和 Jack & Jones 合作开了一家可以使用人脸支付的时尚店；2018 年 7 月，天猫也可以使用人脸支付系统进行支付；2018 年双 11 来临之际，阿里巴巴旗下的一家命名为"菲住布渴"的酒店开业，这家酒店并不是一般的酒店，而是一家未来酒店，从这家酒店可以想象未来酒店会变成什么样子。该酒店使用了大量的识别技术，实现了全场景人脸识别，即在酒店的任何地方都可以使用人脸识别技术；2018 年 12 月，支付宝研发出了一款人脸支付设备"蜻蜓"，用户可以在各地有该设备的地方进行人脸支付。2019 年，各种人脸支付产品亮相，并应用于生活中，2019 年 3 月，微信推出了他们的首款人脸支付设备"青蛙"；2019 年 4 月，香港机场已经可以使用人脸支付进行买票，同月，支付宝又推出了人脸支付设备"蜻蜓 2.0"。与上一代的"蜻蜓"相比，这款设备成本更低，重量也更轻；2019 年 8 月 6 日，江苏、浙江、江西、重庆和福建 5 个省宣布，市民可以直接使用支付宝来领取电子结婚证。

4.4.2 指纹开锁

1. 两种指纹识别方式

指纹开锁通过判断指纹是否和数据库中的指纹信息匹配来决定是否开锁，因此指纹开锁的关键就是指纹识别。只有指纹识别技术发展到一定水平时，才可能将指纹识别技术应用于市场中，而市场中使用最为广泛的识别指纹技术大致可以分为两类：一类是光学指纹识别，另一类是半导体指纹识别。

(1) 光学指纹识别。用光学扫描技术，通过使用光扫描，就可以得到指纹信息。主要原理在于使用光扫描识别指纹时，光遇到手指会发生反射，通过光反射所带来的信息就可以得到相应的指纹信息。光学指纹识别的优点是使用成本较低，而且指纹识别的速度很快。但是光学指纹识别有一个严重的缺点，即只需要在扫描时构建相同的反射光就可以实现指纹膜的仿造，这在一定程度上说明光学指纹识别并不安全。

半导体指纹识别中最常用的就是电容式指纹识别。按压式电容指纹识别技术原理是用手指按压一块半导体板，在按压过程中，手指末端的皮肤凹凸不平使得手指和半导体板的距离不同，在手指和半导体板之间形成了电势差，从而构成了电容，因手指末端皮肤和半导体的距离不同，电容的数值不同。通过将电容的数值进行收集汇总，即可完成指纹采集。鉴于上述原理，不难发现，半导体指纹识别可以检测到指纹与半导体板的距离，因此使用指纹膜来骗过识别系统检测是不行的。由此可知，相比于光学指纹识别技术，半导体指纹识别技术的安全性较高。半导体指纹识别技术的优点是只识别活体的指纹，安全性较高，灵敏度较高，但是半导体指纹识别设备的造价较高，且不易保养，因此半导体指纹识别主要应用在高端的指纹锁(如图 4-13 所示)中。

2. 指纹开锁发展历程

指纹开锁是指纹识别的主要应用之一。指纹开锁离不开指纹识别，而指纹识别技术是生物特征身份识别技术的一种。指纹识别技术是使用最早且应用最广泛的生物识别技术。指纹是人类手指末端皮肤凹凸不平产生的纹路，每个人的指纹在纹路上各不相同，而且指纹在人们出生就已经形成，形成后终身都不会改变，因此可以说指纹具有唯一性和稳定性。也正是指纹的这种性质，指纹技术可以用来识别人的身份。

图 4-13　指纹锁

很久以前，人们就已经开始使用指纹识别来识别人的身份。指纹识别最早使用的历史可以追溯到秦朝时期，当时就已经有史料记载了"按指为数"。这个词表明在秦朝时期，人们就通过指纹捺印技术来识别人的身份了，不过当时是使用人眼观察指纹纹路来得到结果的。最早提出"没有两个人的指纹是完全相同"这个理论的是梅耶提。梅耶提虽然提出这个理论，但他并没有证明这个理论的正确性。在 1889 年时，亨利进行了大量的实验。从这些实验的结果中表明了这个理论是对的。他指出指纹的图案、断点和交点不可能相同，这一理论奠定了现代指纹学的基础。在此之前，人们基本都是通过人工识别指纹是否相同。到了 20 世纪中期，由于计算机技术的发展，计算机可以快速有效地处理图像，于是人们开始利用计算机来处理指纹图像和信息，并且开发出了自动指纹识别系统。可以说，正是因为计算机技术的兴起，这才开启了指纹识别的新时代。1980 年以后，由于计算机技术和光学扫描技术的不断发展，指纹识别技术也在不断发展，指纹识别技术也开始被应用于其他领域，例如指纹锁和指纹考勤等方面。1990 年后，随着廉价指纹采集器和个人计算机设备及相应的算法出现，使得指纹识别技术开始普及和应用。

在我国，指纹识别技术的发展并不是十分顺利。由于资金和技术的原因，使得我国自动指纹识别技术的发展要比国际领先水平落后 15 年左右。到了 1997 年左右，全国各地才出现指纹识别系统应用于实际场合，之后随着算法成熟以及设备成本降低，指纹识别才开始进入民用领域，指纹锁和指纹保险箱才逐渐地出现在市场上。2011 年 10 月 29 日，全国人大常委会表决通过了关于修改居民身份证法的决定，也就是说指纹信息开始要录入到身份证中，身份证法规从 2012 年 1 月 1 日开始实行，公民在申请领取、换领和补领居民身份证时需要录入指纹信息。而手机指纹解锁早在 2011 年就已经出现了，但指纹识别技术并没有因为指纹解锁手机而变得火热，指纹识别的进一步发展是在 2013 年，这一年中，苹果公司发布了首款带指纹识别功能的手机 iPhone 5s，而其使用的技术是 TouchID 指纹识别技术。这个技术的面世大力推动了指纹识别的发展。

正是因为指纹识别技术的发展，使用指纹来开门这一设想才得以实现，如果要说指纹开门的发展历程，其中必定是随指纹识别技术的兴衰而兴衰的。而智能门锁就是指纹识别的一大应用，指纹开门的历史和智能门锁的历史基本是一致的。我国民用的智能门锁从进入市场开始算起已经有近 20 年的历史。2001—2003 年，智能门锁开始发展，我国开发智能门锁的企业数量不到 30 家，企业规模普遍较小；2004—2010 年，我国智能门锁不断发展，企业数量开始增加；到了 2013 年，半导体指纹技术和小型指纹图片匹配软件已经开始应用。

4.4.3　声控音响

1. 基于智能感知的声控音响

随着技术的发展和智能手机的普及，越来越多的智能感知技术，如基于智能感知的声控音响，都能在智能手机上得以实现。

首先，采用基于科大讯飞开放平台提供的语音识别云服务功能，当手机端 APP 接收到用户的语音后，通过 WiFi 路由器发送至因特网，经由平台进行语音识别；然后，将获得的数据与本地指令进行匹配，并将其通过 WiFi 路由器向家庭网关发送指令，当确定指令接受后，再发送控制信号；最后，智能感知音响设备(如图 4-14 所示)按照接收到的控制信号执行相对应的动作。声控音响系统示意图如图 4-15 所示。

图 4-14　智能感知音响设备

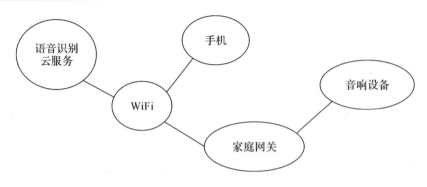

图 4-15　声控音响系统示意图

2. 声音控风空调系统

该系统通过用手机连接蓝牙音响，当播放古典音乐时，空调依据古典音乐特性参数调节贯流风机的转速和出风摆叶步进电机转速，从而产生音乐舞动立体式的风感体验效果。声音控风空调系统包括空调本体、音频信号模块、人声控风模块、古典音乐控风模块、调速控制器和蓝牙音响。声音控风空调系统的风机能够实现声控调速、自动调速和手动调速三种调速模式。

音频信号模块用于发射和接收音频信号，并将音频信号分配给蓝牙音响和人声控风模块；人声控风模块根据人声的强弱变化控制空调本体贯流风机的转速；古典音乐控风模块依据古典音乐特性参数变化控制空调本体贯流风机的转速和空调本体出风摆叶步进电机的转速；调速控制器通过不同的调速模式调节直流电机的转速，直流电机驱动贯流风机转动出风。

3. 车载音响声控系统

该系统通过对用户语音识别，运用改进后的语音识别算法和先进的语音处理芯片，实现语音控制代替烦琐的手动控制车载电器，不仅在一定程度上降低了驾驶车辆的难度，减轻了驾驶员的负担，而且由于目前技术较为成熟，相较手动控制的失误概率而言，语音操控车辆的安全性有所提高。

4. 智能声控墙壁

由卡内基梅隆大学和迪士尼研究机构研发，通过刷上导电涂料、装上通过智能感知技术改造后的传感器板，制造电极等方式让家中的普通墙壁智能化，不但具有手势感应的功能，还能够检测跟踪电子设备。研究人员将该智能声控墙命名为墙++(Wall++)。每个人都可以自定义设置开启智能墙的动作和手势，从而利用智能墙来完成特定的功能操作。

本 章 小 结

　　感知与交互既是智能机器重要且基本的能力和组成部分，也是智能机器从现实中学习和获得知识的重要手段。本章首先从智能感知的基本概念入手，简述了智能感知的基本概念、涉及领域和发展历程；然后从不同应用领域角度介绍了常见的智能感知设备；接着基于生物特征智能感知技术，介绍了人脸识别、情绪识别和声音识别等领域的感知识别原理和过程；最后介绍了一些识别技术的应用，如人脸支付、指纹开门和声控音响等，这些应用以基本感知识别技术为基础，对人们的日常生活和工作都产生了十分重要的影响。除了本章所介绍的智能感知技术和应用外，还有许多有关智能感知方面的知识等待读者去探索和发现。

思政小贴士

　　从我国电子支付等先进技术极大方便了人们工作和生活角度，引导学生深刻体会我国近年来取得的突出成就，使其增强"四个意识"，坚定"四个自信"，做到"两个维护"。

　　通过智能感知中人脸识别等案例学习，加强学生的个人信息隐私保护意识，树立正确的网络安全观，筑牢国家网络安全的坚固长城。

习　　题

1. 什么是智能感知？智能感知的重要任务是什么？
2. 智能感知涉及的范围有哪些？
3. 智能感知的常见设备有哪些？至少列举三种。
4. 智能感知的典型应用有哪些？谈一谈你的想法。
5. 什么是人脸识别？人脸识别的特点是什么？
6. 人脸识别系统的组成部分有哪些？
7. 总结情绪识别、声音识别的基本原理。
8. 总结各种识别方法的共同点。
9. 声控音响的典型应用有哪些？谈一谈你的看法。

10. 指纹开门技术原理是什么？

参 考 文 献

[1] 张翠平，苏光大. 人脸识别技术综述[J]. 中国图形图像学报，2000(11)：885-894.

[2] NOVAK J. Fatigue monitoring program for the Susquehanna Unit 1 reactor pressure vessel[J]. In:American Society of Mechanical Engineers，2008，21(3)：9-14.

[3] 黎孟雄，郭鹏飞，黎知秋. 基于情绪识别的远程教学自适应调节策略研究[J]. 中国远程教育，2015(11)：18-24，79.

[4] 张利伟，张航，张玉英. 面部表情识别方法综述[J]. 自动化技术与应用，2009，28(1)：93-97+92.

[5] 唐嵩潇. 情绪识别研究述评[J]. 吉林化工学院学报，2015，32(10)：109-114.

[6] 何良华，邹采荣，包永强，等. 人脸面部表情识别的研究进展[J]. 电路与系统学报，2005(1)：70-75.

[7] LIENHAR T R，Kuranov A，PISAREVSKY V. Empirical analysis of detection cascades of boosted classifiers for rapid object detection[J]. Pattern Recognition，2003:297-304.

[8] NAKAMUR A M，NOMUYA H，UEHARA K. Improvement of boos ting algorithm by modifying weighting rule[J]. Annals of Mathematics ＆ Artificial Intelligence，2004，41(1)：95-109.

[9] ZHANG Z Q，LI M J，LI S Z，et al. Multi-view face detection with FloatBoost[C]. Proceedings of the IEEE Workshop on Applications of Computer Vision，2002：184.

[10] 徐琳琳，张树美，赵俊莉. 基于图像的面部表情识别方法综述[J]. 计算机应用，2017，37(12)：3509-3516+3546.

[11] 王琼，郭恒飞，孙保群. 基于 UniSpeech-SDA80D51 的车载音响声控系统[J]. 电子技术应用，2011，37(5)：42-44，48.

[12] 郑苑丹，陈志生，肖来胜. 基于 Android 语音识别的音响声控系统的研究与实现[J]. 现代电子技术，2019，42(4)：85-88.

[13] 王映辉. 人脸识别：原理，方法与技术[M]. 北京：科学出版社，2010：3-28.

第 5 章　自然语言理解

本章思维导图

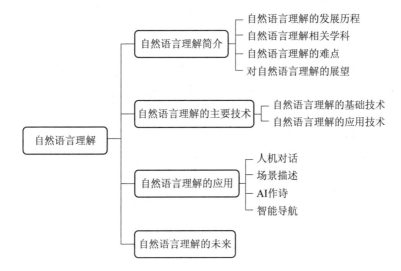

本章学习目标

· 了解自然语言理解的定义、发展历程、挑战和应用

· 掌握自然语言理解的基础技术

随着计算机技术的不断发展，人们对未来的人工智能时代也开始有了越来越多的期待，让机器具有处理人类语言的能力便是这诸多期待中的一个。伴随着人们对于未来人工智能应用的不断提高，自然语言理解技术逐渐发展起来。近年来深度学习的方法推动了自然语言理解的发展，该领域的研究成果层出不穷。自然语言理解的相关技术在实际场景中的应用已变得十分广泛，如语音识别和 AI 作诗已经发展到较为成熟的程度。让机器理解人类的语言是通往人工智能时代必须具备的通行证。本章带领大家深入学习自然语言理解，一起探索机器处理自然语言的奥秘。

5.1　自然语言理解简介

"Hey Siri"，这是语音助手 Siri 的唤醒语。用过苹果产品的读者对 Siri 这一语音助手比较熟悉，借助 Siri，只用简单的一句话就可以引导手机自动完成安排会议、拨打电话和查询天气等一些常用的操作。Siri 百度搜索如图 5-1 所示。Siri 能够理解人们在日常生活交流中使用的简单用语，是自然语言理解在语音识别和语义识别上的结合。

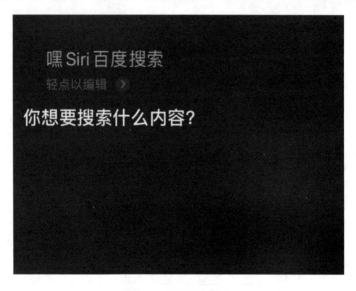

图 5-1　Siri 百度搜索

那么，什么是自然语言理解呢？对于自然语言理解，可能大家最常听到的是自然语言处理(Natural Language Processing，NLP)，而本章介绍的自然语言理解是自然语言处理的一部分。要学习自然语言理解，首先要清楚什么是自然语言。

不同于计算机语言，自然语言是人类在漫长的生物进化过程中形成的一种信息交流方式，包括口语和书面语。世界上已有的全部语种语言，比如汉语、德语和日语等都属于自然语言。Siri 之所以能够识别用户说的话进行并做出相应的回应，是因为 Siri 借助了自然语言理解技术来对人类语言进行分析处理。自然语言理解的一般做法是对相关的问题建立一个形式化的计算模型，以此来分析、理解和处理自然语言。Siri 中用到的最关键的技术就是自然语言理解中的语音识别和语义分析技术。

5.1.1　自然语言理解的发展历程

自然语言理解技术发展了 60 多年，其发展历程如图 5-2 所示。

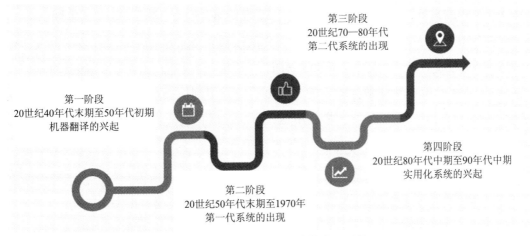

图 5-2　自然语言理解技术的发展历程

1. 基础研究，机器翻译的兴起：20 世纪 40 年代末期至 50 年代初期

自然语言理解领域的研究最早可以追溯到第二次世界大战结束时那个充满理智的时代，那个时代刚发明了计算机。由于计算机能够进行符号处理，使得自然语言理解和处理成为可能。机器翻译是自然语言理解最早的研究领域，美国工程师 W.Weaver 在 1949 年发表了一份以《翻译》为题的备忘录，正式提出了机器翻译问题。

2. 机器翻译的没落，两个阵营，第一代系统：20 世纪 50 年代末期至 1970 年

在开始的 15 年(1950—1965 年)，机器翻译几乎成了所有自然语言处理系统的中心课题，早期机器翻译系统未获成功是因为没有尝试理解它所翻译的内容究竟是什么，所以机器输出的新语言不能精确复述源语言的同样意义。

在这个时期，自然语言处理明显分成两个阵营:一个是符号派(Symbolic)，另一个是随机派(Stochastic)。符号派即我们所说的"理性主义"，他们采用基于规则的分析方法，着重研究推理和逻辑问题。随机派即我们所说的"经验主义"，他们主要针对大规模语料库，着重研究随机和统计算法。

这一时期，由于 N Chomsky 在语言学理论上的突破,以及高级程序设计语言和表处理语言的出现，在 60 年代中期，人工智能学者开发了一批新的计算机程序进行简单的机器自然语言理解。这些早期系统称为"第一代系统"。

3. 理性主义和第二代系统：20 世纪 70—80 年代

这一时期理性主义占据了绝对的上风，几乎完全抛开了统计技术。依托于当时的语法和语义理论研究，研究者们开发了一大批著名的系统，如 LUNAR 系统、SHRDLU 系统、MARG IE 系统、SAM 系统、PAM 系统等。它们被称为第二代系统。这些系统绝大多数是程序演绎系统，大量地进行语义、语境以至语用的分析。

4. 经验主义复苏，实用化系统开发：20 世纪 80 年代中期至 90 年代中期

到了 20 世纪 80 年代，一方面由于计算机技术的飞速发展，大规模数据存入计算机并加以处理成为可能，另一方面也是对旧方法的深刻反思，出现了"重回经验主义"的倾向。概率模型和其他数据驱动的方法被广泛应用到词类标注、句法剖析、附着歧义的判定等研究中去，国外学术界利用这种方法已取得实质性进展。

5.1.2　自然语言理解的相关学科

随着计算机网络技术和通信技术的快速发展，人们对自然语言处理技术的应用需求也在急剧增加，急切地需要借助自然语言理解技术来打破语言壁垒，让人与人之间、人与机器之间能够更好地交流。自然语言理解不仅仅需要研究自然语言和计算机，它是一门涉及语言学、计算机科学、数学、自动化、认知科学和心理学等多种不同学科的交叉学科。随着自然语言理解研究的深入，它对人们的生产和生活会产生深远的影响，各国不同学科的科学家在自然语言理解领域的合作也逐渐增强。自然语言理解已经不仅仅是纯计算机专业背景科学家们所做的事情了，从事文学、音乐和美术等艺术类研究的专家也可以在自然语言理解处理中运用自己的专业知识，比如有趣的语音识别、AI 作诗和人机对话等就是不同的学科与自然语言理解相结合后出现的产物。

5.1.3　自然语言理解的难点

自然语言理解要解决的关键问题是歧义消除问题和未知语言现象处理问题。在自然语言中存在着大量歧义现象，无论是语法层次和句法层次，还是语义层次和语用层次，歧义性始终都是困扰人们实现应用目标的根本问题。一个好的自然语言处理系统必须要有好的鲁棒性，即它应该具有对未知语言进行处理和对各种输入形式容错的能力。

自然语言的文本是非结构化数据，由语言符号序列构成。要让机器能够正确理解自然语言的含义，往往需要建立对该非结构文本语义结构的预测模型。自然语言是人类在认识世界和改造世界的过程中产生的，具有递归性，所以一些句子会有较长且复杂的结构。自然语言是人脑的产物，通常具有创造性。近年来互联网发展的大背景下，在线交流变得日益频繁，随时都会遇到未知词汇、未知结构或意想不到的概念、表述和意义，加之每种语言也会随着社会发展而动态变化，新的词汇、词义、词汇用法等也在不断出现。这些变化是自然语言理解需要直面的问题，也是自然语言理解的一个难点。

5.1.4　对自然语言理解的展望

当今时代信息和能源、材料一起构成经济发展与社会进步的三大战略资源，而语言是信息的重要载体，这也是自然语言理解发展迅速的重要原因之一。目前，自然语言理解在智能导航、AI 作诗、场景描述和人机对话等方面的应用更加广泛，该技术正在逐渐应用到各个行业中，包括教育、医疗、司法、金融、国防、公共安全、科技、广告、文化、营销、客服、电商和游戏等。

　　基于深度学习的自然语言理解已经走过了词、句、代入编码、解码和模型等阶段。有学者认为，"自然语言就是人工智能，如果你认为人工智能非常重要，自然语言就是人工智能领域最难、最重要的研究领域"。

5.2　自然语言理解的主要技术

5.2.1　自然语言理解的基础技术

　　自然语言理解的基础技术就是对词、句和篇章进行分析。本节将详细介绍这些技术。

1. 词法分析

　　词是最小的能够独立运用的语言单位，因此词法分析是一切自然语言处理的基础。词法分析就是将输入的字符串进行切分，从而划分成单个词语并且标记出每个词语相应的词性。词法分析能够让一句话简单易懂，如图 5-3 所示。

图 5-3　词法分析举例

　　但是，目前词法分析仍然存在诸多问题。其中一个问题就是歧义切分问题，如图
5-4 所示。

图 5-4　词法分析中的歧义切分问题

　　小红对"门把手弄坏了"的理解是，一个叫门的人不小心把"手"弄坏了。这句
话的另一种可能的理解是"门把手被我弄坏了"，这就是歧义切分问题。其他难题还有
新兴词汇并未收录词典，导致计算机难以理解该词汇等。

2. 句法分析

　　句法分析也是自然语言理解中十分重要的一项技术。在了解句法分析之前，先来
思考一个问题：人是怎样理解一个句子的？明白这个问题后，才能明白计算机应该如
何理解句子。这样，句法分析理解起来就很简单，只需要从语法的角度分析每个词之
间的关系，在一句话中哪一个词是主语，哪一个词是谓语等等。

　　词汇展示如图 5-5 所示，有"中国"，"是"等词汇。对图 5-5 中这些词语进行分
析，这些词语中名词短语为"北京"和"中国"，动词短语为"是"和"属于"，此外
还有介词"的"。将这些词语输入到计算机中，运用句法分析算法，可以得到输出的句
子是"北京是属于中国的"。

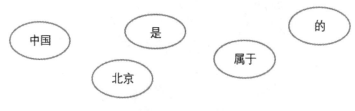

图 5-5　词汇展示

3. 语义分析

　　语义分析的最终目的就是分析句子的语义，明白句子的最终真实含义。这里我们

用"打"的例子来体会不同情景下同一词的不同语义，如图 5-6 所示。

　　观察图 5-6 可以发现，虽然都是"打"这一个字，但是在每个语句中的含义均不一样，这就很容易让机器误解这句话的意思，导致判断失误。为了解决这一问题，自然语言理解采用的方法是：在此之上，加上监督条件，如图 5-7 所示。

　　图 5-6　"打"字举例　　　　图 5-7　计算机在有监督的语义环境中的"处理"实例

　　由于已经给了监督条件"我想送给女朋友一件毛衣"，可以知道男孩需要一件毛衣。在这个前提下，他去询问小红。此时就能明白此处"打"的意思就是"织"，男孩想知道谁会织毛衣。

5.2.2　自然语言理解的应用技术

　　自然语言理解的应用技术往往基于文本聚类、文本分类、文本摘要、情感分析、自动问答、机器翻译、信息抽取、信息推荐和信息检索等基础技术。

1. 机器翻译

　　机器翻译就是用计算机实现从一种语言到另外一种语言的自动翻译，如百度翻译、谷歌翻译等。

　　(1) 词语的翻译，如图 5-8 所示。

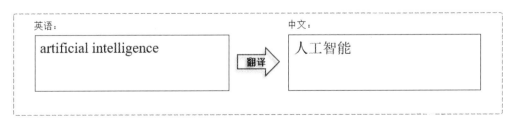

图 5-8　词语翻译示意图

(2) 句子的翻译，如图 5-9 所示。

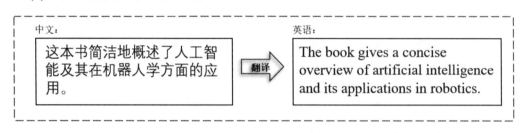

图 5-9　句子翻译示意图

2. 情感分析

情感分析是基于自然语言处理的分类技术，主要解决的问题是判断一段话是正面的，还是负面的。例如网站上人们会发表评论，商家可以通过情感分析知道用户对产品的评价，还有不少基金公司会利用人们对某公司和行业的看法态度来预测未来股票的涨跌等。

本节主要介绍了自然语言理解的应用技术，讲解了机器翻译和情感分析所用到的词法分析、句法分析等相关技术，希望读者能够对身边所用到的与自然语言处理相关的知识有更深的了解和思考。

5.3　自然语言理解的应用

5.3.1　人机对话

对于人类来说，对话的一些属性都隐藏在日常中的一字一句中，完成对话的一个生命周期是非常自然且简单的。但是即便是幼儿都可以完成的简单对话，机器处理起来仍然非常困难。这是由于简单对话中隐藏的一些规则和逻辑是机器无法轻易获得的，人机对话例子如图 5-10 和图 5-11 所示。

图 5-10　人机对话例子 A　　　　　　　　　　图 5-11　人机对话例子 B

在图 5-10 和图 5-11 的例子中，答语"好的"是唯一的差别，实际上这并不只是为了让句子显得更加自然，如果没有反馈，人类有时甚至会感到迷惑而无法继续对话。接下来，我们将介绍对话中的一种有趣现象：说话人并不正面回答问题，而是希望听者进行推理并得到正确猜测的行为，如图 5-12 所示。

对于人类来说，这意味着 B 在十二点之前和十八点之后都有空，理解起来是非常自然且轻松的。但对于机器来说，这次问答简直是牛头不对马嘴，答非所问。为了完善机器这一部分的功能，就需要设定一些规则去限制机器谈话中双方的问答内容，如图 5-13 所示。

图 5-12　提问者 A(左)和回答者 B(右)　　　　　图 5-13　符合规则对话

当下，人机对话已经有了较好的成果，在一些行业获得了初步的成功应用。比如谷歌助理可以帮客户预约理发，如图 5-14 所示。

图 5-14　Google 助理预约理发对话

5.3.2　场景描述

看图说话是一个儿童都可以轻易完成的任务，常被视为学前教育中的一种语言能力训练项目。但对于机器来说，这个任务十分困难，因为机器需要经过识别提取图像信息并将信息翻译成文字这两个基本步骤，而每一个步骤对于机器都是非常困难的。

场景描述的核心部分就是图像描述，也就是将图像转为文本的技术。场景描述任务如图 5-15 所示。

(a) 一个运动员在挥拍　　　　(b) 两个运动员在踢足球　　　　(c) 一个人在冲浪

图 5-15　场景描述任务

为了更好地理解图像转文本的过程，需要了解一种网络结构：编码器/解码器。这个结构可以分成两部分来了解，首先是编码器(这里的编码器是一种神经网络，而不是电子领域的编码器)，它是用来把图像转成"码"或者说机器可以理解的形式，这种形式暂时被称为"语义编码"，但这时的语义编码并不是人类可以理解的句子，仍然是一串二进制数字，只是对于机器来说，图像已经被变成了"特征"的集合。最基本的编码器就是卷积神经网络。当机器已经得到了"语义编码"，接下来就需要用解码器去把这个编码翻译成人类可以理解的语言。与编码器相反，解码器的目的在于把人类无法理解的编码翻译成人类可以理解的词汇。因此，编码解码器就是图像描述任务所用到的基本结构。

至此，对场景描述(或者说图像描述)有了一定的认识，场景描述现在已经被扩展到由视频转文字的视频描述技术，应用也更广泛。

5.3.3　AI 作诗

诗歌是人类文学宝库中的瑰宝，是人类语言的精华，是人类智慧的结晶，是人类思想的花朵。它形式多样、语法复杂，有时甚至人类也难以理解。对于机器来说，想要理解诗歌有更多难点，比如平仄押韵、隐晦的表现手法等。现在的 AI 作诗技术已可以帮助人们解决一些诗歌创作上的难题，有的 AI 作诗软件甚至达到了让非专业人士无法分辨作者是不是人类的程度，如清华的九歌系统、华为的乐府等 AI 作诗平台都取得了不错的成果。

下面以清华九歌平台为例，输入关键词"人工智能"可以分别生成如图 5-16 和图 5-17 所示格式的诗句。

显然，现在的 AI 作诗进步飞速，已经取得了许多优秀成果。但这些机器生成的诗歌普遍存在的问题是缺乏诗歌的"灵魂"，也就是情感，要让机器真正地生成感情丰富的诗歌，任重而道远，不过，人们仍相信 AI 未来会给人类语言的艺术带来更多的惊喜。

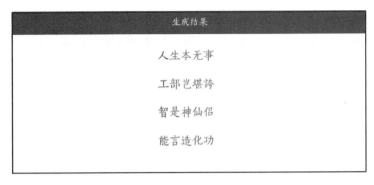

图 5-16　五言藏头诗

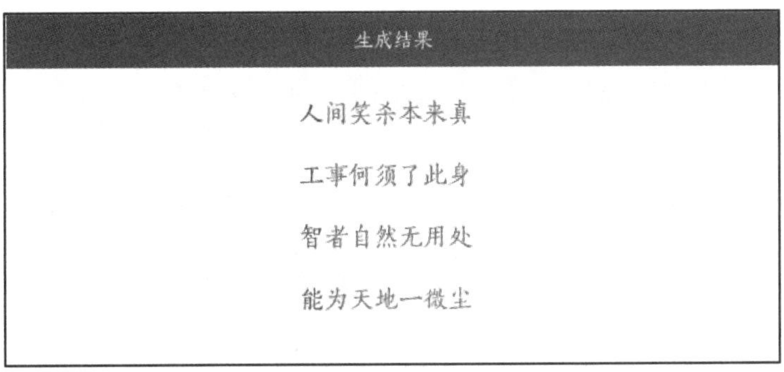

图 5-17　七言藏头诗

5.3.4　智能导航

智能导航也称语言智能导航，并非一个新领域，而是近年来深度学习发展迅速，让一些智能导航项目逐渐成熟。智能导航接受人类的自然语言作为指令来确定目的地，然后根据一些路径规划算法来确认到达目的地的路径，如图 5-18 所示。

图 5-18　语音播报导航

1. 语言理解

语言理解同样使用编码-解码器结构，其中编码器将人类的自然语言接收后转化为语义编码，解码器不需要将语义编码翻译成某种语言，因为系统并不是在做翻译工作。之后用来导航的结构需要的是"指令"，也就是人类指定的目的地，或者是直接的路径规划。因此，在这里解码器的作用是将语义编码转化成后续导航所需要的指令形式。

2. 语音智能导航相关问题

语音智能导航虽然现在发展和应用都非常迅速，但仍然存在一些问题没有解决。

(1) 多轮语音搜索问题：现在的语音导航往往需要直接给出具体名称或者说出大概名称后手动选择。比如，一位老师要导航去某大学，对导航说出大学名后，导航在屏幕上给出了该大学所有校区的列表，等待老师用手点击选择目的校区后才能完成搜索任务，紧接着开始导航。而理想的交互方式应该是如同跟人类交流一般自然，先说出大概地名某大学，然后导航进行搜索并继续询问具体地名，如某大学的某个校区。

(2) 延迟询问问题：如果仔细回忆自己打车的经历，大家是否曾经上车后告诉司机大概地址，司机就把车开起来了，直到进入某个平缓的地段才询问具体要到哪里的情况？现在的智能导航系统是"免责性"地确定地点，也就是说在启动前导航系统需要用户指定完整具体的路径。

本节主要介绍了语音智能导航用到的编码-解码器结构以及目前存在的一些问题。随着自动驾驶技术的进步，语音导航的重要性不断提升，即使在没有推广自动驾驶的今天，语音导航仍然被大多数驾驶员和人们日常出行所需要。

5.4　自然语言理解的未来

自然语言理解一直在不断发展，随着深度学习引起热潮，自然语言理解的发展仍处在持续加速期。引用周明博士的讲话，与过去相比，目前是一个自然语言理解发展的黄金时期，它在很多领域都取得了突破性的进展。但对基于神经网络方法，大家并不都持支持态度，神经网络在获得良好结果的同时又带来了一些新的问题，比如网络中的一些部分无法解释以及对数据的过度依存等问题。当然从结果上来看自然语言理解的性能已经在许多方面超过人类，准备高质量的数据，将性能卓越的机器投入训练，不断地刷新排行榜，这或许已经成为一种模式，但这种模式是存在很多问题的。现在的一些网络需要大规模的高性能机器才能完成，可以说任务的完成过度依赖于高性能机器。同样的算法在更好的机器上获得更好效果，这容易导致机器的"军备竞赛"，有时花费巨大但提高却只有一点点。另外，就是过度依赖于数据，优质的标注数据往往耗资巨大，并且模型在标注好的数据上产生更好的效果，因此普适性不高。

综上所述，未来的自然语言处理或许仍会需要计算机能力的提升和大量的高质量标注数据。在现在的许多科幻电影中，能看到机器以自然的口吻与人类交流，而现在仍然难以实现，诸多的问题仍亟待解决。但是不管如何，自然语言理解的进步有目共睹，在情感识别、场景描述等领域都获得了不错成果，百度、Google 等公司投入了大量资源去研究其在各个领域的应用。相信在不远的未来，科幻电影中的情景就会实现，甚至超过现在研究者的想象。

本　章　小　结

语言在人们的日常生活中扮演了重要的角色，毫无疑问，自然语言理解使得人们的生活更加便捷和丰富多彩，现在正被广泛地应用到许多场景中。本章首先介绍了自然语言理解的发展历史、涉及的相关学科、难点和展望，并以 Siri 为例展示了自然语言理解丰富的活力；然后对目前自然语言理解中的一些主要技术做了介绍，如词法分析等基础技术和机器翻译等应用技术；接着论述了自然语言理解在人机对话、场景描述、AI 作诗和智能导航等方面的现状；最后对自然语言处理的未来进行了展望，自然语言理解的研究将逐渐扩大至更多的领域，将给人类的生活带来更多的便利。人们对于自然语言理解的需求正在不断地扩大，在大多数情况下，自然语言理解的广泛应用极大促进了它的活力，它的影响力也与日俱增。

思政小贴士

通过 AI 作诗等应用实例，让学生感受古人智慧，了解科技手段助力中华优秀传统文化传承的新模式，增强民族自豪感和国家认同感。

以人机对话等自然语言处理技术为例，提醒学生远离"饭圈、黑界、祖安文化"等不良网络社交，提升学生在心理健康、健全人格和心理品质等方面的道德修养，践行社会主义核心价值观。

习　　题

1. 自然语言理解发展迅速，思考自然语言理解能否运用在当今的教育领域，如果可以，能够用到哪些方面？

　　2. 你认为自然语言理解的学习中最难的地方在哪里？简单谈一下你学习自然语言理解后的感受。

　　3. 自然语言理解有哪些主要的技术和方法？

　　4. 谈谈你所知道或者接触到的自然语言理解相关的技术。

参 考 文 献

[1]　董振东. 汉语分词研究漫谈[J]. 语言文字应用，1997(1)：109-114.

[2]　董振东，董强. 知网和汉语研究[J]. 当代语言学，2001(1)：33-44.

[3]　吴军. 数学之美[M]. 2 版. 北京：人民邮电出版社，2014.

[4]　揭春雨，刘源，梁南元. 论汉语自动分词方法[J]. 中文信息学报，1989，3(1)：1-9.

[5]　宗成庆. 统计自然语言处理[M]. 2 版. 北京：清华大学出版社，2013.

第3篇　专业智能篇

第6章　音乐人工智能

本章思维导图

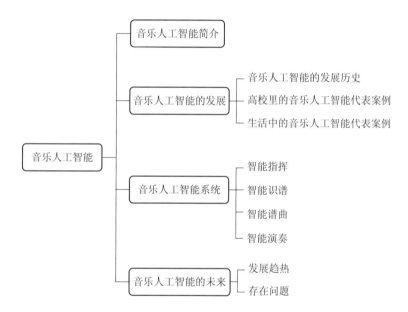

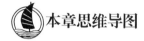**本章学习目标**

· 了解音乐人工智能的概念和音乐人工智能的发展，了解国内外音乐人工智能的基本情况

· 了解人工智能在音乐领域的应用范围

· 掌握音乐人工智能系统使用的相关技术

· 正确认识人工智能与音乐的关系，思考音乐人工智能的未来趋势

音乐是一种比语言更古老的情感表达形式。在 2004 年的电影《我，机器人》中，威尔·史密斯问道："机器人能写交响乐吗？"当时，这个问题对于大多数普通人来说可能遥不可及，而当 AI 轻而易举地战胜人类顶尖棋手后，人们开始意识到科幻作品中的虚构场景也许离现实不再遥远了。目前，人工智能应用大幅增加了原创音乐的数量，

简化了工作流程，为音乐注入了新元素和新思路，逐渐改变了人们编写、表演、制作乃至欣赏音乐的方式，对整个音乐领域包括音乐生成、检索以及相关的应用，如智能音乐分析、乐谱跟随、智能音乐教育、音乐机器人和智能音乐治疗等，都带来了新的变化。人工智能不仅可以进行复杂的音乐创作工作，还能达到"大师级"水平。本章主要介绍音乐人工智能的概念、发展过程，人工智能与指挥、识谱、谱曲和演奏相结合的音乐人工智能系统以及音乐人工智能发展的未来。通过本章的学习，读者能够对人工智能技术在音乐领域的应用有更清晰的认识。

6.1　音乐人工智能简介

近年来，音乐人工智能(Music AI)这一名词逐渐出现在音乐及计算机领域。音乐人工智能应用人工智能技术，基于大数据分析人类音乐智能，模拟人类视、听、触、感及思维和推理的信息过程，最终应用于人类感知音乐、认知音乐、研究音乐和创作音乐。AI 可以模仿人类复杂的思路，并从中提取关键步骤，高效且快速地创造出新的音乐作品。

在"2020 世界人工智能大会云端峰会"上，主题曲《智联家园》一经亮相就吸引了大家的目光。"我想我可以，有爱的信念，和你们一起温暖人间。我想我可以，改变世界，和你分享，更美的家园……"这首悦耳动听的歌曲是由微软小冰作曲、人类音乐家作词编曲共同完成，并由微软小冰、B 站泠鸢、小米小爱同学和百度小度 4 个人工智能进行演唱的。随着人工智能技术的不断发展，人工智能几乎在各个领域都有应用，从写诗、绘画、当主持人到化身"音乐人"，以微软小冰为代表的音乐人工智能正不断融入人类精神文明的文艺创作领域，给人们带来各种新奇的体验。

在国外，早在 20 世纪 50 年代，美国化学博士 Lejaren Hiller 就利用计算机来作曲。他将程序中的控制变量换成音符根据作曲法则进行作曲。1957 年，音乐作品 Illiac Suite 诞生，它是第一首完全由计算机来"作曲"的作品。2016 年，Google 公司将人工智能技术融入音乐服务中，根据地理位置、天气和用户活动等信息，为用户完成精准、个性化的音乐推荐，当时这一项服务非常超前。Google 项目 Magenta 则研究机器人如何模仿人类思维来进行音乐创作。训练后的机器人可以创作一首时长 90 秒的钢琴曲。2016 年的一项研究显示，用人工智能技术来创作的音乐，目前已可以达到"大师级"的水平。在索尼巴黎计算机科学实验室，盖坦·哈杰里斯与弗朗索瓦·帕切特开发出了"DeepBach"神经网络，他们先利用西方近代音乐之父巴赫的 352 部作品来训练，然后把作品在预定义的音域内进行变调，最终创作出了 2503 首赞美诗。这些诗歌的风

格和巴赫的风格高度相近。他们招募了超过 1600 人参与测试发现，50%以上的人会把
DeepBach 生成的作品认为是巴赫的作品。2017 年，音乐创作领域的人工智能技术有
了新的突破，音乐产业也进一步商业化。例如，2017 年 8 月 21 日，美国流行歌手 Taryn
Southern 写了一段主旋律放入人工智能创作平台 Amper Music 中，在设置好情绪、乐
器和节奏等参数后生成副歌部分，再加上和弦，创作了一曲完整的乐曲 *Break Free*。

在国内，百度开发了"看图作曲"的黑科技，即计算机通过将某张照片或某幅画
作上的元素分解成单个元素，然后分析确定主题、情绪以及含义。在确定好以上这些
要素之后，AI 先去访问乐谱数据库，找到与之匹配的音乐片段并将它们组合在一起，
最后形成新的乐谱。蜜蜂云科技在音乐人工智能行业领域以人工智能技术融合音乐，
是一家音乐人工智能领域的先锋企业。在音乐人工智能在国际上还处于空白阶段期间，
他们利用 AI 深度学习，从音乐听觉、视觉和创作等多维度研究音乐人工智能，推动音
乐人工智能在不同音乐产业领域的应用与普及，使音乐有更多的可能性和塑造性。

6.2　音乐人工智能的发展

6.2.1　音乐人工智能的发展历史

音乐人工智能经历了从学习到模仿，再到原创的发展过程。

1957 年，两位科学家莱亚伦·希勒和伦纳德·艾萨克森尝试编写出了名为"伊利
亚一号"的智能程序，它完成了世界上第一部完全由人工智能创作的音乐作品，名叫
《依利亚克组曲(Illiac Suite)》。但是，这首曲子没有音乐应具有的基本美感，所以这次
尝试以失败告终。

20 世纪 70 年代，著名摇滚歌手大卫·鲍威利用一款名叫 Verbasizer 的程序软件为
自己的歌曲创作歌词，他将原始文学素材录入计算机程序，然后经系统随机排列、重
新组合生成新的词句。可以说，这一次尝试是人类真正利用人工智能进行音乐创作的
首次成功。

1980 年，加州大学教授兼作曲家大卫·科普为了解决创作障碍，设想了一种机器，
通过这种机器能够捕捉他脑海中所有声音和零散的思路，找到其中的相似点，并借此
创作出一曲完整的音乐。经过 6 年的实验，他终于写出了他的计算机作曲程序——人
工智能音乐作曲系统(Experiments in Musical Intelligence，EMI)，其工作原理是通过大
量分析现有的音乐片段来创作新的作品。对于后来的智能音乐软件来说，EMI 无疑具
有里程碑式的意义，它的基本工作模式一直延续至今。简单来讲，这是一种基于深度

学习网络的工作模式，和 Google 开发的 AlphaGo 围棋机器人一样，都利用人工智能来分析大量数据。向软件提供大量的原始资料，通过大数据分析找到相应的模式，通过学习和弦、节奏、长度以及音符之间的关系，进而写出自己的旋律。

基于 EMI 的思路，索尼计算机科学实验室的弗朗索瓦·帕切特通过研究算法生产音乐设计出了新程序 Continuator，旨在利用风格一致、自动学习的音乐材料拓展音乐家的技术能力。Continuator 可以在学习了音乐家的风格后表演类似风格的音乐，还能够在深度学习的基础上与音乐家进行互动，比如它可以从音乐家停止的地方继续创作出一段音乐，二者的衔接甚至可以做到天衣无缝，令绝大多数听众无法分辨。

近年来，市面上许多人工智能程序都能够在几分钟之内创作出一段舒适的旋律，并生成与特定情感色彩相对应的歌词。对于音乐从业者来说，它们可以成为很好的音乐助手，帮助提高创作效率。例如，2016 年，索尼公司的研究人员使用一款名为 Flow Machines 的软件创作了一段披头士风格的旋律，基于这段素材，作曲家贝努瓦·卡雷最终将其创作成了一首完整的流行歌曲 "Daddy's Car"。同年，科学家又创作出了专门从事古典和交响音乐创作的 "Aiva" (Artificial Intelligence Virtual Artist，人工智能虚拟艺术家)。Aiva 不仅是一个 AI 作曲家，还是人工智能领域上第一个获得 "法国及卢森堡作曲家协会" 会员的作曲家。这是很多人类音乐大师可能需要花十几年工夫才会达到的地位。有意思的是，Aiva 创作的作品都有自己的版权，已经有交响乐团演奏过它的作品。此外，Aiva 创作的音乐作品还可以为电影导演、广告公司，甚至游戏工作室配乐所用。

2018 年，唱作人泰琳·萨顿采用了一系列人工智能程序，包括 Amper Music、Aiva、谷歌和 IBM，制作了一张名为 "I am AI" 的音乐专辑，引起了广泛关注。在这张专辑中，萨瑟恩首次使用人工智能来完成编曲工作。萨瑟恩坦诚自己并不精通乐理知识，AI 程序解决了她在创作过程中遇到的许多难题。在接受媒体采访时，她这样说道："我会在钢琴上找到一个美妙的和弦，然后围绕它写出一整首歌的旋律，但接下来的几个和弦我就没法弹了，因为我不知道怎么弹出我脑子里听到的东西。"有了 AI 程序的帮助，萨森恩让 AI 辅助完成编曲工作，因此萨森恩本人还需要进行各种调整和修改，通过循环播放音乐对系统进行反馈，并根据实际需要设置各种参数，进行多次编辑。

6.2.2　高校里的音乐人工智能

1. 音乐学院的特殊"毕业生"

中央音乐学院作为中国音乐学习最高学府之一，于 2019 年建立了音乐人工智能与音乐信息科技系。同年 3 月，学院首次开设了音乐人工智能与音乐信息科技专业，着力培养音乐与理工科交叉融合的复合型拔尖创新人才。

2020 年初，上海音乐学院迎来了一位特殊的学生——人工智能小冰。音工系主任于阳和陈世哲成为小冰的指导教师。基于已有的人工智能音乐创作模型，小冰与音工系的同学们互相"学习"，相互"激发"，不断提升训练数据，掌握了丰富的音乐表达技巧，也扩展了可创作的音乐类型。小冰是一个人工智能交互主体实例，她是音乐人、诗人、主持人，还是画家和设计师。2020 年 6 月，小冰从上海音乐学院毕业。她创作并演唱了 2020 世界人工智能大会的主题曲《智联家园》，Burberry 也邀请她为新系列推广创作单曲。2020 年 8 月，小冰联合唱作歌手、电子音乐制作人朱婧汐共同创作了上海大剧院主题曲《HOPE》。小冰所使用的框架是一套完整的、面向交互全程的人工智能交互主体基础框架，她所体现的 AI 技术在自然语言处理、计算机语音、计算机视觉和人工智能内容生成等领域都居于全球领先地位。自发布以来，该框架所服务的商业用户不仅来自中国，还来自日本、印度尼西亚等国家，为大量客户提供了完整的人工智能技术和方案，占全球交互总量的 60%以上。目前，小冰已经成为世界上最大的跨领域人工智能系统之一，引领着人工智能技术的创新。在 2020 年 10 月 23 日召开的 2020 中国数字音乐产业发展峰会上，小冰被授予"中国音乐科技领军人物奖"。遗憾的是，她不能像人类一样亲自上台领奖。同时，小冰所在的公司因此被评为"2020 中国音乐科技领军企业"。

2. 国外高校相关研究

在国际上，美国斯坦福大学(Stanford University，SU)的音乐学院在博士培养中有一个方向是"计算机辅助音乐博士"，此方向的学生在 CCRMA(Center for Computer Research in Music and Acoustics)实验室进行系统培养和尖端科研。美国卡内基梅隆大学(Carnegie Mellon University，CMU)有一个 Computer Music Group，这个实验室里有自动伴奏的先驱者 Roger B.Dannenberg 在做音乐计算方面的研究，其中也包括了 AI 与音乐的交叉方向。CMU 还设有 Music and Technology 方向的交叉学位，涵盖了 Music、CS、ECE 三个学院，是计算机领域和音乐领域技术发展深度融合的结果。类似地，在麻省理工学院(Massachusetts Institute of Technology，MIT)也有交叉学科方向 Music and Technology 学位。

6.2.3　生活中的音乐人工智能

1. 人工智能音乐软件

你是不是常常为听什么歌而烦恼，你的歌单里是不是翻来覆去就那么几首老歌？你是不是总不知道去哪找新歌？2018 年，虾米音乐推出探乐行动，开启了黑科技方面的探索。其开发出一种 AI 模式，即当播放列表的歌曲播放结束之后，软件根据用户的个性和喜爱风格，智能推荐针对性的歌曲。这一模式给用户带来了全新的体验和未知的惊喜，也改变了以往播放列表单曲循环、列表循环或者随机播放的固定模式。

近几年来，智能作曲软件正在飞速发展，这些软件可以帮助音乐家将音乐与现代媒体相融合，在最佳的情感语境中去实验新的想法，并从中获得乐趣。智能化音乐软件的出现得益于计算机技术的更新与发展。计算机可以帮助人们进行音乐的编辑和处理工作，不仅提高了音乐数据的处理能力，还扩大了音乐信息的容纳范围。人们可以容易地录制、修改、编辑和播放音乐，也可以智能化地处理各个音乐要素。

成都嗨翻屋科技有限公司 HIFIVE 推出了一款 AI 音乐智能助手——小嗨，专注于研究 AI 音乐创作、音乐信息检索等泛音乐领域。经过三年的音乐学习后，小嗨已经掌握作曲、编曲和作词等多项 AI 音乐创作技术。

2. 人工智能乐器

20 世纪 60 年代，人们将音乐键盘与智能技术相结合，产生了一种新的乐器，这种乐器体积较小，方便携带，不受时间地点的限制，可以随时随地进行演奏。它拥有多种乐器的音色，可以在演奏过程中不停地变换。人工智能技术飞速发展，带来了更多电子化、智能化、人性化的乐器。这些乐器能存储更多乐器音色，可以按照指令编排各种音色进行演奏，这些先进的功能是以往乐器不具备的。例如，电子乐器生产商生产的智能钢琴，根据提前安装好的程序，可以在按动按钮后自动演奏，不仅可以演奏出多种音色的钢琴曲，还可以呈现许多复杂技巧。相对于传统的音乐操作方式，新兴的音乐编程功能把手动模式转化为自动模式，让音乐变得人性化和智能化。

3. 人工智能编曲

人类拥有创造力、情感表达和审美等智能，计算机拥有快速准确的计算能力，人工智能作曲可以将人类的智能与计算机的计算能力、机器人机械系统、自动化控制等技术相结合，既能突破人类作曲的专业技术制约，又能创造出更具新奇感的音乐效果，同时也节省了人力成本，提高了音乐创作和音乐表演的效率。纵观人工智能作曲的发展历程，最早是算法作曲，人工智能作曲在之后才慢慢发展起来。计算机算法作曲初创于 20 世纪 50 年代中期，当时的计算机运算速率较低、操作复杂、价格也非常昂贵，影响了算法作曲的发展，所以算法作曲在很多年以后才开始向人工智能作曲方向转变。近几年，算法作曲的发展迅速，取得了较大进展。

1987 年，大卫·科普在加州大学圣克鲁兹分校设计了一个半自动作曲系统，称为"音乐智能实验"或 Emmy。它可以从音乐家的作品中识别出不同类型的重现结构，然后将这些结构重新排列，最终创作出"同样风格"的新作品。它编写的具有巴赫风格的赞美诗几乎可以"以假乱真"。当然，它只会模仿，还不具备原创的能力。1995年，阿尔佩(Alpern)开发出 EMI 作曲系统，基于该系统的应用，实现了类似莫扎特和巴赫等已故作曲家音乐作品的再现。2010 年，格奥尔(Georg)等人研发出 Anton 作曲系统，突破了传统的作曲限制。Anton 系统采用了答案集编程的方式来进行作曲，可以自动识别出人为作曲的错误。

进入 21 世纪后，学术界更加重视算法作曲，研究也更加深入和全面。例如，费尔南德斯于 2013 年提出算法作曲系统，将人类音乐作曲推进一个新纪元，这表明人工智能作曲研究已经步入到了一个全新的阶段。2016 年 2 月，音乐剧 "Beyond the Fence"在伦敦上演，这一部由算法创作的音乐剧获得了大众的一致好评。2016 年 6 月，谷歌公司研发的机器学习项目 Magenta 通过神经网络学习创作出一首时长 90 s 的钢琴曲；同年 9 月，索尼计算机科学实验室利用人工智能程序创作出了广受好评的披头士音乐风格歌曲 "Daddy's Car"。美国网红兼流行歌手泰琳・萨顿发布了人类历史上第一张人工智能歌曲专辑 "I am AI"。而当下国外许多人工智能研究公司开始深入研究人工智能作曲系统，由它们所创作的音乐作品可以和人类创作的优秀作品相提并论。

我国人工智能创作领域还处于初级探索阶段，平安科技、百度等一些公司相继开发了 AI 作曲系统或者相应的音乐作品，但是这些人工智能作曲的研究成果还无法构成一个系统的体系，相应地人工智能作品的可听性也有待提高。

人工智能要实现真正意义上的作曲，就必须将作曲转化为算法，只有充分理解音阶、和声、节奏、风格和结构等音乐创作的基本逻辑和规则，才能构建精确的算法体系。即便能构成一条理想的旋律线，还要在配器选择、各声部特色和效果等方面完美定义，这样才能创造出美妙又富有内涵的音乐。而智能编曲未来的发展，需要重点关注的是如何将音乐家的独特思维、感性的心理活动和专属音乐形象告诉人工智能，使人工智能具有人的思维与审美。

4. 音乐表演和欣赏

人工智能和大数据技术已渐渐融入和渗透到音乐产业领域，为音乐注入了许多新的元素和内容，逐渐改变了人们编写、表演、制作和欣赏音乐的方式。人工智能技术的逐渐成熟，也促使各类音乐公司将相应的软件水平提升到更高的层次。

在音乐表演和制作方面，人工智能系统能模仿鼓、吉他、钢琴、西塔尔琴和尤克里里等乐器演奏，并可以与常见的音乐软件协同工作，也可以在鼓声、小提琴等乐器之间自如切换，让音乐家学会可能根本没接触过的乐器，从而改变作曲家的作曲方式。

另外，虚拟歌手软件可对音乐软件个性化，人们只需输入歌词和旋律，就可以利用软件自带的声音合成电子音乐歌曲。合成的效果依赖于人声数据的积累和技术的完善，虚拟歌手"唱"得越来越自然，达到"神形兼备"的境界。从微软小冰、B 站泠鸢、小米小爱同学和百度小度四个人工智能进行演唱的《智联家园》中可以发现，虚拟歌手拥有人类演唱无以比拟的音域和表现力。也许，未来我们人类恐怕很难模仿虚拟歌手演唱的歌曲。

在音乐欣赏方面，人工智能更是得心应手。例如，美国劳伦斯科技大学的研究者发明了一种人工智能计算方法，可以量化分析英国摇滚乐队披头士的不同专辑曲风演变，将每首歌曲转化为对应的声音谱图，然后将每张谱图转化为近 3000 个数值的数字，从而帮助人们分析和辨别音乐风格的演变，还可以通过分析音频资料推断出音乐专辑出现的年代顺序。此外，它还可以根据用户喜欢的音乐风格，为用户自动匹配喜欢的音乐。

6.3 音乐人工智能系统

6.3.1 智能指挥

你是不是有成为指挥家的梦想，希望能够指挥一支乐队演奏美妙的交响乐，就算没有乐队，也能自己对着空气手舞足蹈指挥一番。如今，智能指挥系统就可以帮助你实现这个梦想。

1. 中兴通讯的 5G+AI 指挥家项目

2020 年 10 月在福州举办的第三届数字中国建设峰会吸引了很多人，在中兴通讯的 5G+AI 指挥家项目展台前，跃跃欲试的参观者争相体验当指挥家的感觉。观众通过 AI 可以体验音乐指挥家的角色。当有人在屏幕前指挥时，AI 机器人会自动捕捉人体动作，通过 5G 信号传输将人体手势转化为指挥信号，让机器人随人体动作同步起伏、摇摆，展现了这套装置高速的计算能力和软件部署能力。

2. 德国门德尔松博物馆的"Effektorium"智能指挥系统

德国门德尔松博物馆有一套惊艳的互动装置，被命名为"Effektorium"，利用其触摸屏和手势识别让任何人都可以感受到当指挥家的乐趣。走进门德尔松博物馆，迎接你的是售票员、1 台数字乐谱和 13 个扬声器，如图 6-1 所示。每个扬声器代表一组不同的乐器，曲目都是门德尔松的作品，游客站在指挥台前只要挥动指挥棒即可控制音乐的速度，而利用前面的触摸屏则可以看到乐谱所示，通过触摸可在不同小节之间跳转、让某个"乐手"静音、改变音乐的调式以及改变音乐的风格等。

图 6-1　"Effektorium"智能指挥系统

这套智能指挥系统的触摸屏可以切换木管乐器、铜管、弦乐、合唱或打击乐等乐器，可以调整演奏风格是古典的还是现代的，还可以通过改变直立扬声器阵列中 LED 灯的色调和强度来控制演奏乐曲的情绪，每一套仪器都可以被发送给个别的扬声器。游客通过指挥虚拟管弦乐队，可体验到成为音乐家的乐趣，同时也可在音乐中感受到门德尔松博物馆的魅力。此项特殊的装置让门德尔松博物馆成为世界上最精致的音乐博物馆之一。

3. 机器人指挥家——双臂机器人 YuMi

2017 年 9 月 12 日晚，为庆祝在意大利开幕的"第一届国际机器人节"，ABB 公司设计的双臂机器人 YuMi 与意大利男高音歌唱家安德烈·波切利(Andrea Bocelli)一起合作，在比萨剧院威尔第(Pisa Verdi)奉献了一场视听盛宴。它的到来使传统古老的意大利成为第一个拥有机器人指挥家乐团的国家。

YuMi 机器人承担了两首曲目的指挥，一首是波切利和乐团演绎的《女人善变》，另一首是 Maria Luigia Borsi 演唱的《啊！我亲爱的爸爸》。YuMi 模仿卢卡爱乐交响乐团的指挥家安德烈·科隆比尼的手势，通过编程进行微调，使它的运动与音乐同步。科隆比尼惊讶地表示，YuMi 可以完美复制指挥家的手势细节，这是以前僵硬的机器人无法做到的，整个过程"虽然具有挑战性，但结果令人满意"。

不过，尽管 YuMi 可以指挥某段特定乐曲，但它无法和演奏者互动，并且无法代替人类指挥的情感。科隆比尼坚持认为，YuMi 依然无法和人类指挥家相比，它的管弦乐表演缺少"情感"与"灵魂"。YuMi 可以精准地模仿指挥的每一个动作，却无法理解音乐中的情绪和传达音乐的情感。人类独有的感情与感受力仍是机器人无法取代的东西。

6.3.2　智能识谱

计算机智能音乐乐谱识别技术简称智能识谱，是结合音乐理论、计算机视觉、数字图像处理、人工智能、模式识别等多门相关学科的一项新兴技术。智能识谱技术利用扫描仪等数字设备将纸质乐谱以图像的形式输入计算机，经过图像处理与识别，把乐谱图像自动转化为标准的 MIDI 格式等音乐格式文件，然后利用音乐软件进行后期处理。这项先进技术有着美好的应用前景，为音乐乐谱数字化开辟了一个新的道路。

有关该项技术的研究始于 20 世纪 60 年代后期，但在当时受技术条件和硬件设备的限制，所研究的内容非常有限。到了 1970 年，随着光学扫描仪的出现和机器性能的提升，这项技术引起众多学者的广泛注意。进入 20 世纪 80 年代后，随着计算机图形图像技术的不断发展与成熟，这项技术的研究开始深入。直到进入 21 世纪后，这项技术的相关研究成果才逐步进入实际使用阶段。

智能识谱技术包括图像预处理、定位、抽取、识别等几个步骤。智能识谱技术可应用于乐谱数字化。众所周知，数字化的音乐文件具有传统图像文件所没有的优势，比如说其占用空间小、展示方式灵活、能快速检索等，能够提升数字化音乐图书馆构造的效率，能将课本上的乐谱转化成 MIDI 文件帮助教师辅助音乐教学，并且通过乐谱显示功能直观展示在学生面前，还能随意抽取乐谱一个片段演奏，让学生像亲临音乐会现场一般，从而激发学生的学习兴趣。音乐艺术在智能乐谱识别技术的帮助下得到更好的发展，具有良好的应用前景。

我国对智能识谱技术的研究也十分重视，在不久的将来，智能识谱技术一定能在数字音乐图书馆建设和音乐教育等领域产生强大推进作用。

6.3.3　智能谱曲

1. Amper Music

2019 年 1 月 28 日，人工智能音乐创作领域的领头羊 Amper Music 推出 Amper Score，这是全球首个供企业内容创作者使用的端到端人工智能作曲平台。平台算法是根据各种类型的大量音乐曲目的数据进行训练的，可以识别每个音乐作品的关键组件并预测用户想要创建的音频类型。Amper Score 能在短短 5 分钟内，就为短视频谱上乐曲，让作曲家轻松地为创作的视频找到合适的配乐，不仅符合作曲家的心意，还可以表达其想要表达的情感。Amper 旨在为没有经过音乐训练的人提供变成专业人士的机会，使他们快速创作原创音乐。

2. Orb Composer

Orb Composer 也是一款人工智能音乐智能作曲软件，如图 6-2 所示。目前软件中推出了六种基本音乐模板,包含钢琴、Pop-Rock 和 Ambient 等预先设置好的音乐环境。通过以下三个简单步骤设置速度、节拍及调性:

(1) 选择块结构,确定作品整体曲式结构;

(2) 选择和弦和乐器(可用预设的基本音乐模板);

(3) 选择自动生成。

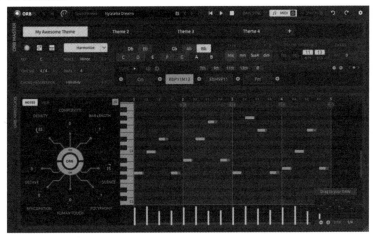

图 6-2　Orb Composer 软件基本使用界面

Orb Composer 软件可以通过选项制作出特定风格的作品。对音乐感兴趣的普通人可以通过音乐人工智能实现"创作乐曲"的梦想。而有一定音乐素养的人,也可以利用这款软件触发创作灵感,将自动生成的音乐做个性化、专业性的细致修改。

3. 和弦助手

Chord Assistant 是目前市面上最广为人知的智能化和弦编配工具,是 Steinberg 公司开发的音乐制作和弦助手。这个软件可以根据和弦进行、关系远近和五度循环等理论为编曲提供和弦选配建议。针对不同类型的音乐风格,比如普通流行音乐、爵士乐等,它都可以提供相应的编配建议。这一工具还可以帮助音乐基础不好的编曲者通过和弦选配提升编曲的效率。

市面上流行的其他智能和弦工具还有 Plugin Boutique Scaler、Suggester 等。苹果公司 Mac 系统下的 Plugin Boutique Scaler 是一款很不错的和弦音频插件,是一个快速、直观且强大的作曲助手,其预先设置了各种各样的音乐风格,可以与 VST 和 AU 等插件兼容,是配置和弦的好帮手。Suggester 也是 Mac 系统下的和弦配置工具,它跟前者一样,可以帮助作曲者高效地创作歌曲与和弦。

4. 人工智能小冰

2020 年年初,人工智能小冰在上海音乐学院音乐工程系开始学习音乐创作,于

2020 年 6 月 30 日毕业并获得 2020 届"荣誉毕业生"称号，如图 6-3 所示。小冰通过学习，已经可以在受到一段文字描述或特定场景激发时，通过学习到的音乐创作能力，如旋律创造、编曲及歌词创造等内容，只需要 2 分钟，就可以创作完成一首 3 分钟左右的完整歌曲。除此之外，她还掌握了爵士、民谣、流行和古风等音乐风格。人工智能小冰作曲并参与演唱了 2020 年 7 月的世界人工智能大会云端峰会的主题曲《智联家园》。

图 6-3　小冰获得的优秀毕业生证书

　　近年来，上海音乐学院一直在西部山区和一些欠发达地区做文化扶贫，比如远程乐器培训、声乐培训等。2020 年 6 月，浙江省丽水市松阳县的孩子们迎来了一位特殊的助教，她就是小冰。在这里，根据孩子们创作的松阳高腔风格的主旋律，小冰通过编曲完成一首首完整的歌曲，让山区有音乐梦想的孩子们第一次感受到作曲的快乐和成就感。小冰这样的人工智能为老师和同学们打开了新视野。浙江丽水是小冰教学的首战，经过小冰 4 堂课的教授和帮助，第一批 6 个孩子掌握了创作主旋律的基本方式并完成了一首完整的音乐作品，第二批 60 多个浙江孩子加入。接下来，甘肃、四川和新疆等全国多所希望小学和贫困山区的孩子也在陆续加入，可能小冰老师很快就会桃李满天下。

　　另外，受 Burberry 邀请，小冰携手当红著名音乐人马伯骞共同为 Burberry 创作新系列推广单曲《Runway2.0》。这是小冰突破原有音乐创作风格，首次尝试创作带有说唱元素的嘻哈风格的音乐，也是音乐人马伯骞首次与人工智能合作创作、演唱。在上海大剧院 20/20 演出季中，上海大剧院邀请小冰和著名唱作歌手、电子音乐制作人朱婧汐共同创作主题曲《HOPE》。为感谢小冰的创作,上海大剧院授予小冰"荣誉音乐制作人"的称号(如图 6-4 所示),这也使小冰成为上海大剧院首位人工智能音乐制作人。

图 6-4　小冰获得的荣誉音乐制作人证书

6.3.4　智能演奏

20 世纪 40 年代,美国音乐家雷蒙德·斯科特制造了最早的模拟步进器,这个模拟步进器由电磁阀、步进继电器、16 个独立振荡器电路和控制开关等装置组成。通电后,该装置可以自动演奏 16 个步进的节奏。虽然最早的模拟步进器操控性与实用性不强,但它启发之后的电子工程师开发出了操控性和实用性更强的步进音序器,为音色的智能化开创了新思路。

1. 智能演奏机器人特奥 TEO

在央视一套播出的《开学第一课》中,主持人撒贝宁首先卖了个关子,把钢琴小达人李俊杰和来自意大利的 53 根手指的机器人 TEO 藏在幕后,分别为现场观众带来钢琴名曲《肖邦幻想即兴曲》。然后,撒贝宁现场抛出难题——猜猜哪个才是 TEO 弹奏的《肖邦幻想即兴曲》呢?结果现场的观众都表示很难分辨,但是对于钢琴大师郎朗来说却很容易分辨。他坦言,其中一扇门的演奏者发生了一个错音,就是这个错音让他轻松地猜出了结果。随后郎朗的爱徒徐子豪挑战来自意大利的机器人 TEO,11 岁的徐子豪与机器人同时演奏以速度炫技著称的名曲《野蜂飞舞》。与人类不同的是,TEO 拥有 53 根手指,几乎覆盖大半个键盘(如

图 6-5　智能演奏机器人 TEO

图 6-5 所示),所以可以快速地演奏任何曲目。最终徐子豪以 2 秒的微弱差距在速度上输给了机器人 TEO。撒贝宁说道,未来在钢琴演出的舞台上,会越来越多地出现人和机器人合作的精彩作品,相信随着科学和技术的发展,机器人可以带给人们一个更美好的音乐世界。

2. 智能音色

从最初级的步进音序到模版演奏再到动作检测,智能音色朝着智能响应、人性化演奏的方向快速发展。Steinberg 公司用智能乐句的模式将所有的智能演奏都植入兼具综合音源属性的采样器 HALion 中,在 HALion 里各种各样的乐器都能形成智能演奏模式。苹果公司在智能音色的开发上展现出跨平台研发的特色,开发出许多触摸式的虚拟乐器。例如,iPad 里的音乐应用 GarageBand 集成了智能钢琴、智能吉他、智能鼓手等西洋虚拟智能乐器,同时还集成了中国民族器乐如二胡、琵琶等可触摸虚拟乐器。另外,还有许多乐器音色开发厂商致力于推动智能音色的发展,比如 Musiclab 公司开发的虚拟吉他手 RealGuitar、ToonTrack 公司推出的虚拟钢琴手 EZKeys 以及 Native Instrument 公司推出的 Action Strings/Session Horns 等。智能音色多种多样,这项技术可以分别选择乐器的音色和演奏音型,在已有和弦的框架下短时间完成音色的织体演奏,达到乐器音乐与演奏织体合二为一。

3. 智能演奏系统 Foley Music

麻省理工学院和沃森人工智能实验室的研究人员打造了一个人工智能系统——Foley Music。它可以从音乐家演奏乐器的无声视频中生成“可信的”音乐。只要拿起乐器,就是一场专业演奏会!如果喜欢不同音调,还可以对音乐风格进行编辑,A 调、F 调、G 调均可。本质上,Foley Music 从视频帧中提取人体的 25 个二维关键点和手指的 21 个关键点作为中间视觉表征,用于模拟身体和手部运动。这个音乐系统采用 MIDI 表示,对每个音符的计时和响度进行编码。在给定了关键点和 MIDI 事件(大约 500 个),一个“图形转换器”模块学习映射函数,将运动与音乐联系起来,捕捉长期关系,产生手风琴、贝斯、巴松管、大提琴、吉他、钢琴、大号、四弦琴和小提琴剪辑。这篇名为“*Foley Music:Learning to Generate Music from Videos*”的学术论文已被欧洲计算机视觉国际会议(European Conference on Computer Vision,ECCV 2020)收录。

4. 机械臂演奏机器人

来自新西兰的氛围音乐家 Nigel Stanford 通过机器人演奏乐器的方式完成了最新的作品。他和三个机器人,准确地说应该是机械臂,组成了一支乐队。Nigel Stanford 是新西兰维多利亚大学的一名高才生。2015 年,Stanford 从一家德国公司借到了三台工业机器人，这些机器人原先的身份是汽车车间的"工人"，从事的是电焊或者搬运工作。Stanford 花了四个星期时间通过编程"教会"这些机器人玩乐器，在相关视频里，机器人使用了至少五种主要乐器：鼓、贝斯、钢琴、合成器和唱盘。车间工作也许对于机器人来说并不难，但是要想玩转乐器就没那么容易了。要让机械臂来操作钢琴、贝斯和合成器等，机器人必须灵敏到刚好能拨出声音，却不至于破坏乐器，其精确需要保持到 0.3 mm 以内，相关的困难可想而知。为了调教这些机器人，并拍出完美的MV，Stanford 整整花费了两年时间。

5. 乐器声音合成器 NSynth Super

AI 有没有可能设计出人类没听过的声音？谷歌开发了名为 NSynth Super 的合成器，这也是谷歌研究项目 Magenta 正在进行的实验中的一部分。NSynth 的中文意思是"类神经网络合成器"，即利用人工智能根据世界上成千上万的乐器声音创造出独一无二的新声音。NSynth 内置的算法可以从四个不同的声源产生新的声音，以此来进行音乐创作。这个项目打造了一个超大的数据库 NSynth Dataset，包含超过 1000 个乐器(古典乐器到电子乐器都囊括在内)演奏出超过 30 万个音符的取样，来让机器学习模仿。

6.4　音乐人工智能的未来

从最初的算法作曲到现在的人工智能作曲，从一开始用不太标准的普通话唱歌的小冰，到现在智能音乐家小冰，音乐人工智能技术一直在进步。那么，音乐人工智能究竟可以为人类带来什么？不难看出，人工智能和音乐结合确实带来了很多新的思路和新的改变，比如人们通过人工智能技术可以构建数字音乐博物馆，人工智能小冰可以帮助山区孩子完成他们的音乐梦想，人工智能音乐 APP 可以智能化推荐音乐，完成音乐类型的分类，等等。人工智能正在慢慢改变艺术家对音乐的思考方式。对于整个行业而言，人工智能有望实现更高效、更高产、更具创造力、更精简的操作以及更明智的决策。

尽管音乐人工智能发展迅猛，但距离能真正影响到人类作曲家还有很长的一段路要走。对于 AI 技术本身来说，最大的挑战是如何理解创造性的艺术思维。比如拥有53 根手指的机器人 TEO，虽然可以比人类弹奏的速度还快，但却总觉得缺少了一些人情味——由音乐的强弱、快慢等细微变化营造的人情味。目前，计算机虽然可以通过海量的数据、高效的算法和大量的参数来学习已有的音乐成果，影响了音乐的生产和创作流程，但是计算机很难通过程序来获得理解力，AI 作曲系统无法取代人类。

1877 年，爱迪生发明了留声机，将留声机定义为"一个会说话的机器"。当时爱迪生仅仅只是想把人类的讲话录下来，但是没有想到"一个会说话的机器"的"说话"能力并没有成为大众所关注的焦点，而是更多被用来记录各界名流的音乐演出。随后"留声机"逐渐进化成了"唱片机"，"留声机"这一名字反而成为"唱片机"的早期代言，这是让爱迪生极为意外的事情。事实上，技术只是伴随着人类解决生产活动中的实际问题而诞生，并不是为了艺术创作而准备，但是最终艺术总能将技术为自己所用，目前所有的艺术活动都已经离不开任何电子设备。智能音乐也同样如此，技术可以在帮助艺术走得更远、变得更多元化。音乐领域随着人工智能技术的不断发展，逐步与科技相互渗透，人工智能使得音乐与科技实现交互并产生有机整合，未来可以让科技更好地服务人类的音乐生活。

本 章 小 结

音乐是表达情感的艺术，音乐人工智能的成熟将会让乐器演奏、乐器学习等诸多难题都将迎刃而解，音乐将不再是许多人高不可攀的领域。音乐人工智能让乐器与使用者之间的协作完美无缝，让演奏更具人文关怀。智能音乐的未来是值得期待，但同时也是值得思考的。

思政小贴士

以 AI 创作出的数字音乐作品为例，引导学生思考网络作品的法律保护问题，提升全社会的版权保护意识，建设良好的数字版权生态。

以 AI 小冰与人类音乐家合作为例，启发学生 AI 已经打破了传统音乐的创作及传播模式，人类与机器和谐共处的音乐时代带动了音乐领域的数字经济发展。

习 题

1. AI 作曲技术能否在一定程度上代替人类作曲家？
2. AI 作曲技术如何影响传统作曲的思维？
3. 音乐人工智能的意义是什么？
4. 在网络上搜索智能谱曲软件，感受人工智能带来的编曲方式的改变。

5. 除了小冰之外，我国还有哪些音乐人工智能机器人？

6. 搜索我国关于人工智能促进音乐发展的相关政策，了解我国音乐人工智能的发展动向。

参 考 文 献

[1]　王钰文. 浅谈人工智能在音乐教育中的应用[J]. 艺术评鉴，2020(7)：130-132.

[2]　张耀铭，张路曦. 人工智能：人类命运的天使抑或魔鬼：兼论新技术与青年发展[J]. 中国青年社会科学，2019，38(1):：1-23.

[3]　李伟. 音乐人工智能在音乐教育领域中的应用及研究[J]. 星海音乐学院学报，2019(3)：145-150.

[4]　张艺凡. 人工智能在音乐多方面的应用[J]. 大众文艺，2018(12)：119.

[5]　人民网. 帮助人类创作普及音乐教育[EB/OL]. https://baijiahao.baidu.com/s?id=1677306824831100814&wfr=spider&for=pc.html.[2020-09-09].

[6]　中关村在线. 黑科技?百度新 AI 实现看图作曲功能[EB/OL]. https://www. sohu. com/a/107691702_114822. [2016-07-26].

[7]　宋晓慧. 蜜蜂云科技：音乐人工智能领域先行者[EB/OL]. https://www.163.com/dy/article/DRLJFING05360J2K.html. [2018-09-14].

[8]　瓦力影音. 人工智能音乐或将迅速崛起，并完全融入我们的日常生活[EB/OL]. https://baijiahao.baidu.com/s?id=1649717339925430564&wfr=spider&for=pc.html. [2019-11-12].

[9]　方兵，胡仁东. 我国高校人工智能学院建设：动因、价值及哲学审思[J]. 中国远程教育，2020，41(4):19-25.

[10]　中国青年网. 人工智能交互主体应该丰富多彩千千万万：专访小冰公司 CEO 李笛 [EB/OL]. https://baijiahao.baidu.com/s?id=1682933863783137115&wfr=spider&f or =pc. html. [2020-11-10].

[11]　快科技. 人工智能小冰今日荣获中国数字音乐产业发展峰会"领军人物"奖[EB/OL]. https://baijiahao.baidu.com/s?id=1681321857898765819&wfr=spider&for= pc.html. [2020-10-23].

[12]　李玉. 微软小冰被分拆为独立公司运营[N]. 人民邮电报，2020-07-17(7).

[13]　品玩. 人工智能作曲真的来了！虾米音乐比你自己更懂你[EB/OL].https://baijiahao.baidu.com/s?id=1590465040775633000&wfr=spider&for=pc.html.

[2018-01-24].

[14]　邹孟雨. 人工智能及其在音乐教育中的应用[J]. 北方音乐，2018，38(15)：254-255.

[15]　HIFIVE 嗨翻屋. 小嗨作词 2.0，HIFIVE AI 交互作词上线！[EB/OL]. https://baijiahao.baidu.com/s?id=1677505288360665294&wfr=spider&for=pc.html. [2020-09-11].

[16]　周莉，邓阳. 人工智能作曲发展的现状和趋势探究[J]. 艺术探索，2018，32(5)：107-111.

[17]　毛康，林勇. 人工智能作曲发展的现状探讨[J]. 山西青年，2019(13)：14-15.

[18]　张力平. 人工智能让音乐更美妙[J]. 电信快报，2018(12)：8.

[19]　郑翔升. 人工智能创作物的版权保护：以音乐作品为视角[J]. 戏剧之家，2019，(12)：51.

[20]　新京报. 描绘未来生活，5G+AI 音乐指挥、5G 智能跑道亮相服贸会[EB/OL]. https://www.sohu.com/a/416638213_114988.html. [2020-09-05].

[21]　赢秀科技. 虚拟指挥，门德尔松博物馆互动视听装置"Effektorium"[EB/OL]. https://www.sohu.com/a/166152969_99967837.html. [2017-08-21].

[22]　天津音乐圈. 没法混了！机器人都开始抢指挥家饭碗了！[EB/OL]. https://www.sohu.com/a/196573845_100010125.html. [2017-10-6].

[23]　赵红怡，董经. 计算机智能乐谱识别及播放技术的研究[A]. 中国通信学会. 第十六届全国青年通信学术会议论文集(上)[C]. 中国通信学会：中国通信学会青年工作委员会，2011：4.

[24]　刘晓翔，张树生，王贺，等. 计算机光学乐谱识别技术[J]. 计算机工程，2003(2)：14-15+27.

[25]　文海良. 浅析人工智能在音乐编曲中的应用[J]. 美与时代(下)，2020(3)：91-93.

[26]　吕惠. 《智联家园》由 AI 创作并演唱[J]. 计算机与网络，2020，46(14)：15.

[27]　孙金艳，文海良. 试析音色的人工智能化进程[J]. 视听，2019(12)：255-256.

[28]　陈世哲. 浅谈人工智能技术在音乐创作中的应用[J]. 音乐探索，2020，(1)：125-132.

[29]　左明章. 论教育技术的发展价值[D]. 武汉：华中师范大学，2008.

[30]　靳琪慧. 人工智能技术应用于音乐教育的可能性与发展趋势研究[J]. 湖北函授大学学报，2018，31(11)：142-143.

第 7 章　智能体育工程

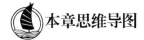本章思维导图

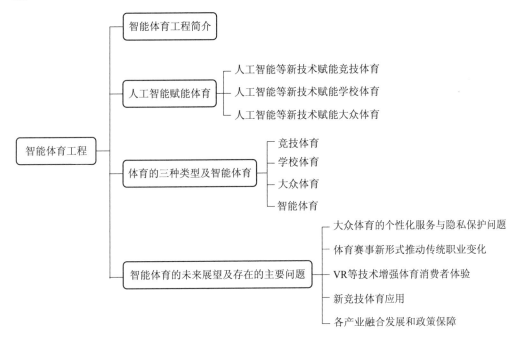

本章学习目标

• 了解智能体育工程的概念、发展和国内外的基本情况，熟悉体育的三种类型及智能体育系统

• 了解人工智能在体育领域的应用范围

• 理解智能体育工程技术中的相关技术

• 正确认识人工智能与体育的关系，思考体育人工智能的未来趋势和存在的问题

人工智能与各类应用相结合为人们的生活和工作方式带来了新思路、新方法和新进展，也极大地带动了体育运动的现代化，在智能体育工程发展过程中起到了不可或缺的作用。本章从智能体育工程的定义出发，分析竞技体育、学校体育和大众体育的

分类及特点，并重点梳理了人工智能、大数据、虚拟现实和云计算等技术在三类体育的国内外进展和典型应用，最后探讨智能体育工程的未来发展方向及存在问题。

7.1　智能体育工程简介

体育是人类社会化进程中的时代产物。它赋予人们积极向上的精神，促进人类健康、娱乐和教育的发展，既能满足人类的精神文化需求、促进民族团结，又能带动旅游、经济和社会的良性发展。

智能体育工程将人工智能、虚拟现实、云计算、物联网等技术与体育深度融合，依托运动人体科学和运动训练学研究成果，构建体育大数据，研究体育运动中人类智能活动规律、构建智能化系统以及用高科技手段提高运动员竞技能力和促进大众科学健身。

根据《教育部关于公布 2018 年度普通高等学校本科专业备案和审批结果的通知》，我国高校开始设立智能体育工程专业。例如，北京体育大学于 2018 年 6 月成立体育工程学院，并开始招收智能体育工程专业本科生，其主干课程涉及运动人体科学、生物力学、生物与运动信息采集、体育测量与评价、数字体育、运动训练学、生物力学、人机工效学、数字逻辑与数字系统、算法设计与分析、数据结构、人工智能基础、机器学习导论、模式识别、智能信息处理、机器视觉、虚拟现实等。智能体育工程专业的培养目标是为社会提供注重学科交叉和创新实践，在智能体育、体育大数据、互联网、计算机技术及其他电子技术等方面能够从事教学、科研及管理的符合数字化时代的高层次复合型体育科技人才。可见，"人工智能+体育教学"将成为未来体育教学的主流，也将为体育学科建设增砖添瓦。

随着人工智能、大数据、云计算、虚拟现实和物联网等新科技的发展和应用，智能体育工程快速发展，体育事业迎来了发展的新契机。目前，人工智能服务于体育事业和体育文化等领域已有很多尝试，在赛事转播、智能判罚、体育训练、体育教学、智能场馆以及个性化健康管理等方面取得了丰硕的成果，科技不断推进体育事业和体育文化良性发展，让体育不断走向"更快、更高、更强"。

7.2　体育的三种类型及智能体育

体育的分类方法有很多，从应用对象考虑，人们常将其分为竞技体育、学校体育和大众体育三类。

1. 竞技体育

竞技体育涉及运动员选材、运动训练、运动竞赛和竞技体育管理等。它以体育竞赛为特征,是以运动员创造优异成绩和夺取比赛优胜为主要目标的社会体育活动。

2. 学校体育

学校体育涵盖体育教学、课外体育活动、课余训练与竞赛、早操及课间操、科学的信息与保健措施。它依托学校教育,利用身体运动等手段促进受教育者的身心健康发展,是有目的、有计划、有组织的教育活动,也是我国培养德智体美劳全面发展人才中的重要一环。

3. 大众体育

大众体育包括以个人、家庭、锻炼小组、单位、街区及健身俱乐部等组织的体育活动。它以企事业单位职工、城镇居民、农民为主体,是为健身、健心、健美、娱乐、医疗等目的而进行的身体锻炼活动。

三者之间相互依存,相互促进。将人工智能、大数据等先进技术引入到这三类体育中,便形成了智能体育。

人们关于智能体育的了解多源于 2011 年 9 月在加拿大多伦多电影节上映的电影《点球成金》,片中美国奥克兰运动家的总经理在球队经费紧张的状况下,运用统计数据和分析铸就了一支具有竞争力的队伍。在 2002 年的历史赛季中,奥克兰运动家球队取得了 20 连胜的辉煌成就初步显现了数据驱动方法在体育训练和运动员管理方面的巨大优势。

7.3 人工智能赋能体育

7.3.1 人工智能等新技术赋能竞技体育

目前,人工智能对竞技体育的影响较大,在竞技体育的应用也更加广泛,如智能裁判、智能训练系统等。在各类运动会开幕式中,人工智能的应用也有效地降低了主办方的时间、经费投入等问题,如 2022 年北京冬季奥运会开幕式和闭幕式均大量采用了人工智能技术,为人们带来了一场场视觉盛宴。

1. 运动员素质检测

基于人工智能技术的运动员的身体素质检测系统可以助力运动员的器械选材、伤病分析、运动训练等。该类技术对运动员的生理指标进行分析,通过测试确定运动员的身体素质,为后续根据运动员的专项特点和自身素质进行个性化训练提供科学依据。

例如，澳大利亚某公司自 2006 年开始，对当地部分俱乐部工作人员的健康指标进行监测，分析运动员每天的训练数据、静息心率、睡眠质量和运动表现等，并将其作为运动员健康监测指标，评估训练水平和避免训练损伤等。

2. 竞技体育训练

借助 360 度全景视频或虚拟现实技术构建沉浸式、数字化的虚拟运动训练环境，有助于运动员模拟实际比赛条件进行练习，大大减小因练习而损伤身体的风险。另一方面，将计算机视觉技术引入智能运动系统，通过人工智能建模大量的运动员信息和运动信息，通过获取训练和比赛的运动数据，根据运动员的特点制定比赛战术。

目前，"无线传感"+"运动器械"为代表的运动训练已经初步应用，如在高尔夫运动训练中，在球杆中植入智能芯片实时获取和传送各种数据，教练员根据传送的数据进行分析，找出运动员的不足，帮助运动员更好地掌握击球的力度以及身体的倾斜程度。再如，2018 年 12 月，鲁能足校引进澳大利亚公司 Catapult 的可穿戴设备"运动背心"，如图 7-1 所示。此举的目的是和学校的大数据系统进行结合，通过可穿戴设备分析球员的运动表现以及运动负荷，利用数据的科学分析帮助教练员评定球队的训练强度和训练质量。

图 7-1　Catapult 可穿戴设备示意图

类似地，在滑雪运动中，智能滑板中装置的智能传感器可记录和传导身体的弯曲和悬浮角度，感受滑板与地面间的摩擦；在网球运动中的智能传感器可以计算网球的飞行速度和前进轨迹。目前由于操作和推广成本较高，在体育教学中很少使用。然而，随着科学技术的进步和成本的降低，智能无线传感技术将有广阔的应用空间。

3. 动作分析与战术建模

运动数据是监测体育训练和学习的基础，反映了训练和教学的有效性，是预测运动员成绩和制定竞技战术的重要依据。

1) 跆拳道运动员动作的自动分析

运动员的动作常与复杂背景同时出现，这使得在视频中直接分析运动员的动作十分困难。Yongqiang Kong 等提出跆拳道视频自动分析技术，自动跟踪运动员和人体图像，然后用深度学习网络 PCANET 学习每一帧，再去预测下一帧。由于一个动作是由几个连续的动作组成的，每个动作对应一个框架，故分类器可用来分析技术动作。

2) 滑雪运动员关节点的运动建模

Yoneyama 等致力于机器人的研究，用来模拟滑雪转弯时人腿关节的活动。这些机器人像人类运动员一样，每条腿上有多个活动关节。在人造草坪上滑草时，车载计算机以开环方式控制关节的角度，并对机器人进行运动编程，让机器人完成各种动作，以此来研究关节、反作用力和转角轨迹之间的关系。他们研究了基本关节运动的特点，通过机器人模拟滑雪转弯研究顶尖运动员的关节运动特点，帮助滑雪者在平衡中更好地转身。

3) NBA 黑科技战术模型

该模型也称 NBA 球员追踪分析系统，即利用固定摄像机追踪和采集运动员的运动数据，并及时分析和识别每场比赛的数据，用来建立不同的战术模型。例如，2013 年，NBA 引入 Sport VU 系统，如图 7-2 所示，通过悬挂在每个竞技场天花板上方的六个 3D 高清摄像头与计算机数据分析连接，每台相机每秒可拍摄 25 幅图像，各类传感器与超级摄像机相连，动态捕捉、跟踪分析、提取数据，并将处理后的数据输入 NBA 数据库。金州勇士队在此系统帮助下，夺得 2018 年 NBA 总冠军，被誉为 "NBA 中的谷歌"。

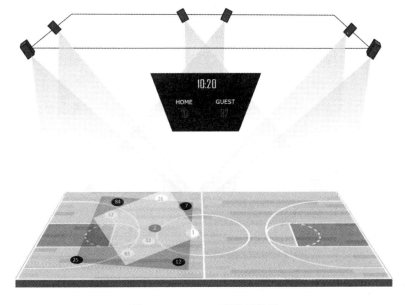

图 7-2　Sport VU 系统示意图

4. 体育赛事呈现

以深度学习、自然语言处理和计算机视觉为代表的人工智能技术推动了体育赛事节目制作方式的根本转变，产生了智能写作、智能解说和智能视频等一系列的体育赛事节目制作新形式。

(1) 智能解说和报道创作。利用深度学习、机器翻译等技术对比赛知识的数据以及人类历史解说的数据进行学习，将比赛信息数据与人类解说数据进行建模，实现自动生成解说语言和不同语言的报道。

例如，2016 年 8 月，巴西里约奥运会中的澳大利亚与立陶宛的篮球赛中，人工智能解说"度秘"幽默新奇的解说风格吸引了大量围观与互动；同时，今日头条的机器写稿账号"XiaomingBot"通过人工智能技术自主创作审核和分发奥运会赛事报道，方便观众即时获得体育知识，也为之带来全新体验。

(2) 智能视频制作与呈现。随着虚拟现实和 5G 通信技术的出现，可借助物联网记录和互联来自球场上传感器和全角度摄像头的数据和图像以及可穿戴设备捕捉到的运动员的控球、距离和速度等运动数据，经过海量数据的学习，人工智能技术能够准确地捕捉和剪辑出最真实的体育赛事图像，并将其合成高质量的视频。

例如，2018 年 NBA 总决赛期间，"IBM AI Vision 视觉大脑"制作完成每场比赛的球星 45 秒剪辑以及杜兰特在获得总决赛 MVP 时播放的个人片段。再如，美国萨克拉门托篮球队体育场为观众提供更多观赏视角，让每个观众所处的位置都是最佳位置。

5. 赛事结果预测

体育赛事中蕴藏着大量有价值的数据，从球队整体表现到具体球员的一举一动、动作习惯和战术套路等，都可以利用大数据技术通过相应的算法来预测比赛过程以及比赛结果。

美国斯坦福的 Unanimous AI 人工智能创业公司开发的人工智能平台 UNU，不仅成功预测美国肯塔基大奖赛的前四名马匹，在 2016 年还正确预测了 15 名奥斯卡奖得主中的 11 位。

近年来，博彩业也开始运用人工智能和大数据分析技术来预测比赛结果，催生了各式各样的体育赛事预测 APP，特别是足球赛事预测的 APP 数量众多且具有代表性。以体育大数据公司魔方元科技为例，其通过自主研发的 DeepCube 人工智能，以"大数据"和"人工智能"为基础，从比赛基本面、相关媒体报道和盘口赔率三个方面解读比赛，进而得出一些具体指标，如高斯基本面指数、新闻风向标和魔方博冷指数等，以引导球迷和彩票爱好者对足球运动有更科学的认识。据统计报道，DeepCube 的整体预测准确率达 71%，超过业内专家的平均水准。

6. 辅助裁判和智能裁判

即时回放系统又称"鹰眼"，它利用高速摄像机从不同角度捕捉在快速运动中的目标轨迹，并确定其精确的起止点，辅助裁判评判比赛。"鹰眼"系统一般由电脑和大屏幕以及 8～10 个高分辨率的高速摄像头组成。它首先将比赛场地的三维空间划分为以毫米为单位的测量单位；然后从不同角度利用高速摄像机同时采集目标运动轨迹的基本数据，经校准后确定目标物体的运行轨迹，将其生成三维数据传输给主控计算机；最后通过实时成像把计算机模拟的轨迹高清地显示在大屏幕上。

即时回放系统提高了体育赛事的观赏性，并作为重要的技术手段辅助人工裁判客观公正地评价体育比赛，减少赛场上的各种纠纷。例如，2018 年俄罗斯世界杯中，赛场采用视频助理裁判 VAR(Video Assistant Referee)系统，如图 7-3 所示，其实质是使用视频回放技术帮助主裁判作出正确判罚决定。这是 VAR 系统首次应用于足球世界杯这项顶级赛事。在小组赛阶段，平均每场比赛使用 VAR 系统 6.9 次，借助 VAR 可使判罚正确率从 95%提高到 99.3%。

图 7-3　VAR "视频助理裁判"

类似地，在武术、舞蹈、跳水等体育运动中，人工智能可以降低裁判的主观性，有效避免裁判刻意压分等行为，使比赛更加公平公正。

智能裁判是一种即时电子处罚系统，通过计算机视觉技术精准判断比赛过程中的一些特定情况发生，如足球运动中的越位或疑似进球等。

显然，人工智能在体育裁判中的地位和作用越来越重要，甚至起到了人类裁判难以替代的作用。2013 年，来自牛津大学的 Frey 和 Osborne 借助机器学习算法评估了美国 702 种职业被计算机化的可能性，其中裁判员的可能性高达 98%。

7.3.2　人工智能等新技术赋能学校体育

　　将人工智能等新技术引入到体育教学已经成为当代校园体育的新趋势，产生了新的教学形式、教学手段和教学内容。

　　例如：利用智能设备监测健康指标，可降低学生运动损伤的风险，提高动作规范性，协助学生完成训练，提高教学效果；通过虚拟现实模拟各种运动场景，突破场地和环境的限制，让学生产生真实的感官体验；以体育教学大数据分析为指导，通过智能的筛选和匹配模式，自动分析教学效果，可视化呈现共性特征，并实现学生个体的体育画像，实现体育育人的个性化等。

1. 智能体育馆满足教学个性化需求

　　智能体育馆可根据教学内容的需要对智能场馆进行改造。在智能场馆中可同时实现不一样的运动项目，满足不同教学需求，且大大节省场地资源。

　　例如：北京体育大学新启用的智能场馆可以智能地管理信息和数据，优化业务流程，节省时间并改善服务；沈阳奥林匹克综合智能场馆采用面部识别，实时监控人群，在后台对数据智能分析后，可以得出性别、年龄和体重等与各个区域之间的动态关系，自动生成用户健康报告，根据用户服务报告进行调整，并进行健康指导。

　　除了体育教学之外，智能体育场馆还会配备运动训练、休闲比赛等智能。另外，鹰眼技术在奥运会、世界杯等各大比赛中的成功案例将来也可应用于体育教学中。

2. 智能评判动作的科学性与规范性

　　在体育教学中使用智能可穿戴设备可以测量处于运动或静止状态的学生的身体综合指标。使用智能可穿戴设备增加学生对运动的兴趣，改变对运动的单向理解。

　　通过智能可穿戴设备准确获得学生运动过程中各个动作，并自动评判其动作的规范性和有效性，以及实时地记录学生在运动中的疲劳程度，建立积极的双向沟通，实现人类和智能技术的共同发展。

　　例如，无锡市运用智能化体质测试系统，完成了学生的体质检测档案、运动风险预测、科学健身新方法培训以及健身效果监控等技术手段，为学生健康监测与干预、改善等提供科学依据与服务。

3. 教学方法和教学内容的科学化

　　体育教师以前只能依靠教学经验来组织教学任务，调整教学内容。而实际上，每节体育课和每次训练都会产生海量数据，可作为体育课教学内容调整、教学手段变化的指导。数据驱动的智能信息处理和数据挖掘技术能够为体育教学发现更多潜在价值，让教学过程变得更加科学合理。

4. 体育育人的精准教学与评价

在体育育人精准教学方面，在体育课中利用摄像机和计算机对目标进行捕捉、跟踪和测量，并通过人工智能算法实现动作自动识别，人工智能根据视频数据分析结果提供改进策略，从而实现更加个性化的运动和教学指导。这对于推动学校体育的智能化发展，尤其在体育师资不足地区，对于实现教育公平化和教育资源共享有重要意义。

在体育育人效果评价方面，各种智能设备的出现显著降低了体育教师的负担，通过智能设备采集的学生体育大数据可作为学生表现的重要指标。反之，基于大数据的课堂教学也可评估体育教师的教学质量，并就学生教学目标和教学任务的完成情况提供精准反馈。

7.3.3　人工智能等新技术赋能大众体育

个性化体育健康管理是对居民的身体健康状况进行全面监测、分析、评估和管理的过程，通过有效的个性化体育健身指导及行为干预，可实现改善居民健康水平和自我健康管理能力的目的，从而促进人人健康为目标的新型体育服务。

1. 个性化智能产品普及化

在体育健身行业，智能手环(如图 7-4 所示)、智能运动鞋、智能眼镜、智能衬衫等可穿戴智能设备逐渐出现在人们的日常健身中，成为居民健身不可缺少的运动产品。

图 7-4　智能手环

另外，人们通过手机可以很容易地使用微信、支付宝或 QQ 等软件提供的机主运动计步为代表的数字软件产品。通过这些平民化的数码产品或手机软件，人们可以低成本地随时获取自身的运动数据，更加准确地了解自身的健康状态。

2. 个性化服务多样化

近两年自助健身光猪圈、Liking、超级猩猩等，结合 APP 预约场馆课程给用户更完善的智能体验，用户在会员注册、约课、付费等环节的体验更加自由。垂直健身的 KEEP、火辣健身、FITTIME、瑜伽领域的 WAKE，利用 APP 软件在健身运动过程实时监测配速、热量、步频、心率等，及时提供最合适的运动强度健身管理服务方案。这些智能产品已将体育健康管理服务引向个性化和多样化，满足了不同个体和层次的运动和健身需求。

3. 大众健身环境智能化

体育运动与民众健康不断融合，高效便捷的大众运动环境以及精准化、个性化的科学健身指导惠及大众。

2016 年 9 月，佛山推出"无前台无管理人员，全部自助的经营模式"的智能篮球场。2018 年，北体集团携手智美体育联合启动线上、线下智能化场馆运动健康平台。"千馆计划"的第一批智能标准化场馆将在北京、浙江、山西等省市地区投资建立。2019 年 4 月，杭州智享无人值守场馆投入使用，解决了场馆管理运营时间短、运营成本高以及设备维护难等问题，更重要的是让场馆运营数据化。阿里体育旗下的"智慧场馆"利用上线运营管理平台，连接众多线下健身场馆，仅半年内覆盖近 60 座城市、20 个以上的大中型体育场馆以及 300 多个体育健身场馆。

7.4　智能体育的未来展望及存在的主要问题

相比于《点石成金》，目前的全球体育运动已经产生了飞跃式发展。人工智能为代表的新科技赋能体育，为赛事转播、体育训练、健康管理等领域都注入了新思路，带来了新的发展机遇。人工智能与未来体育发展必将实现更深层次的融合，但是如何将智能技术引入体育领域并实现智能技术与体育的完美融合，道路仍然艰辛且漫长，未来发展需要科研人员、专业人员和人民大众的共同努力和参与。

1. 大众体育的个性化服务与隐私保护问题

大量体育应用程序的广泛使用，使得用户无论身在何处，其兴趣导向、社会领域和行动轨迹构成了大量数据，对用户数据进行科学分析，能够为用户提供科学的建议，让人们根据自身状况，合理运动。但是，随之而来的是个人信息的隐私保护问题，如何兼顾两者是智能体育当前面临的主要问题之一。

2. 体育赛事新形式推动传统职业变化

随着人工智能技术的快速发展，未来观看体育赛事时，无论是在现场还是在家都可通过虚拟现实设备，利用海量的体育赛事画面以及人工智能算法，瞬间形成可以提供多种视角的体育赛事画面，让每一位观众都可以选择自己喜欢的明星或者比赛进行观看。观众的视线也将不再受镜头的限制，而是可以像在场景中一样选择精彩的场景。AI 摄像头可以根据观众的注意力焦点随时调整，每个观众看到的场景可能都不一样。体育赛事的录制不再受制于转播导演和摄影师，而完全是基于大数据和人工智能算法的选择。因此，人工智能技术将彻底改变传统的体育赛事，传统的裁判员、解说员、教练员等相关岗位显著减少。

根据国务院《"健康中国 2030"规划纲要》数据统计，我国享有健康管理服务的人数，只占总人数的万分之二。从我国时代发展要求来分析，体育健康管理师应该是人工智能时代下新生的一门职业。这是人工智能社会发展的需要，也是迈向科学化和个性化的体育健康指导发展方向。

3. VR 等技术增强体育消费者体验

体育产业的繁荣发展反映了生活水平的提高，人工智能技术为休闲体育产业的发展提供了多种选择，促进了休闲体育产业的繁荣发展。VR 技术、AR 技术和个人智能设备的广泛使用给予了休闲运动消费者更多身临其境的体验。例如，可以在虚拟游戏中完成登山训练；观看足球比赛时使用增强现实技术使观众感觉身临其境；开发模拟健身跑道，根据消费者的速度、力量和心情改变运动场景，让其体验更加真切与舒适。

4. 新竞技体育应用

在新竞技体育方面，机器人格斗赛作为科技体育的分支正掀起新的热潮，成为新的体育赛事。机器人格斗比赛中选手的技巧和反应力等，离不开海量数据的训练和人工智能算法的应用。2003 年中国将电子竞技列为第 99 个要开展的体育运动项目，2017年国际奥委会将电子竞技列为正式体育项目。电子竞技内容制作、许可、发行、赛事运营、传播、监管、教育、设备和软件的研发在人工智能技术的推动下发展迅速。电子竞技逐渐在满足新时期人们的精神需求，同时也促进了电子竞技及其他相关产业的发展。

5. 各产业融合发展和政策保障

随着智能技术的发展，休闲体育产业与娱乐、文化、旅游等产业合作，呈现了多种形式的休闲体育，例如，电子竞技产业与国民教育融合，以爱国主义教育为主体开发了各种游戏；电子竞技与旅游业的融合，开发以旅游景点为背景的游戏；以驾驶为主题的驾驶模拟系统等。体育竞赛不仅为核心产业带来经济利益，带动了交通、饮食和住房等相关产业的发展，也带来了一定的潜在风险，如各种穿戴产品质量的不确定性，需要行业规则和法律法规的不断健全，也需要加强舆论导向和科学管理与监督。

本 章 小 结

习近平总书记强调，体育承载着国家强盛和民族振兴的梦想，体育强则中国强，国运兴则体育兴。这充分说明了体育的重要性，而将人工智能为代表的新技术与体育的深度融合必将加快我国体育的现代化进程。相信在不久的将来，中国的体育事业将会不断迎来新的改变。

思政小贴士

通过 AI 赋能竞技体育的学习，增强学生"重在参与、永不放弃、永不气馁、永不低头"的竞技意识，培养学生顽强拼搏、团结协作、乐观向上、为国争光的爱国主义精神。

通过 AI 赋能学校体育的学习，使学生了解我国体育强国、科教兴国和人才强国的战略，引导学生成长为德智体美劳全面发展的社会主义建设者和接班人。

通过 AI 赋能大众体育的学习，引导学生牢固树立体育强国的理想信念，积极参加各类健身活动，不断提升自身体质，成为个人职业成长道路上的强大精神力量。

习　　题

1. 人工智能在哪几个方面促进了体育的发展？
2. 体育领域的人工智能主要应用了哪些技术？
3. 人工智能和体育的融合面临着什么挑战？
4. 未来，人工智能还可以在哪几个方面促进体育的发展？
5. 如何培养"人工智能+体育"领域的复合型人才？
6. 分组讨论为什么人工智能对竞技体育的影响较大。

参 考 文 献

[1]　邹小江. 人工智能技术在体育中应用的现状综述[J]. 科技资讯. 2019，17(8)：119-120.

[2]　付红星，王蒙. 北体大筹建人工智能体育实验室[N]. 中国体育报，2017-07-26.

[3]　教育部. 关于公布2018年度普通高等学校本科专业备案和审批结果的通知[J]. 中华人民共和国教育部公报，2019(4)：30-111.

[4]　廖磊，叶燎昆. 人工智能视域下体育教学的教育应用创新探索[J]. 青海师范大学学报(自然科学版)，2020，36(1)：65-70.

[5]　陶晓，陈星. 人工智能助力体育发展[EB/OL]. http://www.cssn.cn/kxk/dt/202004/t20200424_5118561.shtml?COLLCC=1048089748. [2020-04-24].

[6]　SHAO L，ZHEN X，TAO D，et al. Spatio - temporal Laplacian pyramid coding for action recognition [J]. IEEE Transactions on Cybernetics，2014，44(6)：817-827.

[7]　鲁能青训. 科技助力青训(上)：可穿戴设备是如何走入鲁能足校的？[EB/OL]. https://www.sohu.com/a/346339766_299921. [2019-10-11].

[8]　王诗雁. 人工智能技术在体育训练中的应用[J]. 数码世界，2020(1)：121.

[9]　张新锋. 人工智能技术背景下的体育赛事专有权[J]. 上海体育学院学报，2020，44(2)：64-73.

[10]　中国网. 下战书！杨毅约战度秘：人机同台解说奥运男篮 1/4 决赛[EB/OL]. http://science.china.com.cn/2016-08/16/content_8965646.htm. [2016-08-16].

[11]　金错刀. 它不仅预测准小李子拿奖：还预测过美国总统[EB/OL]. https：//news.mydrivers.com/1/472/472122.htm. [2016-03-01].

[12]　体育产业发展研究院. 人工智能：体育产业的"终结者"？[EB/OL]. https://www.sohu.com/a/118941749_505619. [2016-11-14].

[13]　吕兆峰，宋思萱. 融合与创新："人工智能+"体育产业的发展策略研究[J]. 体育科技，2020，41(2)：88-90.

[14]　张豪，杨管，杜宁. 鹰眼系统对排球赛事影响的再思考[J]. 福建体育科技，2018，37(5)：50-52.

[15]　曾昭翔. 联合会杯落幕 德国二队封王(图)[N]. 每日新报，2017-07-04.

[16]　梁天亮，朱菊芳. 现状与前景：当体育赛事遇见人工智能[J]. 福建体育科技，2020，39(1)：27-30.

[17]　李维. 依托高校资源构建体质健康检测公共服务平台的可行性研究[D]. 西安：西安体育学院，2017.

[18]　温煦，王轶凡. 人工智能赋能体育：计算机视觉在人体运动动作识别中的应用[J]. 上海体育学院学报，2020，44(7)：25.

[19]　石晓萍，石勇. 人工智能时代下个性化体育健康管理服务体系设计研究[J]. 南京体育学院学报，2019，2(10)：30-38.

[20]　体检有望增加免费"体质测试"[N]. 北京日报，2018-04-29.

[21]　智美集团与北体集团强强联合　布局一线城市综合性场馆[N]. 证券日报，2018-07-09.

[22]　王辉. 打通线上线下健身业渐成体育新零售主场[EB/OL]. http://www.sport. gov.cn/ n319/n4832/c853747/content.html. [2018-04-10].

[23]　新华社. 中共中央　国务院印发《"健康中国2030"规划纲要》[EB/OL]. http://www. gov.cn/gongbao/content/2016/content_5133024.html. [2016-10-25].

[24]　杨鑫宇，朱小云. 人工智能时代休闲体育产业发展路径研究[J]. 价值工程，2020，39(16)：219-220.

[25]　龙煦霏. 电竞类学历教育的登堂入室之路[J]. 经济，2019(8)：90-91.

[26]　朱虹，张静淇. 体育强则中国强，国运兴则体育兴[EB/OL]. http://sports.people. com.cn/n1/2017/0905/c14820-29514655.html. [2017-09-05].

第8章 智能绘画

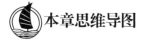

本章思维导图

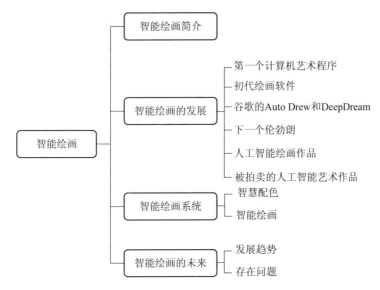

本章学习目标

- 了解智能绘画的概念、发展和国内外智能绘画的基本情况
- 了解人工智能在绘画领域的主要应用
- 掌握智能绘画系统使用的相关技术
- 正确认识人工智能与绘画的关系，思考智能绘画的未来趋势

2018 年 10 月 25 日，纽约佳士得拍卖行以 432 500 美元(约 300 万人民币)的天价拍卖出了一幅由人工智能创作的绘画作品 "Edmond de Belamy"，在艺术界和计算机科学界掀起一场持续至今的争议热潮。这幅"古典大师"风格的面貌模糊的男人画像引起了人们的关注。一幅由人工智能"画"出来的作品，为何能拍出 43 万美元的高价？本章将首先给出智能绘画的概念，然后介绍人工智能技术在配色、绘画和风格迁移方

面的应用，最后探讨智能绘画的未来。

8.1 智能绘画简介

毕加索 1968 年曾经说："计算机是没用的，它只能给出答案。"智能绘画能否超越人类，人工智能与绘画结合会带给人们怎样的惊喜与担忧？

长期以来人们一直认为，人类在创造和想象这两个方面的能力是人工智能无法超越的。人工智能缺乏情感和记忆力，因此科学家们试图通过画笔让人工智能像人类一样表达自己的感受。随着人工智能有关的技术和算法的不断改进，AI 不仅拥有"智慧"，也开始拥有"艺术细胞"。与传统的"机器印刷"完全不同，智能绘画的目标是希望 AI 可以像人类那样"主观地"进行绘画创作。人工智能绘画通过人工智能技术参与绘画创作，从过去的以人为主体的意向性绘画创作到基于人工智能的智能绘画的创作。艺术家与人工智能之间的关系已不再是类似于艺术工具的简单使用，在人工智能的帮助下，艺术家可以创造更好的作品。通过大数据和情感的计算，人工智能完全打破了过去机械复制的艺术形式，不断延伸着智能技术在各种艺术表现形式中的各种可能性。

智能绘画过程本质上是对如何将颜色分配给画布的过程进行优化，直到画家能够识别出其内容，这也是大多数智能绘画程序的绘画原理。在人工智能进行绘画的过程中，人可以给予人工智能能力，比如能够识别图像、构建想象力等，从而使人工智能具有绘画创作的能力。例如，微软的人工智能小冰可以通过训练来创作绘画作品，如果让小冰学习达·芬奇的作品，小冰可以学习这些作品的"特征"，提取出典型的风格特征，然后将其记录在人工智能的"大脑"中。小冰所学的图像数量越多，她学到的作品特征就越多，从而使小冰能够记录和模仿达·芬奇的艺术风格。

谷歌推出的基于人工神经网络算法的"深度梦境"人工智能系统具有多层数据网络，为艺术赋予了量化和数学属性，可以在图像识别后进行绘画。当用户输入一张图片，该图片会由 10～30 层人工神经元进行解读，然后将重点特征进行加强或重塑。

德国科学家也尝试使用深度学习算法来使人工智能系统掌握凡·高和莫奈等世界著名画家的绘画风格，并创建了全新的"人工智能世界名画"。此外，2016 年，科学家、软件工程师和艺术家经过 18 个月的共同努力，利用人工智能程序创作完成了一幅颇具荷兰著名画家伦勃朗风格的绘画作品，并将其命名为《下一个伦勃朗》。该人工智能程序分析了伦勃朗的所有作品，使用 3D 打印技术创建出具有油画质感的肖像作品，仿佛是伦勃朗本人的新作。

人工智能的突破性发展大大推动了科技和艺术的交融，人工智能引入绘画领域为艺术变革注入了强大的动力。当然也有人质疑，人类的作品通常是有情感、有思想、有精髓的灵魂之作，而人工智能的创作不能绘画艺术。随着技术的发展，人工智能已逐渐获得了解释人类情感的能力。如果将人工智能的作品与人类的作品放在一起，有时人们很难说出某一幅作品是谁绘制完成的。

然而，机器的理性思维和艺术相关的情感思维明显不同，因此用人工智能自主"绘画"仍然非常困难，要改善"绘画创作"，人工智能系统必须学会自我感知，以便更好地了解与人类艺术家创作作品时有关的情感、心理和生理等因素，从而达到引起观众共鸣的艺术境界。

8.2　智能绘画的发展

计算机绘画的历史可以追溯到 1952 年，当时美国电影实验室的研究员拉博斯基用示波器创作出了第一件图像艺术数字作品《波形图设计》。在 20 世纪计算机普及之前，科学家和艺术家就一直在尝试找出如何将计算机和绘画有机结合的方法。在 20 世纪 60 年代早期，由格奥尔格·内斯、弗里德·纳克和维拉莫尔奈等人创作的作品是人类最早利用计算机生成的算法艺术作品。借助于几何学、透视学和离散数学，产生与人类画家一样细腻的图像。但是，这些算法艺术所产生的作品都具有抽象、碎片和混乱的特征，几乎无法完成非常具体的、写实的艺术作品。

随后以智能计算机程序为技术媒介的绘画创作开始进入历史的舞台，智能计算机程序首次实现了"电脑依靠智能程序预设像人一样画画"，并依次出现了亚伦(Aaron)绘画机器人、绘画傻瓜(The Painting Fool)、Google 的 Deep Dream 和基于中国水墨画特色的"道子"智能绘画系统等。它们从不同的维度重建和构造画家全新的主体身份。从过去绘画创作只有专业人士才能进行，逐渐地转向了大众和非专业人士可以尝试的绘画创作，这拉近了绘画艺术的大众化进程。与此同时，借助这些智能绘画系统，艺术家可以在画面情感和精神内容的构思上投入更多精力，大大提高了绘画创作效率。

1. 第一个计算机艺术程序——亚伦

20 世纪 60 年代，加州大学圣地亚哥分校的教授兼艺术家哈罗德·科恩开始思考计算机是否可以为艺术服务。后来他移居美国，并成为加州大学艺术学院的客座教授。在那里，科恩学会了编写代码以及开发计算机程序，并且受邀入驻斯坦福大学人工智能实验室。1973 年，科恩发布了世界上第一个可以进行机器绘画的计算机艺术程序——亚伦。

亚伦的面世，就像是石破天惊一般，拉开了 AI 绘画艺术的大幕。这款程序得到了行业的高度赞同。科恩也将自己的余生投身于此，被尊称为"AI 艺术先驱"第一人，至今仍对 AI 艺术领域发挥着重要的影响力。20 世纪 80 年代，亚伦开始在三维空间中进行人与物的写实创作，1990 年后，亚伦开始学习用彩色绘画。有趣的是，科恩从未向亚伦展示过任何照片，只是教了他一些关于人类和动物肢体之间的关系组合、逻辑结构和基本规则。亚伦在从未见过人类或外界的基础上，通过自己的想象力完成了绘画创作，从简单的线条到花卉和植物，从小猫到复杂的肖像，可以说亚伦具备了早期人工智能的绘画功能。

1991 年，《亚伦密码》成为早期 AI 艺术从业者的必备书籍(如图 8-1 所示)。这本书详细介绍了亚伦的迭代发展历程，是一条艰辛却无比精彩的勇敢创新和探索之路，也是第一次艺术和计算机技术的深度融合。经过多年的努力，亚伦已发展成为功能良好的计算机程序，它自行创作的画作已成为一些世界知名博物馆和美术馆的收藏品。

图 8-1　《亚伦密码》

2. AI 艺术家的"初代网红"——绘画傻瓜

提起有名的绘画软件——绘画傻瓜，可能很多人都不陌生，它的网页界面如图 8-2 所示。它被人们亲切地称为初代 AI 艺术家，由西蒙·科尔顿在 2001 年提出其开发理念，并开始制作一些图形软件。在 20 世纪 70 年代亚伦横空出世后，AI 技术在各个行业中得以应用，但是在艺术领域，人工智能的发展却减慢了很多。情况一直持续到 2000 年，绘画傻瓜软件的诞生打破了漫长的平静，西蒙·科尔顿的最初目标只是编写可以将照片变成艺术品的软件。随着程序的迭代和优化,西蒙·科尔顿从图形过滤器中融入了人的情感模块。这个模型可以根据外部代理最初提供的关键字来编辑照片,在没有任何特定参考图的情况下对场景进行描绘,然后由人工智能自行绘画。科尔顿曾将关于阿富汗战争的新闻故事下载给绘画傻瓜。绘画傻瓜从数据库中寻找有关的图片元素,并将其整理成一幅画作。

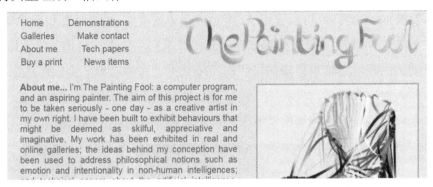

图 8-2 绘画傻瓜软件官网界面

在随后的数年里,绘画傻瓜继续引领着 AI 绘画技术的发展。绘画傻瓜具有说明想法的能力,即描述场景的能力。例如,在阅读有关阿富汗战争的新闻后,它提取了关键字并找到了相关主题的图像,通过画家的演绎方式,对这些图像进行拼贴,最后呈现出战斗机、爆炸、家庭、阿富汗女孩和战争公墓等内容。绘画傻瓜可以根据不同的情感为用户绘画,利用获取的情感关键词做出反应。例如,如果用户情绪太消极,软件会表现出低落的情绪,甚至还会拒绝绘画,这实际上是虚拟艺术气质的表现。

虽然绘画傻瓜可以识别人类的情感,并且已经开发出一种粗略的机制,通过个性化的情感指导其绘画过程,但它并不是人类,这些都只是出于人类绘画意图的某种模仿的表现。与人工智能作曲家一样,如果它们是孩子或学徒的作品,可以认为是杰作,但是如果想让计算机内部看到美感,则仍然存在困难。

2006 年,绘画傻瓜能够基于模拟物理绘画的过程,通过查看数码照片,熟练地提取区域块的颜色,然后模拟油漆、粉彩和铅笔等进行创作。2007 年,绘画傻瓜获得了英国计算机学会的机器智能奖,原因是该软件学会了识别人们的情感并根据他们的变化创作人像。2011 年,3D 建模功能开发成功,使 AI 艺术再次震惊世界。这意味着 AI 告别了二维平面作画时代,学会了识别和创造三维世界的能力。

3. 谷歌的 Auto Drew 和 Deep Dream

深度学习模型 GAN(生成性对抗网络)于 2014 年诞生。作为图像分析应用的一项里程碑式的成果,GAN 就像科幻电影中的图像分析机一样,能以超分辨率放大图像,并

通过图像语义分析使模糊的图像内容变得清晰可读。谷歌基于该技术推出了著名的
Auto Drew。2015 年，谷歌工程师 Alexander MordVintsev 开发了人工智能绘图软件 Deep
Dream，该软件使用深度学习来识别图像，然后渲染其解释的图像，生成的绘画依赖
于数据库中存储的绘画元素，当使用 Deep Dream 生成带有建筑物的图片时，得到的图
像如图 8-3 所示，无数动物的头从建筑物中探出，因为 Deep Dream 在其源数据库中有
很多狗以及其他动物元素。可以看出 AI 绘画依赖于数据库，如果没有相应的学习材料，
人工智能无法进行绘画。谷歌的 Deep Dream 图像识别工具现在可供任何人使用，其结
果从奇怪的美丽照片到绝对恐怖的快照都涵盖其中。图片的细节由软件挑选出来，并
以奇怪而迷人的方式夸大，如图 8-4 所示。谷歌甚至还为 Deep Dream 举办过一次展览，
展出的六幅作品被一位收藏家拍了下来，最高单幅价格高达 8000 美元。

　　　　图 8-3　Deep Dream 的画风　　　　　　　　图 8-4　Deep Dream 加工过的图片

　　实际上，Deep Dream 真正想要了解的是神经网络黑盒子的工作逻辑。图像识别中
的神经网络通常是层数越多，特征表征就越细致，第一层神经网络可能识别轮廓线，
中间层的神经网络可能致力于识别纹理、笔触和其他细节。人们看到的可以正确识别
图像的算法多数是人工调试后的效果。但是 Deep Dream 不需要这些步骤，它根据自己
的意愿识别图片，并通过多次重复，最后生成人们所看到的图片，如图 8-5 所示。

图 8-5　Deep Dream 作品

4. 下一个伦勃朗

伦勃朗是 17 世纪荷兰黄金时代绘画的重要人物,被誉为有史以来最伟大的荷兰画家。2016 年,来自微软、代尔夫特理工大学、莫瑞泰斯皇家美术馆以及阿姆斯特丹伦勃朗博物馆的多位大数据科学家、软件工程师和艺术家们经过 18 个月的共同努力,挑战"如果伦勃朗死而复生了,他最有可能画什么?"的问题,探索人工智能的创意潜力,他们希望计算机可以像绘画大师伦勃朗一样去思考、创意和绘画。科学家们利用人工智能程序创作了一幅颇具伦勃朗风格的绘画作品,并将其命名为"下一个伦勃朗"。

这些跨学科专家们首先使用大数据、3D 扫描和机器学习等技术来分析伦勃朗过去的 168 263 个作品的片段,然后将伦勃朗的绘画习惯和作品细节转换为数据,训练 AI 系统。经过深度学习的 AI 系统"创作"出一张新的数字绘画作品,该作品与伦勃朗以往制作的图像风格非常相似。最后,专家们通过 3D 打印技术将这个绘画作品立体地呈现在画布上。这幅画作生动地描绘了这位 17 世纪著名画家的绘画风格和笔触,仔细看这幅画作,是一位 30 或 40 多岁的男人肖像,戴着帽子,也有胡须。将它与伦勃朗的真迹作品悬挂在一起时,十分和谐,一点也不突兀。

5. 人工智能绘画作品

2017 年初,罗格斯大学的艺术与人工智能实验室在原有的 GAN 基础上重新设计,制作出一套名为 CAN(创造性对抗网络)的人工智能。在运行了一段时间后,这套系统开始生成极富创造力的抽象艺术品。实验室主任艾哈迈德组织了图灵实验,邀请大众分辨这些作品是人类艺术家的作品,还是人工智能的作品。受试者在不知情的状态下被要求观看四类作品,分别是 CAN 和 GAN 生成的图像、人类艺术家和抽象表现主义大师在 2017 年巴塞尔艺术博览会上的作品以及抽象表现主义大师的作品,通过对作品的喜恶程度、精致度、创新度和复杂度进行评分,结果出人意料。有 53% 的人工智能作品被认为是人类艺术家的作品,首次超过半数。对于人工智能艺术,人们无法再区分作者是谁。尽管在这次实验中 AI 胜出,但抽象表现主义大师的作品仍以 85% 的优秀成绩领跑所有作品,在喜恶程度上也高于人工智能。

6. 被拍卖的人工智能艺术作品《爱德蒙·贝拉米的肖像》

2018 年 10 月 25 日,在全球最著名的佳士得艺术品拍卖会上,一幅由人工智能所创作的名为《爱德蒙·贝拉米的肖像》的画作(如图 8-6 所示)最终以 43.25 万美元(约合 300 万元人民币)的天价被拍卖。这是前期被拍卖的人工智能艺术作品之一。从构图角度来讲,这幅作品是不规则的,甚至是怪异的,一位身穿黑色礼服的微胖男子,露出了白色的衣领,面部有点模糊,五官更是难以辨别。主体人物的位置有些向左上角偏移，画布的其余部分留出了很大的空白区域。绘画的右下角有一个别样的签名——一长串数学公式，这个公式是用于创建绘画的实际算法。这个算法来源于一个名为Obvious 的巴黎艺术团体，该团体由三名 25 岁的年轻人组成。他们将 15 000 件作品输入软件，使该软件了解肖像绘画的规则，使用 GAN 网络的生成器学习绘画的规则以及各种对象的特征，并根据这些规则属性创作绘画，再利用另一个鉴别器判断图像是机器生成的还是从图库中提取出来的，通过鉴别器的图像就可输出。据 2019 年有关报道统计，Obvious 团队已经制作出了 11 幅肖像画，这些画被统称为"贝拉米家族"，而《爱德蒙·贝拉米像》是其中最有意义的一幅。

图 8-6　《爱德蒙·贝拉米肖像》

自 2000 年以来，对于人工智能的迅速发展人们一直争议不断。以前，人们认为AI 只是模仿人类的创造方法，它的作品不宜称为艺术。创新工场创造人李开复在接受Quartz 采访时表示："艺术和美很难被人工智能取代……现在是转行人文艺术学科的最佳时机。"但很快，人们发现李开复错了。AI 的迭代越来越快，人工智能从简单的模仿转变为独立的创作，人工智能的绘画作品也越来越接近人类的创作。有人又说，人工智能的作品缺乏"灵魂"，不能称为艺术。当回首过去时，发现今天困扰着人们的问题，创建第一个计算机艺术程序的"AI 技术先驱"——哈罗德·科恩已经想到了，AI作品究竟能不能算作艺术？艺术与技术之间的关系是什么？艺术的本质是什么？AI能帮助人类定义另一种"新艺术"吗？科恩在 1974 年的论文中这样说："关于艺术的目的，它并不像数学和科学，拥有一个明确的显而易见的目的。人类进行艺术创作行为，目的或许不像爬梯子那样，能够轻易地找到 0 到 1 之间的最大数字，而是什么别的东西……"。科恩一直认为，技术与艺术家两者之间应该有更丰富的关系层次，任何简单粗暴地定义艺术家与 AI 的关系都是不精准的,也许人们可以尝试从另一个角度看待艺术。正如作家福楼拜所说,"越往前走,艺术将更为科学,科学将更为艺术,它们在山脚分开,却又在山顶汇聚。"

那么,机器能够像毕加索一样富有创造力吗?未来可能会,也可能不会。如果没有形成自我感知,机器的创造力也许将永远不能与人类相提并论。绘画傻瓜的出众在于他能够以"人性化"的方式进行分析和回应,而不仅仅是混合原材料。他能够根据情感建模软件提供的图像来绘制肖像和场景,其美术材料、调色板和抽象级别根据表达的情感而定,所以它的作品会不同程度地呈现出情感,甚至有些作品表现出了令人惊讶的想象力。绘画傻瓜使 AI 在创意领域的应用越来越广泛,这令人们不得不思考非人类智能中的情感和意图,并反思自身的创造力和智力结构。

8.3 智能绘画系统

8.3.1 智慧配色

从战国时代鲁班发明的墨斗曲尺,到 1990 年设计"神器"Photoshop(PS)诞生,技术革命推动了工具的创新,也改变了设计领域的工作方式。作为当代艺术家的新"神器"——机器绘画,也为艺术家提供了很大的帮助。在设计中,配色方案是非常必要但又使设计者感到头疼的一个问题。有没有一个工具可以快速创建符合设计概念的配色方案,还能提供许多样品来供你选择呢?人的想象力实际上是有限的,而人工智能系统在应用色彩方面却非常具有创造力。一旦人工智能学会配色,学会平衡色调和饱和度等,人类画家与人工智能系统便可以强强联手,创造出更完美的作品。

Khroma 是一款基于人工智能开发的在线配色系统,它可以通过分析用户选择的颜色来生成实用性非常高的配色方案,创造出更高精度的组合。Khroma 可以通过分析用户选择的颜色来生成个性化的调色板。使用此工具,用户可以在几分钟内创建时尚的配色方案。ColorMind 也属于基于人工智能的在线配色器,该配色器可以根据不同的设计需求自动生成相应的调色板,还可以对不同的图像进行智能填充,获得独特的配色作品。

阿里巴巴智能设计实验室以达摩院机器智能技术为基础,通过对人类大量数据的学习,训练出一个设计大脑——鹿班。使用鹿班,用户只需输入需求,它就能设计出一张张精美图片供选择。只要告诉它你的设计理念,并输入相关的数据,它就能生成成百上千套设计结果,比如它能在 1 秒之内设计出 8000 幅海报。随着科学技术的发展,人工智能技术在艺术设计中得到了越来越广泛的应用。除了鹿班以外，还有顽兔抠图等和设计相关的智能平台，都可以通过多种匹配方式实现自动色彩匹配和色彩校正，从而为越来越多的设计师和绘画者提供便捷的服务。

8.3.2　智能绘画

1. 智能绘画系统"道子"

说起智能绘画系统，就不得不提智能绘画系统"道子"。随着近几年我国人工智能技术的迅猛发展，学界和业界也开始尝试人工智能和绘画艺术的结合。目前最具有代表性的是基于中国画境的人工智能绘画系统"道子"。该系统与西方基于对色块和光影为画面特质的训练和提取不同，对中国画中特有的留白、用笔和用墨等元素进行训练和提取，创造性地将中国意境融入人工智能绘画的领域之中。中国画长卷《清明上河图》长 5.28 m、宽 2.48 m，是北宋风俗画，堪称中国绘画史上的高峰，描绘了宋代东京梦华实景。清华大学未来实验室博士后高峰用他创造的"道子"智能绘画系统"画"了一幅长卷，这幅画卷是他从小生活的北京五道口，大小和《清明上河图》一样，画中有快递员、上班族和小学生等人物，不仅画中的人物栩栩如生，还延续着中国画细腻严谨的气韵。高峰和他的 AI 助手"道子"在短短两天内就完成了《五道口长卷》这幅作品(如图 8-7 所示)。他们一起尝试的绘画艺术创作被"第十二届中国艺术权力榜"授予了"年度探索奖"。

图 8-7　由"道子"创作的《五道口长卷》

早在 2013 年，高峰团队就开始了关于"道子"系统的设计。"道子"系统一改西方人工智能绘画系统的绘画风格，将意境与写实合二为一，试图呈现出一种空灵而深远的意象派画作。中国绘画笔触的神经网络与西方油画中的笔触相比，中国水墨画中的笔触量化与识别则显得更具有挑战性。团队从水墨画的独特属性入手，一方面在留白的处理上，加入水墨约束，使得道子系统能够很好地解决生成水墨画作的留白问题。另一方面，由于水墨线条的虚实特质，团队通过加入笔触损失对风格迁移系统进行了改进。最后，为了进一步完善生成画作的墨色色调及干湿浓淡，又加入了墨色约束，感兴趣的读者可以进一步搜索"道子"的水墨画作品。

　　"道子"在掌握了著名画家黄宾虹的绘画风格之后，可以将风景照片转换成具有黄宾虹绘画风格的艺术绘画图像，有趣的是它还会自行在留白处题字。除了黄宾虹之外，"道子"还尝试了徐悲鸿、齐白石等多位大师的作品，如图 8-8 和图 8-9 所示，它与"大师级"画家的首次亲密接触始于模仿齐白石的"画虾"。2018 年，高峰带"道子"参加了中央电视台的《机智过人》节目，节目组为了检验"道子"画虾的水平，请来了齐白石最小的孙女齐慧娟女士担任检验员，出乎意料的是她对"道子"画虾的水平惊叹不已。

图 8-8　"道子"模仿徐悲鸿画出的马的绘画图像作品

图 8-9　齐白石先生创作的"虾"(左)和"道子"模仿齐白石画出的"虾"(右)

　　在 2018 全球人工智能与机器人峰会上，高峰分享了他对"科学与艺术跨界融合"的独特见解。他从机器人 Erica 和达·芬奇的蒙娜丽莎说起，希望将来"道子"能够逐步建立属于自己的情感和记忆机制，具有真性情。目前"道子"创作的艺术主要还是给人类看的，未来希望"道子"将不必再考虑人类的感受，创作将更加不受限制，发挥出它自己的想象力来创造出供机器观看的艺术，从而创造属于自己的文明和艺术。

2. 会作画的机器人微软小冰

2014 年 5 月，微软发布了一款能说会道、具有高情商的智能聊天机器人——微软小冰。小冰不但在音乐领域取得了一定成就，还能够与微信、QQ 和智能音响的用户实现非常自然的对话。从 2017 年开始，微软小冰团队开始"啃"视觉创造领域的硬骨头——让小冰学会画画。

他们先给小冰这个未来的画家设定了风格，她到底擅长中国画、浮世绘还是油画？是主攻立体主义，还是自然主义？设定好了之后，开始给小冰"喂"相关风格的画作，小冰学得很快，到了 2018 年的下半年，小冰团队专门给中央美院的专家开了个数据接口。专家随意给出命题，小冰随时创作，然后专家去挑习作的毛病，小冰再根据专家的反馈，进一步完善训练数据和迭代算法。经过了长达 22 个月的学习之后，如今将小冰的习作匿名放到专家的面前，专家已经分不清这到底是美院研究生的作品还是小冰的杰作了。

在绘画领域，通过研究近 400 年里 236 位著名人类画家的绘画作品，小冰可在受到文本或其他创作源的激发下，独立完成原创性的绘画作品。这种原创性不仅体现在构图上，在用色、表现力和作品中包含的细节元素上都有所体现，已经与专业人类画家的水平不相上下。与其他现有技术相比，这一绘画模型不同于随机画面生成，也不同于对已有画面的风格迁移变换或滤镜效果处理。

2019 年 5 月，小冰以"夏语冰"的化名，在中央美术学院 2019 届研究生毕业作品展上首次展出作品，并成为中央美术学院的"编外"研究生毕业生。为了避免先入为主的印象，小冰团队与中央美术学院并没有公开这组《历史的焦虑》作品的作者为人工智能小冰，而是将小冰化名为学生"夏语冰"隐藏在众多作品中，等待人们的真实反应。

2019 年 5 月 16 日，人工智能小冰的绘画模型正式公布。同时，披露了小冰在中央美院、中国美院和杭州万科大屋顶文化等院校机构的参展信息。此外，还发布了"少女画家小冰"绘画创作小程序。

2019 年 5 月 22 日，小冰正式解锁"少女画家小冰·无限创作 1.0 公测版"H5 程序，任何人都可以激发小冰为其而创作。用户输入一段描述或其他文字激发源，便可以委托小冰来创作一幅画。小冰的创作在云端进行，大约需要 3 分钟就可以完成作品交付。

2019 年 6 月 15 日—7 月 15 日，由杭州大屋顶联合中国美术学院视觉中国协同创新中心主办的"小冰，'绘'有期"当代艺术跨界展于杭州大屋顶良渚文化艺术中心举办。此次展览展出小冰独家创作的绘画作品和新媒体艺术家周林玮与小冰互动创作的 VR 沉浸式作品。

2019 年 7 月 13 日—8 月 12 日，人工智能少女画家小冰于中央美术学院美术馆召开首个个展"或然世界"。个展上，小冰创造了七位虚构的画家，她们来自不同的时代、不同的地域，有着截然不同的人设。这七位小冰创造的虚构画家，各自作品的风格统一，但是相互之间又截然不同，共同促成了此次画展，人类艺术史的七个时代同时重生。从构图、用色、表现力和作品中包含的细节元素诸多方面，微软小冰展现了接近专业人类画家水准。画作既不同于随机画面生成，也不同于对已有画面的风格迁移变换或滤镜效果处理，是人工智能领域的一次重大突破。

2019 年 7 月 27 日，在《机智过人》第三季节目中，小冰联合依文集团开启了一场美学与人工智能的时尚对话，让中国传统美学纹样融合现代元素绽放出新的生命力。

2019 年 9 月，作为人工智能画家的小冰参加了武汉"开合未来——科技与艺术融合展"；2019 年 11 月，小冰受邀参加"科技艺术界的奥斯卡"林茨电子艺术节；2020 年，小冰的个人绘画作品集《或然世界：谁是人工智能画家小冰》正式出版。

小冰能在未来创造新的流派吗？邱志杰说，如果给小冰一个"不重复"的指令，小冰将会有更大的机会摆脱人类既往的套路。不过，当小冰完成了这样的画作之后，问题可能就变成了：骄傲的人类会承认 AI 创立的新流派吗？

8.3.3 风格迁移

图像风格迁移也称图像风格化，是指结合给定的内容图 C(Content Image)与风格图 S(Style Image)，生成同时具有内容特征和艺术风格特征的风格迁移图 R(Result Image)。由于在油画绘制、卡通动漫制作、素描画生成和民族文化研究等方面的应用，图像风格迁移得到了学术界和工业界的普遍关注，成为计算机图形学和计算机视觉的研究热点。

风格迁移算法最早是由 Gatys 等人在 2015 年提出的基于神经网络的风格迁移算法 "A Neural Algorithm of Artistic Style"，随后发表在 CVPR 2016 上。此后，越来越多的学者在这方面进行了研究和探索，提出了很多不一样的方法，包括配对和未配对的风格迁移方法、基于 CNN 或者 GAN 的方法等。在迁移内容上也多种多样，如自然图像到艺术画的迁移，将一种动物迁移到另一种动物，变换场景中的各种属性如天气、季节等，将航拍影像转换为地图，将人脸图片变为素描或者卡通图片等。这种技术已经在人们的生活中得到应用,如 Prisma,Style2paints、Neuralstyler 和 Ostagram 等照片编辑软件就是运用神经网络和风格迁移,把普通图片变成其他艺术风格(如图 8-10 所示),从而实现艺术价值的提升。

　　　　(a) 普通图片　　　　　　　　　　(b) 三张风格迁移后的图片

图 8-10　几种不同风格的图像风格迁移结果

在深度神经网络实现风格迁移之前,经常使用图片纹理手动建模来实现风格迁移,即通过提取图像的基本特征,例如颜色、纹理和形状等特征或它们的组合,来实现风格的迁移。合成的图像效果通常比较粗糙,诸如此类合成图像在场景内容发生变化时也会随之发生改变,加之人工成本高、效率低,无法满足人们更高的艺术需求。随着深度学习的兴起,Gatys 等提出使用 VGG 卷积神经网络实现风格迁移。例如,将蒙克的名作《呐喊》中的风格应用到真实的埃菲尔铁塔图像中,就可以生成一张新的图像。该图像既保留了埃菲尔铁塔建筑的形状信息,也兼具《呐喊》的风格。

图像风格迁移可以看作是图像纹理的转移。大量成熟的算法通过对原始图像的重新采样来合成相似的人造纹理。现有的纹理转换算法可以达到保护图像结构的目的,然而图像的内容与风格的处理仍然是一个艰巨任务。近年来,随着卷积神经网络迅速发展,大量的结果表明,通过使用足够的训练数据,卷积神经网络可以在通用的特征表示中得到图像内容,进而实现图像的纹理识别和风格区分。

值得一提的是,人工智能绘画系统"道子"最初的功能之一是学习某种绘画风格后将一幅照片变成一幅画。不过,道子系统完成画风迁移时强调中国传统绘画中对留白和运笔的巧妙性,强调"虚实相生"的艺术效果。

8.4　智能绘画的未来

艺术家可以在 3 分钟之内完成一幅画作吗?即使是最厉害的艺术家,也很难做到这一点。但人工智能小冰可以在 3 分钟之内完成一幅作品。随着人工智能技术的发展。艺术家数十年的实践练习与机器短时间的数据学习的效果相差无几。因此,人们开始担忧人类是否会被人工智能超越。

虽然人工智能在很多领域已经替代人类劳动，甚至远远超过人类的工作效率，但现阶段人工智能仍难以完全复制人类对艺术和美的理解。毋庸置疑，绘画艺术的意蕴和灵动决定着它的深度、宽度和高度。无论是西方绘画对信仰的外化、对现实的纪实、对时代的歌颂或是对典型人物的刻画，还是中国绘画中以情运笔、以气韵志或虚实相生的空灵感。都离不开创作者对审美经验、审美心胸和审美感知的把握，而这些是人工智能无法取代的。

不过，人工智能的艺术创作可以为艺术家提供创意来源，并在一定程度上引起人的共鸣，但在寻求人的共鸣方面仍有很大的发展空间。在进行艺术创造时，人们可能把人工智能创作的绘画作为启发艺术家的灵感，从而使技术和艺术碰撞出无限的可能性。

人工智能时代已经到来，其艺术创作拓宽了艺术家的视野，同时也激发了艺术家的潜力。人们需要做的是找到一个更好的途径，让艺术在科学技术的道路上取得成功。

本 章 小 结

在人工智能和大数据飞速发展的历史背景下，艺术领域迎来了以人工智能为技术媒介的创造时代。本章介绍了人工智能在绘画领域的发展和重要成果，展示了人工智能的绘画艺术作品，相信未来绘画艺术与智能的碰撞将为人们带来更多的惊喜。

思政小贴士

绘画是中国传统文化之一，反映了不同时期的社会生活、历史、地理、文化传统等。通过 AI 赋能绘画的学习，引导学生接纳、吸取、传承和交流中国传统文化元素，起到美术育人的作用。

通过道子、小冰等人工智能绘画技术，引导学生深刻体会 AI 创作的技术优势，理解美术作品的思想情感和文化背景，培养学生的审美情操，提高自身的人文素养。

习 题

1. 谈谈你对智能绘画的理解。

2. 人工智能程序是否能称为艺术家？为什么？

3. 说说人工智能在艺术表现上的不足。

4. 如果未来强人工智能出现了，会使得艺术家这个职业消失吗？

5. 人工智能的艺术创作会对人们的观念和生活带来什么样的挑战？

6. 搜索网上的智能配色系统，感受人工智能为绘画带来的改变。

参 考 文 献

[1] 张力平. 人工智能"绘画"[J]. 电信快报，2018(9)：38.

[2] 郭子淳，高峰. 人工智能与中国绘画：重塑绘画介质新生态：以"道子"人工智能绘画系统为例[J]. 艺术学界，2019(1)：208-218.

[3] 周飞. 基于智能计算的数字绘画[J]. 美术教育研究，2017(7)：45-47.

[4] 李江皓. 人工智能与绘画艺术研究[J]. 数码设计(下)，2019(1)：132.

[5] 陈克霞. 传感器技术在自动控制系统中的应用及发展展望[J]. 数码设计(下)，2019(1)：131-132.

[6] PARTSTUDIO 国际艺术. AI 画拍出 300 万高价？一篇文章带你读懂 AI 艺术史 [EB/OL]. https://www.sohu.com/a/273227046_656804. [2018-11-04].

[7] 周飞. 人工智能数字绘画的艺术性思辨[J]. 湖北经济学院学报(人文社会科学版)，2017，14(7)：14-15，18.

[8] 陈洪娟. 人工智能绘画对艺术意蕴的消减[J]. 美术，2020(7)：144-145.

[9] 电子工程世界. 谷歌 Deep Dream 的作品太深邃, 吓坏了世界[EB/OL]. https://www.sohu.com/a/296375197_119709. [2019-02-22].

[10] 课课家教育. DeepDream：是深梦还是噩梦？[EB/OL]. http://www.kokojia.com/article/28793.html. [2017-09-20].

[11] 陈炯. 人工智能，让艺术变得廉价?[J]. 美术观察，2017(10)：10-12.

[12] 许建，朱韶斌. 谁是《下一个伦勃朗》的作者？：AI 生成作品的著作权实务问题探讨[EB/OL]. http://zhichanli.com/article/9408.html. [2020-09-23].

[13] 许峰. 人工智能生成物的著作权法保护问题研究[D]. 贵阳：贵州大学，2020.

[14] 几册. 人工智能艺术通过图灵实验，哪类艺术家将失业，是你吗？[EB/OL]. https://www.sohu.com/a/200008818_734223. [2017-10-24].

[15] 中国指挥与控制学会. CICC 科普栏目|人工智能"浸入"绘画艺术[EB/OL]. https://www.sohu.com/a/308510716_358040. [2019-04-17].

[16] LIDO 艺术留学. 人工智能的又一轮攻陷：艺术创作或不再是人类的避风港！

[EB/OL]. https://www.sohu.com/a/202311214_784687.html. [2017-11-4].

[17] 刘佳. 除了下围棋，人工智能有可能开办画展吗？[EB/OL]. https://www.yicai. com/news/5001164.html. [2016-04-08].

[18] 维此. 计算机科学家西蒙·科尔顿和他的绘画傻瓜[EB/OL]. http://shuzix.com/ 13089.html. [2018-12-8].

[19] 周宏伟. 艺术设计与人工智能的关系研究[J]. 艺术与设计(理论)，2019(Z1)： 26-27.

[20] 包艳秋. 基于人工智能的交互艺术设计研究[D]. 杭州：浙江理工大学，2019.

[21] 彭洋. 人工智能在交互艺术设计上的研究[J]. 大众文艺，2020(13)：82-83.

[22] 城市文化范. 人工智能的绘画世界里，"秒绘"长卷，"复刻"大师作品全是 A piece of cake[EB/OL]. https://www.163.com/dy/article/E6A6IFKQ0525CD92.html. [2019-01-24].

[23] 阮元元. 专家云集 探讨未来[N]. 广州日报，2018-06-30.

[24] 雷锋网. 清华大学实验室"道子智能绘画系统"背后的科学艺术之路[EB/OL]. https://www.antpedia.com/news/76/n-2221176.html. [2018-7-04].

[25] it 老记冀勇庆官方. 创造者小冰[EB/OL]. https://m.sohu.com/a/337141575_355108. [2019-08-28].

[26] 甜甜圈. AI 美少女：微软小冰[J]. 发明与创新·中学生，2019(11)：8-9.

[27] AI 画家美院开个展. 中国妇女报[N]，2019-07-30.

[28] 张知依. "夏语冰"办个展：解锁小冰 H5 程序[N]. 北京青年报，2019-07-15.

[29] AI 会使艺术终结吗. 城市金融报，2019-06-20.

[30] 唯艺书香. 人工智能画家小冰的 2020 [EB/OL]. https://m.thepaper.cn/news Detail_forward_10579590.html .[2020-12-30].

[31] 冀勇庆. 创造者微软小冰：AI 赋能世界[EB/OL]. https://baijiahao.baidu. com/s?id=1643118222380213837&wfr=spider&for=pc. [2019-08-28].

[32] 缪永伟，李高怡，鲍陈，等. 基于卷积神经网络的图像局部风格迁移[J]. 计算机 科学，2019，46(9)：259-264.

[33] JackCui1. 程序员欢乐送(第 55 期)[EB/OL]. http://www.51cto.com/.[2020-09-01].

[34] 罗可昕，邢晨. 基于卷积神经网络风格迁移在 iOS 上的应用[J]. 浙江水利水电学 院学报，2019，31(5)：67-71.

[35] 窦亚玲，周武彬，季人煌. 基于卷积神经网络的图像风格迁移技术[J]. 现代计算 机(专业版)，2018(30)：47-51+60.

[36]　张睿琳. 人工智能技术在艺术创作上的应用[J]. 技术与市场，2019，26(5)：176.
　　　　DOI:10.3969/j.issn.1006-8554.2019.05.089.

[37]　王玉萍，范建华. 人工智能绘画的艺术创作价值研究[J]. 艺术评鉴，2019(9)：
　　　　44-45.

第4篇 智慧生活篇

第9章　智能医疗

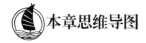

本章思维导图

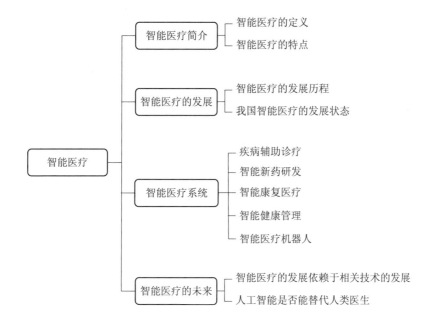

本章学习目标

- 理解智能医疗的定义及特点
- 了解智能医疗的发展历程
- 理解、熟悉智能医疗系统涉及的相关内容
- 了解智能医疗的发展趋势

据相关资料统计显示，目前我国人口占世界总人口的 22%，但医疗卫生资源仅占世界的 2%，医疗卫生资源呈现总体不足的特性。华夏幸福产业研究院数据显示，2018年我国每千人拥有的执业医师人数只有两位，ICU 床位占总床位的比例只有大约 5%，而发达国家可达到 15%。同时，我国人均医疗支出为 4236.98 元，仅占 GDP 的 6.46%。

因此，"看病难、看病贵"等问题层出不穷。如何缓解医疗资源紧张、配置不均衡的问题，如何从根本上满足群众看病就医的需求，提高人们的医疗质量，已经成为当前医疗发展的瓶颈问题。

近年来，随着计算机科学技术的快速发展，尤其是云计算、物联网和大数据等技术的出现，世界人工智能的技术发展水平得到了很大的提高。通过将人工智能技术引入到医疗系统，构建智能化的医疗解决方案，可以有效缓解或解决上述瓶颈问题。

9.1　智能医疗简介

所谓智能医疗，指通过人工智能、大数据、物联网、云计算等与现代信息技术、诊疗技术和医疗设备等相结合，依托信息化技术平台建立以居民个人健康档案为核心的现代化医疗卫生协作与服务模式。它可以实现患者与医务人员、医疗机构、医疗设备之间的互联互通，充分利用先进的智能感知设备和智能信息处理技术改善和提高疾病的预防、诊断和研究能力，继而实现对人群健康状态的科学预测与管理，最终形成稳定有效的医疗生态圈。借助于物联网、云计算技术、人工智能的专家系统和嵌入式系统的智能化设备，通过构建相对完善的医疗网络体系，全民可以平等地享受优质的医疗服务，有效减少由于医疗资源缺乏导致看病难、医患关系紧张和医疗事故频发等问题。

本质上，智能医疗是一个智能化的医疗系统，它具有以下特点。

1. 互联互通性

通过数据的互联互通，患者的个人信息及其在不同医院或科室的诊疗情况等内容，在经过个人授权后，医生可以随时借助智能医疗平台进行查阅，便于对患者的病情进行准确诊断。同时，患者通过智能医疗平台可以及时了解医院医生的接诊情况，完成主治医生的自主选择，以及在线完成历史就诊信息查阅、预约挂号、初诊和药单领取等操作。

2. 网络协作性

借助于现代网络通信技术，通过一体化的医疗信息共享平台和5G信息传输技术，利用智能感知、大数据分析与虚拟成像等技术，实现实时在线会诊等网络协作。

3. 智能预防性

通过智能信息感知设备和海量数据分析技术，针对人体的特质、指标等信息做出科学、有效的反应与对策，实现人体疾病的及时预测与干预。

9.2 智能医疗的发展

纵观智能医疗的发展历程，其主要分为 7 个层次：

第 1 层次是业务管理系统。该系统包括医院收费和药品管理系统，其主要目的是利用信息技术手段实现医药流动与支付信息的记录与管理，属于医疗信息化的初级阶段。第 2 层次是电子病历系统。该系统包括病人信息和影像信息等内容的电子化存储。本质上，通过建立有关患者的个人信息和诊疗记录平台，实现患者信息的电子化存储，便于后续快速查阅和综合诊断，进而快速有效地设计科学合理的治疗方案。第 3 层次是临床应用系统。如计算机化医生医嘱录入系统(Computerized Physician Order Entry，CPOE)系统，其专门面向临床医生使用的医嘱录入系统，可以与电子病历系统和医院信息系统紧密整合，不仅提高临床医生的工作效率，还可对医嘱内容进行自动逻辑检查，减少医疗过程中的差错。第 4 层次是慢性疾病管理系统。该系统针对慢性疾病潜伏期长、特异性状不明显等特性，综合运用现代信息技术和人工智能技术实现对慢性疾病的有效管理与科学预测。第 5 层次是区域医疗信息交换系统。该系统利用大数据和云计算等计算机信息处理技术实现区域内或区域间信息的快速交换与共享，完成医疗信息一体化的目标，进而实现医疗疾病分析的区域化分析。第 6 层次是临床支持决策系统。该系统利用智能信息处理技术辅助医生进行临床决策，实现病人病情的全方位综合分析，为医生完成病情诊断决策提供建议。第 7 层次是公共健康卫生系统。该系统通过数据共享和智能分析等手段实现公共健康大系统的构建。

目前，我国处在第 1、2 层次向第 3 层次发展的阶段，还没有建立真正意义上的智能临床应用系统，其主要原因是缺乏有效数据的支持，没有统一的医疗数据标准。此外，供应商欠缺临床背景，在从标准转向实际应用方面也缺乏标准指引。因此，要想进入到第 5 层次，需要相关行业尽快制定统一的行业标准和数据交换标准。这也是未来我国智能医疗发展亟须改善的方面。

然而，在远程智能医疗方面，我国发展较快，并取得了一定的成果(如图 9-1 所示)。我国一些医院在移动信息化应用方面也已经走到了行业发展前沿。如病历信息、病人信息、病情信息等的实时记录、传输与处理已经成为现实。这使得在医院内部和医院之间通过联网，可以实时、有效地共享相关信息，对于实现远程医疗、专家会诊、医院转诊等起到了很好的支撑作用。这一良好的发展局面主要源于上层政策的引导、推进以及技术层面的支持。然而，目前远程医疗发展的局限在于缺乏长期运作模式的经验，缺乏规模化、集群化产业发展的支持。同时，它还面临成本高昂、安全性及隐私等问题。在未来，这些方面均是刺激智能医疗进一步向前发展的动力。

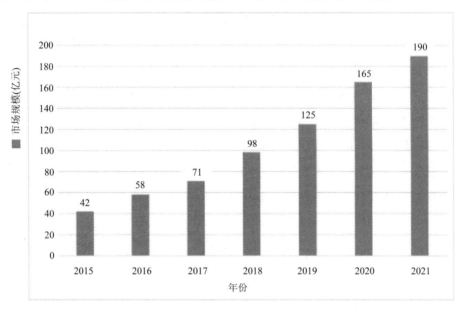

图 9-1　2015—2021 年我国远程医疗系统市场规模统计及预测

9.3　智能医疗系统

9.3.1　疾病辅助诊疗

　　将人工智能技术用于辅助诊疗中，就是让计算机"学习"专家医生的医疗知识，模拟医生的思维和诊断推理，进而给出初步的诊断结果和治疗方案。辅助诊疗是人工智能赋能医疗领域最重要也是最核心的内容。

1. AI 辅助医学影像诊断

　　人工智能在医学影像诊断中的应用主要分为两部分。一是影像的获取，即用于患者影像信息的感知环节，其主要目的是通过在成像阶段有效获取与医学诊断相关的信息，为后序智能化的实时影像分析提供数据。二是影像的深度分析，即用于辅助分析影像中病理信息环节，其原理是借助大量的影像数据和诊断数据，利用具有深层结构的神经网络模型或专家系统，通过不断的学习与训练，实现系统对相应病情判断能力的提升。利用 AI 技术辅助医学影像诊断可实现病情的精确判断，并可进一步预测相应疾病的发展趋势。目前，这一应用已逐步用于临床治疗。

1) 肿瘤识别与分析

　　从 2014 年起，美国微软公司就已经开始研究脑肿瘤病理切片的识别和判断，其目的在于对患者肿瘤的发展状况进行辅助分析和判断。近年来，基于"神经网络+深度学习"模式，已经可以较好地驾驭大尺寸病理切片的处理与分析。同时，利用细胞层级的图像识别技术，完成对病变腺体的识别已经成为可能。此外，美国谷歌公司也于 2014 年完成了对 DeepMind 公司(研发 AlphaGo 的公司)的收购，并致力于利用深度学习的图像识别技术辅助眼科医生实现眼部疾病的早期诊断，特别是糖尿病患者的视网膜病变和老年黄斑变性疾病的辅助识别。

2) 肺癌诊断

2016 年，Enlitic 公司被美国麻省理工学院主办的著名期刊《MIT 科技评论》(*MIT Technology Review*)评为全球最智慧的 50 家公司之一。该公司借助深度学习从海量数据中获取诊断特征点，利用 AI 辅助影像诊断，提高了肺癌诊断的准确率。他们通过人机协作来提高病理诊断的高效性和精确性，结合 AI 系统与病理学家共同识别 HE 染色切片来诊断乳腺癌前哨淋巴结转移，使该病的误诊率降至 0.5%。此外，Enlitic 公司还应用深度学习方法从 X 线片中自动识别出骨骼损伤的部位和程度，实现对人体骨骼损伤的有效检查。

3) 心脏病诊断

2017 年 1 月 10 日，美国食品药品监督局(Food and Drug Administration，FDA)首次批准了一款心脏核磁共振影像人工智能分析软件 Cardio DL。这款软件应用深度学习算法针对心脏 MRI 扫描影像数据实现心室的自动分割与分析。这一基于深度学习的人工智能医学影像分析系统，已经进行了数以千计的心脏案例的数据验证。实验结果表明，该软件分析判断的结果与经验丰富的临床医生的分析结果不相上下。因此，这款基于人工智能的心脏 MRI 医学影像分析系统，不但得到了 FDA510(k)的批准，还得到了欧洲的 CE 认证和批准。这标志着该软件被允许应用于临床，是人工智能用于医学影像诊断的标志性事件。

4) 皮肤癌诊断

2017 年初，美国斯坦福大学的一个联合研究团队利用人工智能技术构建了智能诊断皮肤癌的机器。在该实验中，研究人员用深度学习算法和近 13 万张痣、皮疹和其他皮肤病变的图像训练机器识别其中的皮肤癌症状。通过与 21 名皮肤科医生的诊断结果进行对比后发现，该智能机器的诊断准确率与人类医生基本相同，可达到 91%以上。

据报道，皮肤癌是美国最常见的癌症之一。每年约有 540 万人罹患皮肤癌。从黑色素瘤皮肤癌患者的数据分析可以看出，若患者在 5 年之内的早期阶段检测并接受治疗，则该患者的存活率约为 97%；若在晚期阶段接受治疗，其存活率会急剧降至 14%。因而，皮肤癌的早期筛查对患者来说至关重要。

一般情况下，患者来到医院或诊所后，医生首先会基于视觉诊断进行临床筛查，再对疑似病变部位依次进行皮肤镜检查、活体组织切片检查和病理学诊断。但由于各种各样的原因，很多人并不会及时为皮肤上出现的一些细小症状而跑一趟医院，给皮肤癌的早期诊断与治疗带来了很大困难。而基于人工智能技术的家用便携式皮肤癌诊断设备可有效地缓解早期皮肤癌的诊断问题，大大提高了早期皮肤癌的筛查覆盖率，挽救更多人的生命。可见，对于人工智能是否能够胜任将黑色素瘤从普通的痣中筛选出来的问题，这项研究给出了肯定的答案。在未来，人们或许可以在手机上下载一个APP，开个摄像头让机器医生看一看，就可以完成皮肤癌早期症状的判断。

2. AI 辅助临床诊疗

说到人工智能辅助临床诊疗，不得不提美国 IBM Watson，这一全球人工智能皇冠上的"明珠"，如图 9-2 所示。IBM 在医疗领域的布局可以追溯到 20 世纪 40 年代。那时，IBM 开始着手建立医疗数据采集系统。2006 年，IBM 开始了 Watson 的试验探索。自 2008 年提出"智慧地球"的概念后，IBM 加快了在医疗学术、解决方案上的合作与研究。目前，IBM Watson 数据库已成为全球最大的非政府医疗健康数据库，包括 1 亿份患者病历，3000 万份影像数据以及 2 亿份保险记录，数据总量超过 60 万 TB，覆盖人数约 3 亿。基于现有的体系结构，IBM Watson 可以在 17 秒内阅读 3469 本医学专著、248 000 篇论文、69 种治疗方案、61 540 次试验数据、106 000 份临床报告。

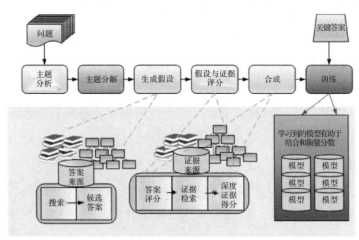

图 9-2　IBM Watson 系统的推理结构示意图

1) IBM Watson 确诊罕见白血病

2016 年，日本东京大学医学研究院利用 Watson 系统只用了 10 分钟就诊断出一种罕见的白血病，该患者为一名 60 岁的女性。最初的人工诊断结果显示，该患者患了急性髓系白血病，但在经历各种疗法后，治疗效果并不明显。因此，人们利用 Watson 系统通过比对分析 2000 万份癌症研究论文，不仅发现患者得了一种罕见白血病，而且 Watson 还为之提供了相应的治疗方案。

2) IBM Watson Oncology 医疗决策支持系统辅助肿瘤诊断

自 2012 年起，IBM Watson 与美国斯隆凯特琳癌症中心开展合作，共同研发癌症智能诊断项目 Watson Oncology。其间，斯隆凯特琳的癌症专家和研究人员花费了 1.5 万小时，上传了数千份病人的病历、近 500 份医学期刊和教科书、1500 万页的医学文献。通过系统的分析与学习，Watson Oncology 被训练成了一名杰出的"肿瘤医学专家"。目前，Watson Oncology 可以整合病人的各项信息，如病史、基因测序结果等内容，通过与以往病例进行匹配，最终给出诊断结果和个性化的治疗方案。随后 Watson Oncology 系统被部署到了一些顶尖的医疗机构，如美国克利夫兰诊所和 MD 安德森癌症中心，提供基于证据的医疗辅助决策。2015 年 7 月，IBM Watson Oncology 成为 IBM Watson health 的首批商用项目之一，并正式将肿瘤解决方案进行商用。2016 年 8 月 IBM 宣布已经完成了对胃癌辅助治疗的训练，并正式推出使用。目前 Watson 系统所提供的诊治服务病种包括乳腺癌、肺癌、结肠癌、前列腺癌、膀胱癌、卵巢癌和子宫癌等。

3. 便携式 AI 诊疗设备

目前，可穿戴设备和移动医疗设备大多只能检测脉搏和血压等简单生命指标，可以实现简单的患者药物进食提醒等功能，但无法主动监测和记录患者行为、所处环境和相关风险因素，并给出具体的预防措施和建议。AI 技术与这些应用相结合，能够实现个性化的个体行为体征监控和实时健康预警反馈与建议，达到定制式的健康管理目标。

1) AI+可穿戴设备颠覆糖尿病管理模式

由于目前全球糖尿病人数众多，而且缺乏好的管理治疗手段，因此如何实现对糖尿病的有效管理和治疗得到了学术界与工业界的密切关注。通过将人工智能技术与可穿戴设备结合可以实现对糖尿病人血糖的实时监测，还能根据监测结果及时调整给药剂量，有效降低糖尿病患者的生命风险。

2016 年 3 月 21 日，《自然·纳米技术》杂志刊登了 Dae-Hyeong Kim 团队发明的可监测并调节血糖水平的石墨烯腕带(如图 9-3 所示)。该腕带主要由两部分组成(如图 9-4 所示)，分别是血糖浓度监测区和治疗区(控制血糖浓度)，其本质是通过将石墨烯与金掺杂在一起，使石墨烯变成了可以检测皮肤温度、湿度、汗液 pH 值和葡萄糖浓度等信息的传感器。腕带根据皮肤的温度、湿度，汗液的 pH 值和葡萄糖浓度等信息，综合分析当前血糖的浓度，并将数据传递给移动设备。一旦监测区发现血糖浓度超标，位于治疗区的加热器就会激发微型针头，融化药物贮藏体的外膜，微型针头将会刺入浅表皮肤之下，将降血糖药物二甲双胍注入患者体内，实现控制血糖的目的。当然，为了避免注入过多降血糖药物，治疗区针头表面的可融化外膜具有分时控制机制，即一旦血糖得到控制，融化随之停止，最终实现患者血糖浓度的智能调控。如果该产品在糖尿病领域的一系列研究进展顺利，在未来的 5～10 年里，糖尿病患者的健康管理将会是另外一番景象。

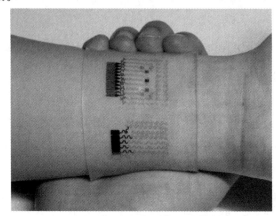

图 9-3　石墨烯腕带外观图

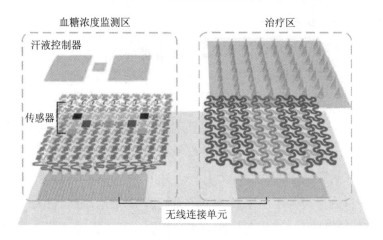

图 9-4　石墨烯腕带的工作原理图

2) 智能内衣检测乳腺癌

据科普中国官网介绍，自 20 世纪 70 年代末，全球乳腺癌发病率一直呈上升趋势。在美国，每 8 名妇女就会有 1 人罹患乳腺癌。近年来，我国乳腺癌发病率的增长速度高出高发国家 1～2 个百分点。据国家癌症中心和卫生部疾病预防控制局 2012 年公布的 2009 年乳腺癌发病数据显示：我国乳腺癌发病率位居女性恶性肿瘤的第 1 位，女性乳腺癌发病率(粗率)全国合计为 42.55/10 万，城市为 51.91/10 万，农村为 23.12/10 万。据世卫组织的统计数据显示，每年全球约有 120 万女性被检测出患有乳腺癌。其中，接近四成的患者会因此丧命。可以说，乳腺癌已经成为女性的第一大杀手。

然而，乳腺癌不是绝对的不治之症。如果患者可以尽早发现并及时治疗，其治愈率可以达到 80%。因此，为了及时预防这一疾病，大量的女性每年坚持定期检查。但是，乳腺癌的检查既不舒服又十分麻烦。

2016 年 4 月，一家名为 Cyrcadia Health 的美国公司发明了一款能帮助女性自动检测乳腺癌的智能内衣(iTbra)。它利用乳房中的肿瘤组织通常具有较高温度的特点，通过内置温度传感器，实现对胸部组织血液流量及其温度变化的监控，并以此来实现对乳腺癌的实时筛查。一般来说，只要正常穿戴 iTbra 12 个小时就可以完成一次比 X 光检查还要精准的乳腺癌检测。在原型设计阶段，iTbra 智能内衣研发公司 Cyrcadia Health 已经联合了美国俄亥俄州立大学以及斯坦福大学医学集团共同进行测试，并完成了500 个样本测试，其准确率为 87%，略高于传统的乳房 X 光射线的 83%。测试之后，iTbra 智能内衣需要经过美国食品药品监管局的批准才能上市。显然，如果将内衣内部的传感器与医生的移动装置进行连接，那么医生就能通过传感器的数据来对使用者进行监测。

2017 年，墨西哥 18 岁学生 Julian Rios Cantu 因设计了一款可以帮助检测早期乳腺癌的胸片垫而赢得了全球学生企业家奖。这款被称为"EVA"的胸片垫是一款使用非入侵性热传感元件和 AI 识别胸部异常温度并关联癌症迹象的产品。它使用了大约 200 个生物传感器来监测乳房温度、大小和重量的变化，通过使用传感器对乳房表面和周围进行监测，提醒佩戴者尽早发现癌症早期出现的信号。后来，他创立了 Higia 科技公司。该公司获得了墨西哥福布斯杂志评选的"2018 年最有潜力公司"的称号，并于同年夏获得了 12 万美元的融资。据 Cantu 回忆，他的母亲曾经两次从乳腺癌死里逃生。在他 13 岁的时候，母亲因胸腺密度很高，挡住了 X 光，以至于医院的标准扫描仪并没有发现癌细胞，最后导致母亲的两侧乳房被切掉后才死里逃生。因此，Cantu 希望他设计的产品可以帮助其他女性抗击乳腺癌。当时，EVA 在墨西哥已经进行过临床试验，识别病症准确率达 87.9%，识别非患病人准确率达 81.7%。

综上可知，将可穿戴设备和人工智能技术相结合的公司如雨后春笋般出现，或许未来将会有一批人工智能的医疗设备或配件，像现在的温度计一样普及到每个家庭中。

9.3.2　智能新药研发

传统的新药研发具有周期长(平均约为 10 年)、费用高(每款新药研发费约 15 亿美元)、成功率低(约 5000 种候选化合物中才有 1 种能进入 II 期临床试验)等特点。然而，目前市场上所销售的药物种类远远不能满足人们的需求，亟须研发针对不同病症的有效药。而利用 AI 技术强大的关系发现能力和计算模拟能力，可以对药物活性、安全性和副作用进行快速预测，辅助研究人员研发新药物，这有利于显著提高药物研发的效率，大大缩短药物研发的周期与成本。

目前，在药物研发中，AI 技术的应用主要包括药物挖掘、新药安全有效性预测、生物标志物筛选等。借助深度学习，AI 技术已在心血管病药物、抗肿瘤药物和常见传染病治疗药物等多领域取得了新突破。据蛋壳研究院报告显示，AI 技术每年能够为药企节约 540 亿美元的研发费用。其中，药物挖掘是 AI 技术在新药研发中应用最早且进展最快的领域。目前，已涌现出多家 AI 技术主导的药物研发企业，国外医疗公司如法国的 Pharnext 公司、美国的生物技术公司 Berkeley Lights 和英国的临床前外包公司 Charles River，国内医疗公司如太美医疗、医数据和嘉兴麦瑞医疗等。

基于海量数据信息，深度学习模型可以显著提升药物对不同疾病功效的预测准确率。美国 Atom Wise 是该领域较有代表性的公司。该公司利用 IBM 的超级计算机通过深度学习方法从分子结构数据库中筛选出 820 万种候选化合物，并且在几天之内找到多发性硬化症候选疗法。2015 年，Atom Wise 基于现有的候选药物，一周时间便成功找出能控制埃博拉病毒的两种候选药物，其成本不超过 1000 美元。2015 年，Google 公司和美国斯坦福大学合作，利用基因组学和蛋白质组学信息研究药物功效及不良反应，通过大规模多任务神经网络研制新药物。2016 年 10 月，美国国防部与博格健康制药公司合作，利用 AI 技术进行早期侵入性乳腺癌生物标记物筛选，通过数据识别未知亚型和已知亚型的药物靶点，有望为通过血液筛查乳腺癌提供帮助。

2014 年，IBM Watson Health 开发了一款基于云的药物发现软件——Watson for Drug Discovery，旨在帮助生命科学家发现新的药物靶点和替代性药物的适应证。该软件利用它在自然语言理解、机器学习和深度学习方面的能力，已经阅读了 2500 万份 Medline 上的论文摘要、100 多万篇医学杂志文章的全文及 400 万份专利文件，而且所有资料都会定期更新(而研究员每年平均只能阅读 300 篇左右的医学论文)。这可以较好地帮助科学家发现新联系，并揭示那些隐藏较深的联系，更快地发现靶点。2016 年 12 月，IBM Watson Health 与辉瑞达成合作协议，将使用 Watson 分析大量的异构数据，共同致力于癌症药物研发。

晶泰科技基于 AI 的深度学习和认知计算能力开发了药物固相筛选与分析系统。它能够在短时间内通过对医学文献、临床试验数据等非结构化数据进行处理、学习和计算，预测各种晶型在稳定性、熔点、溶解度和溶出速率等方面的差异以及由此而导致在临床过程中出现的毒副作用与安全性问题，可以在短时间内筛选出稳定性和溶解度最佳的晶型结构。2018 年 5 月 9 日，晶泰科技与辉瑞制药签订战略研发合作协议，辉瑞借助晶泰科技的 AI 技术，建立小分子模拟算法平台，驱动小分子药物创新。

2018 年 4 月，云势软件发布新一代 AI 驱动的新药发现引擎——GeniusMED。该系统从海量数据源中整合了与药品、疾病、基因、蛋白质等相关的多种药物研发数据，构建了一个大规模的综合性药物研发知识库，并结合临床试验数据，匹配药物靶点与新适应证的结合，发现药物的新用途。本质上，GeniusMED 整合了药物信息和疾病信息两大系统，形成药物相似性网络、疾病相似性网络和已知的药物-疾病关联性网络。借助 AI 的深度学习能力和认知计算能力，将已上市或处于研发阶段的药物与疾病进行匹配，发现新靶点，扩大药物的治疗用途。目前，GeniusMED 系统已经验证了 3 款用于治疗阿尔茨海默病的候选药物和 2 款用于治疗红斑狼疮的候选药物。

在 2020 年世界人工智能大会云端峰会上，腾讯首席运营官任宇昕公布了用 AI 助力药物研发领域的最新进展，即由腾讯自主研发的首个 AI 驱动的药物发现平台——"云深智药(iDrug)"。云深智药平台(如图 9-5 所示)的推出，将帮助研发人员提升临床前药物发现的效率，有望缓解新冠疫情威胁下，医药行业亟须快速、低成本地进行药物研发的痛点。目前，腾讯已和多家药企达成合作，将 AI 模型应用到实际药物研发项目中，十余个项目在云深智药平台上稳定运行，包括对抗新冠病毒药物的相关研发等。

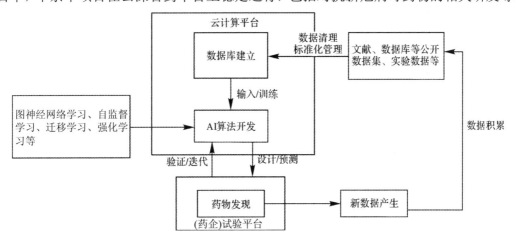

图 9-5 云深智药的平台架构

综上所述，利用 AI 技术所具备的自然语言处理、图像识别、机器学习和深度学习等能力，不仅能够更快地发现显性关系，而且能够挖掘那些不易被药物专家发现的隐性关系，构建药物、疾病和基因之间的深层次关系。利用 AI 技术辅助新药研发仍然具有非常大的发展空间。

9.3.3 智能康复医疗

将人工智能技术应用到康复医疗中最神奇的是通过智能外骨骼+脑机接口+虚拟

现实(Virtual Reality，VR)实现肢体的自我意念控制，帮助瘫痪病人重新具备正常人所具有的运动能力。正是这一高级的 AI 应用使许多以前只能在科幻电影中看到的场景正在转变为现实。

1. 大脑意念控制假肢

为帮助截肢患者，美国国防部高级研究计划局资助 DEKA 项目积极开展 AI 的医疗康复研发。2014 年，美国 FDA 批准了由 DEKA 项目组研发的 LUKE 义肢(如图 9-6 所示)。这是世界首例受大脑控制的假肢获批上市。

图 9-6　LUKE 义肢产品样图

取名 LUKE 意为"动力演变下的生命(Life Under Kinetic Evolution)"。该名字与《星球大战：帝国反击战》中的主人公卢克·天行者(Luke Skywalker)同名。Luke Skywalker 因交战中失去右手而接上了几乎可以以假乱真的义肢。DEKA 项目组研发的 LUKE 义肢通过将肌电电极与患者残余神经进行连接，实现肌肉控制信号的循环传递，恢复大脑的触觉感知及大脑对肌肉的动作控制。这种假肢装置可将肌肉电信号"翻译"成多达 10 种不同的肢体动作。通过将这些电信号传输到假肢中的计算机处理器，随后转化成可被机器执行的指令，再辅以运动传感器、压力传感器等设备来完成假肢的动作。这种假肢将可以帮助失去肢臂的患者解决生活中的许多不便。这些都是现有假肢不可能完成的任务。但是，这种假肢目前仅能供肩关节、小臂中部或上臂中部断肢的患者安装，而在肘关节或腕关节部位断肢的患者还无法使用。美国食品药品监督管理局对 DEKA 手臂系统的临床数据进行了长期详细的评估。评估结果显示，大约 90% 的受试者借助 DEKA 手臂系统可以完成他们此前假肢无法完成的动作，如使用钥匙和锁、料理食物、吃饭、使用拉链和梳头等。

2. 直接对自身障碍部位进行意念控制

在电影《绿箭侠》中，下半身永久瘫痪的 IT 女职员在植入一个神经芯片以后重新获得了站立能力。这种化腐朽为神奇的东西，一直是肢体瘫痪人士的梦想。据统计，全球有数百万人由于各种原因导致四肢和大脑之间的信号通路中断，变得生活不能自理。为了帮助这些瘫痪者，科研人员利用脑机接口技术直接对障碍部位进行意念控制。

早在 2012 年，美国匹兹堡大学研究团队成功将一个芯片植入患者大脑，让患者可以通过大脑控制与芯片连接的机械手臂。同年，美国西北大学的研究团队成功实现用大脑芯片控制小猴子的上肢。

2014 年，美国俄亥俄州立大学的研究团队将可以获取大脑神经信号的芯片植入到一名 24 岁四肢瘫痪患者 Lan Burkhart 的大脑。同年 4 月 13 日，这一研究成果刊登在《自然》杂志上。研究表明，瘫痪的原因是大脑和肌肉之间神经信号通路受阻。在 Burkhart 的情况中，大脑发送的信号在颈椎的地方中断了，无法传输到肌肉。研究人员针对脊椎受损患者开发了一种神经假肢技术，即通过植入大脑皮层的芯片操作特制的电极袖套，实现大脑信号与肌肉活动的连接，使得瘫痪人士可以再次操控自己的肢体。在这个过程中，Burkhart 不断在大脑中想象握手的动作，而大脑皮层的微芯片通过将这一系列脑部活动信号利用电脑进行翻译，并传输到袖套上进而刺激手部进行相应的运动，在不断的恢复训练中，Burkhart 已经可以慢慢地用手尝试拿东西了(如图 9-7 所示)。

图 9-7　Lan Burkart 借助 AI 技术进行手部运动

3. 通过意念控制机器人手臂

大脑智能芯片和控制系统是人工智能在医学工程领域应用最为广泛和实用的。它们不仅可以实现意念和情感上的制动和反馈，也是人脑利用人工智能来控制客观物体的大胆尝试(想象中的意念制动)，这有些类似于"隔空取物"。

《科学：转化医学》刊登了美国匹兹堡大学的首次意念感知智能机器人人体临床试验。在这次试验中，科学家们第一次实现了意念感知机器人手臂(利用植入大脑的特殊芯片，让患者的意念通过智能机器人手臂感觉周围环境，并且通过反馈机制将触摸感链接回大脑意识中)。该项人工智能研究的核心问题是让机器人手臂拥有感觉和触觉，且试验者可以通过意念控制并接受反馈感觉。在试验测试中，研究人员将试验者眼睛蒙上，并通过各种方式来控制智能机器人手臂进行触摸。此外，研究人员将意念制动机器人手臂与人类的第一次握手机会送给了时任美国总统奥巴马先生。当时的机器人操控师 Copeland 通过意念控制智能机器人手臂和奥巴马总统的手感触在一起了，这让见多识广的奥巴马总统倍感吃惊。奥巴马称这项技术非常神奇，是值得骄傲的前沿技术。

2020 年 1 月，浙江大学医学院正式对外公布，72 岁四肢瘫痪多年的患者张大爷刚刚成功做完了中国第一例人体大脑"智能脑机手术"。术后，原先四肢瘫痪的张大爷可以通过意念来进行一些简单的"动作"，比如喝可乐、吃油条等动作。

综上所述，利用 AI 技术赋能康复医疗，将会极大地满足康复患者回归社会、回归生活的需求，让他们获得更好的生活方式。2019 中国智慧医疗产业大会上，汕头大学生物医学工程系主任方强教授表示，AI 与康复医疗相结合是康复医学发展的必然方向，人工智能可以帮助康复医疗从业者以最少的人为干预来有效地完成他们的任务，这是满足不断增长的患者需求的关键因素所在。

9.3.4　智能健康管理

据世界卫生组织(World Health Organization，WHO)研究报告数据显示，人类三分之一的疾病通过预防保健可以避免，三分之一可通过早期的发现得到有效控制，剩余的三分之一可通过信息的有效沟通提高治疗效果。可见，各种疾病的发生都是有其一定的原因与规律性，其中有先天遗传因素决定的成分，也有后天的行为和生活方式影响。因此，及时对个人健康程度进行有效的管理与评估对于改善人类健康具有重要意义。作为一个新兴产业，健康管理包括健康档案管理、健康体检管理、生活方式管理、亚临床管理、疾病管理、健康需求管理、健康风险分析与评估管理、健康知识管理和动态跟踪管理等内容。

据相关研究经验显示，美国 90% 的个人和企业在引入健康管理之后，其医疗费用可以降低至原来的 10%。可见，用户通过健康管理不仅可以准确及时地了解自己的健康状况和潜在隐患，有效降低患病风险，还可节约医疗费用的支出。从某种意义上来说，健康管理侧重于"防患于未然"，需要根据不同人群的特点和健康风险等级，确定其健康管理的重点。因此，健康管理的主要服务对象是社会上健康、亚健康人群以及慢性疾病和疾病康复前的群体。

综上可见，健康管理的具体含义可体现为：① 健康管理是对个人或人群健康危险因素进行全面管理的过程；② 健康管理以非医疗的手段帮助人们趋近或保持完全的身心健康；③ 健康管理是通过调动个人及集体的积极性，利用有限的资源以达到最大的健康改善效果。

然而，良好的健康管理过程需要收集与处理大量的有关个人或群体的健康数据，并通过大量复杂的计算分析才能获得有效的结果。因此，通过 AI 赋能健康管理，构建智能化的健康管理过程，可以极大地提升现有健康管理的效率。

所谓智能健康管理，就是将健康管理与人工智能、大数据等新一代信息技术融合，利用人工智能算法、大数据分析技术及时发现并提醒用户相关健康问题，实现用户健康档案、健康体检、健康风险评估等的智能化管理。如谷歌健康通过开发一系列的可穿戴设备，不断收集海量的生物统计数据，通过建立相关数据库和智能分析模型，实现对某些传染性疾病进行较为及时、准确的监控和预防。依托机器学习算法及其他技术建立糖尿病精准模型，健安华夏建立了基于血糖预测/营养建议的精确糖尿病模型，可预测血糖数据及影响因素，提供个性化控糖方案，实现对糖尿病患者持续高效的管理。

作为智能医疗的重要组成部分，可移动 AI 远程医疗技术一方面可为患者提供医疗咨询，同时还可评估患者的健康状况，为个体设计个性化的健康管理计划。其核心技术包括自然语言处理和深度学习。利用自然语言处理技术可识别患者语音症状描述，基于疾病数据库、患者体征数据库和外部环境数据库的海量数据分析，利用深度学习技术，提供医疗护理建议、预测疾病发生的类型、概率和程度。目前，可移动 AI 远程医疗技术的应用主要集中在风险识别、虚拟护士、精神健康、在线问诊、健康干预以及基于精准医学的健康管理。其中：① 风险识别通过获取信息并运用人工智能技术进行分析，识别疾病发生的风险，并提供降低风险的措施；② 虚拟护士通过收集病人的饮食习惯、锻炼周期、服药习惯等个人生活习惯信息，运用人工智能技术进行数据分析并评估病人整体状态，协助规划日常生活；③ 精神健康运用人工智能技术从语言、表情、声音等数据进行情感识别，及时获得被观察者的精神状态信息；④ 移动医疗将人工智能技术应用于远程医疗服务，提升远程医疗的效率；⑤ 健康干预运用人工智能技术对用户体征数据进行分析，实现用户健康管理计划的个性化定制。

目前，全球已有多家公司致力于将 AI 用于医疗咨询行业，用智能聊天机器人来为用户提供医疗健康的专业咨询。Google 旗下 DeepMind 公司所投资的英国 BabylonHealth 公司开发了一种在线就诊 AI 系统。它能够基于用户既往病史与用户和在线 AI 系统对话时所列举的症状，给出初步诊断结果和具体应对措施。此外，该系统还能提醒用户定时服药，实时监测用户的身体状况。同时，利用机器学习算法不断更新患者的情况，通过对个人健康档案数据分析制定个性化的健康管理方案。可见，该系统的使用大大缩短患者的就诊时间，有利于实现医疗资源的合理配置。

美国 Sensely 公司推出的"虚拟护士"助理 Molly。她可跟随并辅助患者出院后的家庭康复和管理。临床测试表明，Molly 能节省医生近 20%的工作时间。Alme Health Coach 公司推出的"虚拟护士"通过了解病人饮食习惯、锻炼周期、服药情况等生活习惯，经数据处理后评估慢性病患者的整体状态，并给出个性化的健康管理建议方案，甚至可推导出患者不依从建议的心理根源。另外一家初创公司 Sentrian 利用 AI 技术分析生物传感器所传送的生物数据信号，告知或提醒医生所监测的远程特殊病人情况。

9.3.5　智能医疗机器人

在现实中，各式各样的"大白"有效推动了现代医疗技术的发展。美国、英国、日本、法国、瑞士、以色列、韩国及新加坡等国的学术机构和公司纷纷设立与医疗机器人相关的研究机构。这些机构开发了多种系统原型，且部分已经形成商业化产品。例如，微软公司的"KinectOne"体感器通过截取人体体表的颜色，来识别肌肉拉伸、体表温度和心率。这一点与"大白"扫描人体的能力有些类似。日本丰田公司早在 2011 年发布了 4 种医疗护理领域的机器人，用于帮助由于下肢瘫痪等原因而行动不便的病人实现直立行走。日本安川公司发明的康复机器人可以辅助病人自行恢复肢体损伤。2013 年 1 月，美国 iRobot 和 InTouch Health 两家公司合作开发出第一台通过美国食品和药物管理局认证的医疗机器人 RP-VITA，可以对心血管、神经外科、心理等疾病以及怀孕妇女和急救患者进行评估和诊断。

达·芬奇手术机器人作为目前全球最成功及应用最广泛的手术机器人，其技术源于美国斯坦福研究院，原名为"内窥镜手术器械控制系统"。达·芬奇手术机器人由外科医生控制台、床旁机械臂系统和成像系统 3 部分组成。其中，外科医生控制台位于手术室无菌区之外，由主刀医生控制。手术中，主刀医生使用双手和脚分别操作两个主控制器和操控脚踏板来控制器械和一个三维高清内窥镜，实现手术器械尖端与外科医生的双手同步运动。床旁机械臂系统(Patient Cart)是外科手术机器人的操作部件，其主要功能是为器械臂和摄像臂提供支撑。当手术时，助手医生在无菌区内的床旁机械臂系统一侧，负责更换器械和内窥镜，协助主刀医生完成手术。为了确保患者安全，助手医生比主刀医生对于床旁机械臂系统的运动具有更高优先控制权。成像系统内装有外科手术机器人的核心处理器以及图像处理设备，位于无菌区外。外科手术机器人的内窥镜为高分辨率三维镜头，对手术视野具有 10 倍以上的放大倍数，能为主刀医生带来患者体腔内三维立体高清影像，使主刀医生较普通腹腔镜手术更易把握操作距离和辨认解剖结构，提升了手术精确度。

达·芬奇手术机器人通过模仿外科医生的手部动作，利用控制台的指令来进入病人体内进行精确微创手术(Minimally Invasively Surgery),最大程度减轻手术患者因手术创伤而引起的痛苦,并减少相应恢复时间和住院成本。显然,达·芬奇手术机器人的主要核心来自 3 个关键技术:可自由运动的手臂腕部 EndoWrist、3D 高清影像技术、主控台的人机交互。由于达·芬奇手术机器人最重要的核心还是医生,因此达·芬奇手术机器人实际上只能称为外科医生的辅助设备。它能够利用人工智能数据帮助医生做出更好的判断,而不能替代外科医生的存在。至少目前的技术尚不足以支撑无人手术。但在可预见的未来,随着 AI 技术的发展,真正的无人手术是有可能实现的。

小贴士:

达·芬奇手术机器人得名于欧洲文艺复兴时期的著名画家达·芬奇在图纸上画出的最早的机器人雏形。研究人员以此为原型设计出了用于医学手术的机器人。2000年达·芬奇手术机器人被美国药监局正式批准投入使用认证,成为全球首套可以在腹腔手术中使用的机器人手术系统。

目前,达·芬奇手术机器人已经成功完成的手术如下:

1. 泌尿外科

在达·芬奇机器人荧光显影技术的辅助下,山西医科大学第一医院王东文教授开展了腹腔镜扩大膀胱部分切除术和盆腔淋巴结清扫术。该手术首次将达·芬奇荧光显影技术与手术相结合,进行了精准淋巴清扫。此外,还完成了 1 例机器人辅助全腹腔镜下单一体位的左侧肾脏、输尿管及膀胱袖套状切除术,创造了华北地区首例机器人半尿路切除手术的纪录。

2. 胸外科

来自哈医大四院胸外科的专家认为,达·芬奇手术机器人让部分手术可以免除引流管和尿管,且患者术后无明显疼痛。此外,原来因高龄和有基础疾病而不能手术的患者,也有机会通过达·芬奇手术机器人的手术来解除病痛。众所周知,肺磨玻璃结节不仅具有较高的恶性率,并且一旦确诊为恶性,危害性极大。如果为了一个处于肺磨玻璃结节状态的早期癌就去切除一个肺叶,会给身体机能造成过度的损耗。然而,借助达·芬奇机器人的先进控制技术,开展基于机器人辅助下的手术,使解剖变得更细致、更准确、更安全。依据术中的结节活检及淋巴结的快速病理结果,只要符合条件,就可以实现肺段或联合肺亚段的切除,在实现健康肺组织最大程度保留的同时,完成肿瘤的根治。

3. 耳鼻喉科

在复旦大学附属眼耳鼻喉科医院的头颈外科，73 岁的徐老先生口咽癌放化疗后不幸复发，成为达·芬奇机器人的手术患者之一。令人欣慰的是，徐老先生的手术非常成功，术后仅 3 天，他就顺利出院。据了解，眼耳鼻喉科医院充分利用达·芬奇机器人手术精准、微创康复和高效的特点，不到一周就完成了 7 例高难度手术。

4. 妇科

江苏省人民医院第一例达·芬奇妇科手术圆满完成，开启了妇科微创新的篇章。据了解，手术病患为一名子宫内膜癌患者，需要执行分期手术治疗。该手术对精细化操作有着较高的要求。由妇科主任程文俊教授带领医护团队并亲自"执刀"(操控机器人)。在一系列行云流水般的操作和大家协同努力下，他成功为患者完成手术。手术过程堪比在大血管上跳舞，是刀尖上的艺术。

随着人工智能技术的发展，一些其他类型的机器人也开始出现在医疗市场中。2015年 11 月，日本厚生劳动省正式将"机器人服"和"医疗用混合型辅助肢"列为医疗器械，并允许其在日本国内销售。这两种设备主要用于改善肌萎缩侧索硬化症、肌肉萎缩症等疾病患者的步行机能。除此之外，类似的产品还有智能外骨骼机器人、眼科机器人和植发机器人等。

9.4　智能医疗的未来

随着科学技术的发展，"人工智能＋医疗"给医疗行业注入新的血液和新的动力，智能化的医疗体系不再是单纯的想象。人工智能与医疗的结合，需要基础技术及设施的完善，以大数据作为支撑，通过云存储和云计算来助力实现智能医疗。例如，通过医疗共享服务在医院与医院、医生与患者之间搭建一个更畅通的沟通平台，通过数据分享让患者的诊断更为全面。

同时，语音识别、图像识别等技术的快速发展让作为搜集相关体质数据的智能手环、可实时规划最佳行驶路线的智能导航等医疗附属软硬件设施走向成熟，也推动了整个智能医疗产业链的成熟。医疗行业的重要性以及 AI 技术的先进性使得智能医疗必将成为"AI＋"重要应用领域之一。当然，除了人们较熟悉的提升癌症治疗与诊断水平以外，人工智能还可以应用于众多的医疗场景，如胎儿监护、败血症早期发现、组合药物风险识别以及患病复发的预测等。

此外，在人工智能快速应用于医疗领域之时，人工智能是否能代替医生的大讨论也如火如荼地进行着，医生、科技人员及产业投资人众说纷纭。

有观点认为人工智能替代不了医生。他们认为人工智能最大的作用在于整合海量的信息,从中筛选出有价值的数据,只能作为医生诊断的辅助。尤其在实施治疗阶段,需要医生与患者面对面的沟通和交流,来确定合适的治疗方案,患者也更需要医生的亲切关怀,是有血有肉的交流方式,而不是机器冷冰冰的问答。

据业内人士认为,人工智能在医学领域中发挥的作用取决于当前医学研究水平,也就是说,人类医学水平有多高,人工智能的有效性就会有多高。未来,机器只是为医生诊断提供建议,采取哪种方式治疗还需要医生来决断。

此外,人工智能并不等同于人类智慧,其缺乏人类的情感。对于医学来说,临床经验和逻辑思维十分重要。这样的能力不是靠储存海量的医学数据和病历档案就能够提高的,而是需要直觉、情感、思考、分析等积累起来。因此,在一定程度上,人工智能很难替代医生的智慧。况且,就目前的人工智能技术而言,实现诊断治疗的精确性还不够。简单来说,人工智能就是一组参数不确定的函数,参数的确定需要海量的数据来辅助完成。数据越多,参数的范围也就会越小,人工智能在医学上的精确性也就越高。但目前来说,要达到极高的精确性,所需要的数据量将是一个难以估算的规模。

另一方面,业内有不少人士对人工智能的安全性也持怀疑态度。在信息化高速发展的时代,遭受黑客攻击、信息泄露的现象屡见不鲜。如何保障患者的隐私,是困扰智能医疗发展的又一个挑战。

也有观点看好人工智能。因为用不了几年人工智能真的会取代那些平庸的、低于平均水平的医生,但是暂时不会取代那些高于平均水平的医生。如果用于诊断疾病、判断预后的数据或图像可标准化、量化或结构化,那么利用人工智能可以很好地完成这些数据的分析。从目前的应用来看,人工智能应用比较好的领域是皮肤科、病理科和影像科。在这些领域,机器比人更可靠,更精准,且不会疲劳。同时,随着算法的不断进步和数据的不断积累,人工智能的水平会越来越高,会从现在的帮助人类做判断,演变到代替人类做判断。但是,对于那些非标准化、充满不确定性以及需要人工操作的临床工作,仍然是人工智能难以替代的。

本 章 小 结

从技术发展的阶段来看,当前的智能医疗只相当于3~5岁小孩的能力和智商,无法与医学博士相比。但是,它的发展潜力大,应用范围广,未来发展趋势是显而易见的。

我们相信,随着人工智能技术的不断发展与完善,"人工智能+医疗"一定会有美好的未来，人类社会的医疗健康水平也会因此得到很大的改善，但人工智能与医生的关系究竟会发展成什么样，还需要人们在发展中探索。

思政小贴士

引导学生了解《健康中国行动(2019—2030年)》的"大卫生、大健康"理念，理解以治病为中心向健康为中心的模式转变，养成健康的生活习惯。

通过 AI 在我国医学诊断治疗中发挥的重要作用，引导学生学习和理解"坚持以人民为中心，坚持全面深化改革，坚持新发展理念"等习近平新时代中国特色社会主义思想的核心内容。

习   题

1. 智能医疗的特点是什么？
2. 智能医疗发展分几个层次？分别是什么？
3. 列举智能医疗系统中三个子系统，并简述它们的功能。
4. 列举三个你日常生活中常见的智能医疗系统，并分析其相关实现技术。
5. 列举三个传统医疗系统中存在的问题，并思考如何引用智能技术进行缓解。
6. 简述你所认为的关于智能医疗的未来。

参 考 文 献

[1] 陈向国. 卫生资源配置不平衡之殇[J]. 中国卫生产业，2007(2)：46-47.

[2] 王万良，张兆娟，高楠，等. 基于人工智能技术的大数据分析方法研究进展[J]. 计算机集成制造系统，2019，25(3)：5-23.

[3] 冯东雷. 全国区域卫生信息化发展过程与趋势[J]. 中国信息界(e 医疗)，2014(3)：36-38.

[4] 崔小利，吴朝烨，张玲. 物联网和云计算在智慧医疗领域应用专利技术分析[J]. 科技视界，2018(23)：24-26.

[5] 吴蓉，王军红，刘一洋. 智慧医疗的优势、应用现状及发展方向[J]. 实用医药杂志，2016(33)：942-943.

[6]　薛青. 智慧医疗：物联网在医疗卫生领域的应用[J]. 信息化建设，2010(5)：56-58.

[7]　佚名. 当生命科学遇到人工智能[J]. 中国科技奖励，2018(4)：10-13.

[8]　时占祥，梁虹. AI 在医疗健康领域应用前景[J]. 科技中国，2017(2)：9-14.

[9]　赵一鸣，左秀然. PACS 与人工智能辅助诊断的集成应用[J]. 中国数字医学，2018，13(4)：20-22.

[10]　取代医生？FDA 首次批准了一款心脏核磁共振影像 AI 分析软件 [EB/OL]. https://www.sohu.com/a/124669192_488166. [2017-01-18].

[11]　斯坦福大学用人工智能来诊断皮肤癌,准确率达 91% [EB/OL]. https://www. sohu.com/a/190533192_114778. [2017-09-08].

[12]　人工智能也能看病了！IBM Watson 首次确诊罕见白血病 [EB/OL]. http://www. techweb.com.cn/it/2016-08-08/2371639.shtml. [2016-08-08].

[13]　以肿瘤为重心，IBM Watson 人工智能在九大医疗领域中布局突破｜盘点与展望 [EB/OL]. https://www.sohu.com/a/126031779_297710. [2017-02-11].

[14]　LEE H, CHOI T, LEE Y，et al. A graphene-based electrochemical device with thermoresponsive microneedles for diabetes monitoring and therapy[J]. Nature Nanotech，2016，11(6)：566-572.

[15]　这个智能胸罩不用 X 光能检测乳腺癌 [EB/OL]. https://www.sohu.com/ a/70489295_105527. [2016-04-20].

[16]　墨西哥 18 岁学生研发测乳腺癌内衣 [EB/OL]. http://www.techweb.com. cn/it/2017-05-04/2519944.shtml.[2017-05-01].

[17]　武霞，邵蓉. 风险投资视角下的创新药物研发激励体系模型研究[J]. 中国新药杂志，2020，29(20)：2286-2293.

[18]　蛋壳研究院：医药行业数字化创新研究报告[EB/OL]. http://www.199it.com/ archives/988889.html. [2020-01-28].

[19]　可"意志"控制的 DEKA LUKE 义肢将于年底初步商用[EB/OL]. https://www. bmeol.com/article-20279-1.html. [2016-07-13].

[20]　COLLINGER JL，WODLINGEr B，DOWNEY JE，et al. 2012. High-performance neuroprosthetic control by an individual with tetraplegia [J]. The Lancet，2012，381(9866)：557-564.

[21]　ETHIER C，OBY ER，BAUMAN MJ，et al. 2012. Restoration of grasp following paralysis through brain-controlled stimulation of muscles [J]. Nature，2012，485(7398)：368-371.

[22]　BOUTON C，SHAIKHOUNI A，ANNETTA N，et al. Restoring cortical control of functional movement in a human with quadriplegia [J]. Nature，2016，533(7602)：247-250.

[23]　[人工智能与生命科学研讨会]综述(三)：AI 在医疗健康领域应用前景 [EB/OL]. https://www.sohu.com/a/120335489_387205. [2016-12-01].

[24]　范志华. 美国创新的员工医疗福利实践和健康管理方案[J]. 职业，2008(34).

[25]　杨青云. 健康管理与健康教育[J]. 社区医学杂志，2010，8(17)：45-46.

[26]　王统海，曹广海，陈亚华，等. 基于大数据的设备故障预测与健康管理方法[P]. 2019.

[27]　人工智能+医疗的五大主要应用场景[EB/OL]. https://www.cn-healthcare.com/articlewm/20171019/content-1018090.html. [2017-10-19].

[28]　美国 Sense.ly"虚拟护士"服务融资 125 万美元[EB/OL]. https://www.cn-healthcare.com/article/20140923/content-460712.html. [2014-09-23].

[29]　人工智能也暖心:它的使命是做懂你的机器人 [EB/OL]. https://www.sohu.com/a/69462092_112101. [2016-04-15].

[30]　尹军，刘相花，唐海英，等. 手术机器人的研究进展及其在临床中的应用[J]. 医疗卫生装备，2017，38(11)：97-100.

[31]　学习探索创新：我院泌尿科、麻手联合完成首例 Single position 机器人半尿路手术[EB/OL]. https://www.meipian.cn/14xgdtwj[2018-03-04].

[32]　"达·芬奇"手术机器人完成 330 例手术啦！[EB/OL]. https://www.sohu.com/na/401083573_349336. [2021-06-11].

[33]　出血少，手术当天能说话，全国首家眼耳鼻喉专科医院装备机器人系统行口咽癌手术！[EB/OL]. http://kjt.ah.gov.cn/kjzx/kjyw/119332171.html. [2020-07-31].

[34]　我院妇科成功完成首例"达·芬奇"机器人手术[EB/OL]. http://www.jswch.net/yiyuandongtai/yiyuandongtai/2017-09-12/9500.html. [2017-09-12].

[35]　日本政府首次批准机器人为医疗器械[EB/OL]. https://www.cn-healthcare.com/article/20151126/content-479988.html. [2015-11-26].

[36]　宫芳芳，孙喜琢，林君，等. 我国智慧医疗建设初探[J]. 现代医院管理，2013，11(2)：28-29.

第10章 智 能 家 居

本章思维导图

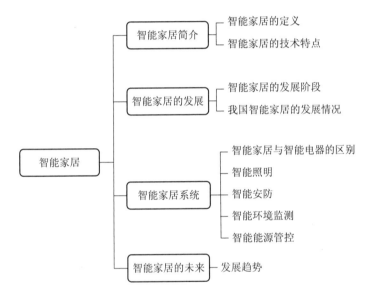

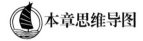本章学习目标

· 理解智能家居的定义及技术特点
· 了解智能家居的发展阶段
· 熟悉智能家居系统涉及的相关内容
· 了解智能家居的发展趋势

  据权威市场调查机构奥维咨询的网络调研平台在 2014 年的调查结果显示,在从未接触过智能家居产品的前提下,有 97%的人愿意了解相关内容,53%的人考虑安装,而几乎所有的调查者都表示向往智能化的家居生活。想象一下,早上,温柔的音乐慢慢响起,床头灯慢慢变亮,窗帘自动缓缓打开;回家前提前预设室内温度,空调自动打开,电饭锅自动开始煮饭;晚上,床头灯自动关闭,室温自动调至舒适温度,空调

自动切换到静音睡眠模式……这一切都是智能家居的目标：让家不再只是一个"冰冷"的建筑物，而成为有温度、更懂你的港湾。

10.1　智能家居简介

所谓智能家居，又称为智能住宅(Smart Home)，指利用人工智能、大数据、计算机、网络通信和自动控制等技术，将与家庭生活相关的各种应用子系统或设备有机地联结在一起，通过智能化的综合管理系统，让家庭生活更具舒适性、安全性、有效性和节能性的现代化家居模式。因此，智能家居不仅具有传统家居的居住功能，还能提供舒适安全、绿色高效、高度人性化的生活空间。从功能角度来说，智能家居是将一批原来被动静止的家居设备转变为有"智慧"的家居神器，通过家居设备间全方位的信息共享与交换，实现家庭各子系统与外部环境的信息交流畅通，进而优化人们的生活方式，帮助人们有效、合理地安排时间，增强居家生活的舒适性、安全性和便捷性，并为家庭节省能源费用。智能家居技术的特点主要表现在以下几方面。

1. 通过家庭网关及其系统软件建立智能家居平台系统

家庭网关是智能家居的核心部分，主要完成家庭内部网络中不同通信协议之间的转换和信息共享以及与外部通信网络之间的数据交换功能，同时还负责家庭智能设备的管理和控制。

2. 平台的集成性和统一性

通过计算机、微电子以及通信等技术，将家庭智能终端的所有功能进行集成，使智能家居建立在一个统一的平台之上。通过该平台不仅可以实现家庭内部网络与外部网络之间的数据交互，还可以识别通过网络传输指令的"合法性"，防止"黑客"的非法入侵。可见，家庭智能终端不仅是家庭信息的交通枢纽，还是智能家居的"保护神"。

3. 可通过外部扩展模块实现与家电的互联

为实现家用电器的集中控制和远程控制功能，智能家居通过智能网关可采用有线或无线的方式，按照特定的通信协议，借助外部扩展模块来实现对家电或照明设备的控制。

4. 嵌入式系统的应用

以往的家庭智能终端绝大多数只是由单片机控制。近年来，随着家用设备新功能的增加和性能要求的提升，将具有网络功能和强大处理能力的嵌入式操作系统应用于家庭设备已经成为智能家居的标配。

此外，从结构上来说，智能家居是在互联网的影响之下产生的，是万物互联、全面感知的体现。即通过物联网技术将家中的各种设备连接到一起(如图 10-1 所示)，提供家电控制、照明控制、电话远程控制、室内外遥控、防盗报警、环境监测、暖通控制以及可编程定时控制等多种功能和服务。其中，智能家居(中央)控制管理系统、家居照明控制系统和家庭安防系统是智能家居的必备子系统。

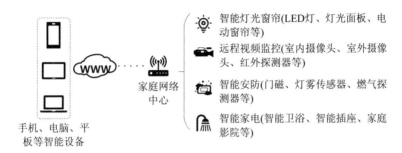

图 10-1　智能家居"互联互通"示意图

10.2　智能家居的发展

智能家居并不是突然出现的，而是历经了很长一段时间的演变。20 世纪 80 年代早期，随着基于电子技术控制的家用电器上市与大量普及，电子化的住宅形式出现在了人们的生活中。80 年代中期，通过将家用电器、通信设备与安全防范设备等各自独立的功能进行一体化融合，产生了住宅自动化的概念。80 年代末，随着通信与信息技术的进一步发展，出现了基于总线技术对住宅中各种家电和安防等设备进行监控与管理的商用系统，这就是现代智能家居的原型。

资料显示，全球首栋"智能型建筑"诞生于 1984 年。它是由美国联合科技建筑公司(United Technologies Building System)对美国康涅狄格州哈特佛市的一幢旧楼进行改造而成的。此次改造不仅实现了建筑设备信息化、整合化概念的实践应用，同时也揭开了全世界争相建造智能家居的序幕。本质上，此次改造是利用计算机系统对空调、电梯和照明等设备进行监测和控制，并提供语音通信、电子邮件和情报资料等方面的信息服务。由此可见，智能家居的前期发展主要依赖于家用设备间的网络互联技术的发展。1997 年，在美国家用射频委员会领导下，微软、英特尔、惠普、IBM 及日本的一些公司共同制定了"家用无线网络标准"——HomeRF(家庭射频)。1998 年，爱立信、诺基亚、东芝、IBM 和英特尔等五家著名厂商提出了适用于短距离信号传输的蓝牙(Bluetooth)技术。同年，家庭电话线网络联盟(HomePNA)提出利用传统电话网络提供宽带数据接入服务。相比而言，我国利用电话线做家庭信息传输介质的研究较晚。2002年北方工业大学研制出一种基于公共电话网的智能家居系统。该系统可以实现电话远程控制家电、语音提示、留言和自动报警等功能。2005年6月，国家信息产业部正式批准并发布了家庭网络的推荐标准，并于同年9月1日开始实施。这些技术的发展为智能家居的落地提供了坚实的技术基础。

纵观智能家居出现的几十年时间里，其不同的控制方式(如图10-2所示)可以比较直观地反映智能家居的发展，大致可分为以下3个阶段：

第一个阶段是联网，或者称为单品的智能化。它将所有家用设备通过网络连接到移动终端，以实现远程控制。这种方式是大部分传统企业进军智能家居时通常会选择的入口。一般而言，传统家电企业以智能冰箱、智能空调和智能洗衣机等家用电器的智能化改造为突破口引起关注，而互联网企业则主要以路由器、电视盒子和摄像头等网络互联产品让人驻足。

第二个阶段是联动，即通过网络实现家用设备之间信息互通与共享，从而打破智能家居各设备间存在的"信息孤岛"，实现不同家用设备间的协作。本质上，该阶段主要通过简单的联动规则设定，实现较为低级的"智能化"控制。如室内灯打开后，相应房间的窗帘也会随之关闭。

第三个阶段是以人工智能为核心的强联动。即通过智能家居这样一个平台系统，实现家居各子系统的协同感知、协同学习和协同调控。

图 10-2　智能家居控制方式

其中，第一、二阶段都需要人工操控，无法真正有效地满足用户的需求，故称之为弱联动的智能化阶段。在第三阶段，各设备间的互联互通不再需要人的干预，均能自主地相互配合，完成各种操作，进而实现由原来的被动式控制操作转向主动式智能化操作。本质上，该阶段的智能家居是具有"智能大脑"的家居系统，可以更好地与用户沟通，理解用户的心思。然而，这些功能的实现是建立在智能数据挖掘的基础上，通过对大量感知数据的协同分析与理解，获得其内在的关联关系，进而实现较为自然的人机交互效果，即机器可以理解或者执行主人想做的事情。正如前面描述的场景，下班回到家，家用设备会适时地自动打开，并围绕用户的状态来提供更加舒适、贴心的服务。

据《2016—2022 年中国智能家居市场研究及发展趋势研究报告》显示，虽然智能家居的概念传入我国已经近 30 年，但我国企业真正进入智能家居市场却相对较晚。2003 年左右才开始陆续有一些国产智能家居系统推向市场，如泛安公司自主开发了家庭控制器——e 家网关。近年来，随着智能科技的快速发展，国内众多互联网科技和传统企业公司纷纷转战智能家居这一新兴行业，如华为、小米、阿里巴巴、京东、腾讯、百度、360 等互联网科技公司和传统家电厂商如海尔、美的、格力等。其中，华为推出了基于智能硬件的 OpenLife 智能家居开放生态平台(如图 10-3 所示)，阿里巴巴、京东、腾讯等则主要是通过电商平台销售智能家居产品，并提供与之配套的智能物联平台。可见，这些互联网公司进入智能家居领域的方式主要是提供技术平台服务，而传统家电厂商则主要是通过将网络互联功能嵌入已有的产品中，以此提升用户体验。

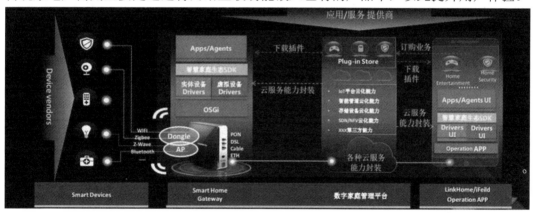

图 10-3　华为 OpenLife 智能家居开放生态平台

显然，目前智能家居在我国仍然是一个新生产业，还处于一个导入期与成长期的临界点，市场消费观念还未形成。但随着智能家居市场推广普及的进一步落实，势必将重塑消费者的居家习惯，从而形成巨大的消费市场。

10.3　智能家居系统

一个简单的智能家居系统是由多个具有"智能"且互联互通的家用电器所组合而成。那么，什么是"智能"的家用电器呢？

"智能"家用电器，也叫做人工智能电器，指电器具备网络连接功能，能通过大数据和人工智能技术运营，让电器具备语音识别、图像识别等功能，从而通过人体指令让电器具有自动推荐和自动选择的功能，并学习用户的使用习惯，以实现更精准的人体操控和互动。

智能电器的出现意味着智能家居技术取得了较大进步，主要体现在以下两方面。

1. 基于语音的智能交互技术应用

作为人类最习惯的交互方式，智能语音交互技术被认为是推动人工智能由数值计算走向认知计算的必由之路。以人工智能电视为例，不仅可以实现语音交互，还可以实现语义理解，对用户发出的指令进行判断和分析，并给予实时的反馈。比如，用户想看某一个电视节目，直接说出节目名称，电视即进行快速搜索，并完成播放。

2. 基于脑启发的智能算法应用

海量的数据和强大的算力使得学习模型可以变得更具"深度"。当前深度学习的快速发展主要得益于两个外部条件：一个是半导体芯片集成技术的快速发展促使了图形处理器 GPU 芯片架构的发明，这使得大规模的并行图形计算变得普及，解决了计算量超大的问题；另一个是互联网通信技术的快速发展使得海量数据的获取成本大大降低，这使得深层神经网络模型训练所依赖的海量数据集的产生成为可能。基于海量数据所包含的用户信息，深度学习所构建的算法模型可以很好地实现对用户使用习惯的分析与归纳。因此，搭载了此类算法模型的电器设备可呈现出一定的智能性。也就是，它可以根据用户一段时间对产品的使用情况，归纳与分析用户习惯，针对用户的需求实现智能化的推荐，呈现出为用户"量身定制"的效果，体现用户自己的个性化特征。

本节将从智能照明、智能安防、智能环境监测及智能能源管控四个方面对智能家居进行介绍。

10.3.1 智能照明

定义智能照明需要先了解什么是照明系统。然而，至今为止对于照明系统的权威定义仍在探讨之中。在国际上，国际电工委员会专门成立了为照明系统提供指导的咨询小组 AG2，并提出照明系统的定义，即照明系统是光源、灯具和相关部件的组合，且该组合的相互作用可以满足多种多样的照明应用需求，如舒适、安全、友好和节能。照明系统可以包括物理元器件、元器件之间的通信、用户界面、软件以及提供中央控制和监控功能的网络。在我国，半导体照明技术评价联盟也成立了专门的工作组，并对照明系统进行了定义，即照明系统是以提供照明为基础的系统，包括自然光照明系统、人工照明系统及二者结合构成的系统。该系统可利用控制、网络通信及传感等技术，实现照明应用的安全、节能、便利、舒适和艺术。

智能照明系统的本质是电子化和网络化的结合(如图 10-4 所示)。它不仅可以实现照明系统的智能控制、自动调节和情景照明，也可以与互联网链接，衍生更多高附加值的服务，即智能照明系统是以计算机网络控制平台为核心，采用数字化、模块化及分布式的总线架构，实现对照明灯的控制及管理。通过网络总线，系统的中央处理器与各控制模块间保持实时的信息通信，并可以根据周围环境的变化进行远程及自动化管理。可见，智能照明系统由信息采集处理器、智能控制器、终端灯和信息显示四大模块构成，并利用组网、通信、控制及综合管理技术对终端灯进行控制及管理。负责感知外界环境信息的传感器，通过数据交换将感知信息传递给智能控制器，再由智能控制器将相关指令信息发送给终端灯，并显示在相关控制面板上。

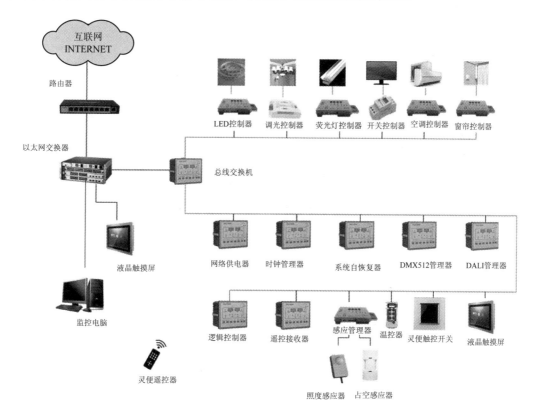

图 10-4　电子化与网络化相结合的智能照明系统

实际生活中，智能照明系统具有广泛的应用场景，包括所有的家居场所，如客厅、卧室、书房、厨房等。然而，家居场景下的智能照明系统在设计时应充分考虑生活的舒适性和能源费用的节省，且应具备以下功能：

(1) 定时控制。除了普通的定时功能外，还要充分考虑到一些安全因素，如长时间无人居住时，采用定时开启灯光策略可起到安全警示作用。

(2) 感应控制。通过声音、光变等信息进行场景感知，进而实现灯光的智能调节与控制。目前，很多场所(特别是一些公共场所的公共区域)已经实现基于声控装置的灯光控制,实现人到灯亮、人走灯关,具有一定的节能作用。

(3) 场景调控。这是个性化的需求。根据不同场景,不同爱好,设定不同的照明模式,并营造出舒适的环境(如图 10-5 所示,洗手间里不同场景模式下智能照明系统的灯光调节)。同时,电灯开启时光线由暗逐渐到亮,关闭时由亮逐渐到暗,直至关闭。这不仅有利于保护眼睛,还可以避免瞬间电流的偏高对灯具所造成的冲击,能有效延长灯具的使用寿命。

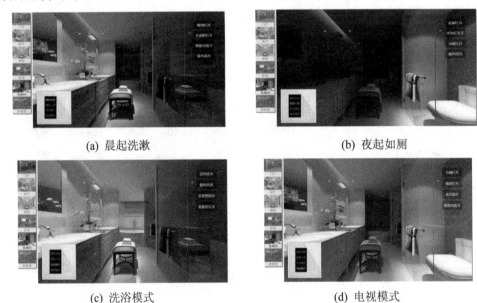

(a) 晨起洗漱　　　　　　　　　　　　　　(b) 夜起如厕

(c) 洗浴模式　　　　　　　　　　　　　　(d) 电视模式

图 10-5　不同场景模式下智能照明系统的灯光调节

(4) 远程控制。通过移动设备或终端以及 WiFi 或蓝牙等局域网链接方式对家居照明的运行情况实现无线远程控制(如图 10-6 所示)。

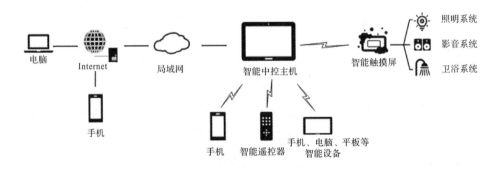

图 10-6　智能照明远程控制示意图

需要强调的是,并不是简单地把照明设备加入智能程序就可以实现智能照明,而是必须拥有完善的控制系统,要兼顾创新技术与实用产品的结合。在整个智能家居系统中,要从单一的照明智能化,发展到与其他家用电器的联动控制,从而实现全面组网与感知。另外，要充分发挥人的主观能动性，人与照明之间将进行更多的互动与创新，实现家居智能照明的人性化与个性化的完美结合。

同时，目前用于智能照明系统内部的通信手段呈现多样化。即便是无线技术，其所包含的通信手段也包括 ZigBee、蓝牙、WiFi、红外、普通 RF 和 Z-Wave 等不同协议。因此，有效利用不同技术的优势，实现自适应、更高效且更舒适的智能照明系统是照明系统发展的重要趋势之一。

此外，目前全面评估智能照明产品性能的指标和方法仍极度欠缺，标准体系的建设仍处于起步阶段。因此，制定良好的具有统一性的智能照明产品标准体系对于智能照明系统的快速发展具有重要的意义。

未来，智能照明系统作为智能家居的重要组成部分，除了可以实现智能调光、调色外，还可以通过集中控制器连接到家里的无线网络，与互联网或社交网站相连接，提供如天气预报、约会提醒等服务。

10.3.2 智能安防

在安防行业，安防系统每天都会产生海量的时间序列数据(包括视频、音频和地理位置等)。然而，面对 PB 级的安防数据，如何进行快速处理与分析已经成为现代安防行业发展所面临的瓶颈问题。近年来，随着人工智能技术、大数据、云计算等新兴技术的广泛应用，越来越多的安防企业开始提倡"智能安防"的概念，并以此形成了一系列的产品和解决方案(如图 10-7 所示)。

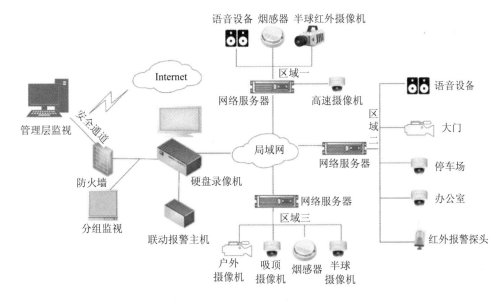

图 10-7 智能安防设备布局解决方案示意图

　　摄像头作为安防系统的重要监测设备，每天都会产生海量的图像和视频信息。这些信息的冗余性推动了人工智能领域中有关计算机视觉技术在安防领域的应用。该技术可以对图像视频进行自动分析、识别、跟踪、理解和描述，并在安防监控系统中演变为视频智能分析应用。视频智能分析可以在不需要人为干预的情况下，利用计算机视觉和视频监控分析方法对摄像机拍录的图像序列进行自动分析，主要基于目标特征得出对图像内容含义的理解以及对客观场景的解释，进而为后续的决策与行动提供信息支持，其主要内容包括目标检测、目标提取、目标识别、目标跟踪以及对监视场景中目标行为的理解与描述等。

　　视频智能分析在安防行业产品中有一项重要应用，就是人脸分析，即抓取画面中的人员面部数据，通过智能分析推断出相关人员的体貌特征和行为特性，如年龄、性别、行进方向等信息。同时，通过将获得的人脸信息与后台数据库进行比对，可以实现对黑名单人员的预警功能。

　　目前，根据图像来源，人脸识别技术的应用场景大致可分为静态、动态或各种终端身份识别。若人脸图像来自一幅图像，则称之为静态人脸识别；若基于视频中的人脸信息进行识别，则称之为动态人脸识别。动态人脸识别主要用于进行远距离、快速、无接触式的重点人员布控预警系统，是人脸识别和智能视频监控相结合的产物。与简单的静态场景相比，动态场景中人脸识别的影响因素更多，如复杂光照变化、人脸姿态变化以及多变的背景等。显然，动态人脸识别的挑战性最大，但其也是安防市场中应用前景最广阔、最热门的一个。

　　本质上，智能安防也是"物联网"的产物，它通过不同安防感知设备的互联互通，构建起一个全方位立体式的安防体系。其中，最常见的智能安防组件有以下几种。

1. 无线门磁探测器

　　无线门磁探测器是一种在智能家居安全防范及智能门窗控制中经常使用的感应设备。它自身并不能发出警报声音，只能发送某种经过编码的警报信号给控制主机，控制主机接收到警报信号后，与控制主机相连的报警器才能发出警报声音。无线门磁探测器工作可靠。体积小巧，尤其是采用基于无线传感的方式，使其安装和使用非常方便、灵活。

2. 无线幕帘探测器

　　无线幕帘探测器也被称为被动式红外探测器。它通常安装在窗户旁边或顶部。当有人进入探测区域时，探测器将探测感知区域内人体的活动，并向控制主机发送报警信号。该产品主要适用于家庭住宅、别墅、厂房、商场、仓库、写字楼等场所。

3. 智能摄像头

智能摄像头作为家庭常用的一种安防设备，一般安装在活动场所的入口处。它具有拍照和摄像功能，一般也具有移动侦测和红外功能，可以 24 小时不间断工作，自动切换视角。一般来说，智能摄像头需要配合前面所述的两个探测器，在中央控制处理器的控制协调下进行组合使用，以实现系统化立体式的安防系统。

从防御的主动性来说，目前的安防系统依旧停留在被动防御层面，不利于有效保障居民的财产安全。例如，只有在发现有人撬门时，安防系统才会进行报警。理想的智能家居安防系统将更倾向于防患于未然。通过智能化的感知与分析技术，系统对相关场景内容和人员行为进行预判，通过自组织、自适应的协同感知实现自适应且全方位的立体防御。近年来，高容量高分辨率的摄像头如天网一样覆盖几乎所有的公共领域。在这个过程中，通过对不同智能安防探测设备赋予不同权限，对不同感知器件间通信链路数据进行加密，可以有效保护居民个人隐私信息和智能家居平台的安全性。

10.3.3　智能环境监测

对家居环境进行实时的智能化检测与分析是智能家居的重要组成部分，也是提升人们家居生活环境舒适性、智能化的重要方面。智能家居环境监测系统为用户提供更加全面、可靠、方便的环境信息。一般而言，智能环境监测系统具有如下特点。

1. 多对象监测

为了提供更全面的环境信息，环境监测系统通常需要对多个对象进行监测，如温湿度、光线强度、有害气体浓度、火灾信息以及非法入侵等。通过对多个对象的实时监测，实现环境的全面感知。

2. 多点监测

由于环境中的被测对象在时间和空间上具有分布不均匀性，同一对象在不同时间和不同地点具有不同的属性值。为了实现监测的全面性和提高监测的精度，有时需要对同一对象进行多点监测。

3. 系统灵活

当增加或减少监测对象或者监测点时，系统需要具有良好的灵活性和自适应性，实现环境信息的智能化处理。

从结构上来说，智能家居环境监测系统一般由管理中心、控制中心节点、路由器节点以及传感器节点组成，且一般采用无线网络方式实现不同模块间的信息共享(如图10-8 所示)。其中，传感器节点可采用单独模块设计的策略，即可根据室内大小来确定要放置多个传感器及分别放置在什么位置。例如，若采用基于 ZigBee 技术的无线网络传输，则将各个传感器采集到的数据通过 ZigBee 网关传送到互联网，用户利用智能家居管理平台即可随时查看相关参数的各项数值。同时，根据用户及环境需求，通过无线网络发送指令到相应执行器，实现设备的远程控制。

图 10-8　智能环境监测设备示意图

常见的与居民生活安全和生活舒适度相关的环境参数及控制策略有以下几方面。

1. 温度

作为人体对周围环境最敏感的要素之一，温度需要重点监测。通过用户设置温度传感器，自动采集被监测区域的温度信息，并将采集到的信息发送到控制中心节点。数据处理完毕后再发送到智能家居管理中心。最后，按照用户的生活习惯等参数控制空调等相关温度调节设备，实现室内温度的智能控制。

2. 湿度

目前，湿度调节主要通过空调和加湿器，由用户手工操作完成，其智能化与自动化程度都不够。与温度监测类似，在用户的配置下，湿度传感器节点自动采集被检测区域的湿度信息，并最终将采集的湿度信息发送到智能家居管理中心。经过处理后，控制空调与加湿器等设备的工作，从而实现室内湿度的智能控制。

3. 一氧化碳气体

一氧化碳气体监测主要是从安全角度考虑的。传感器节点设置与温湿度传感器设置类似。当燃气设备发生煤气泄漏时，威胁家庭人员生命安全。当监测到一氧化碳气体浓度大于一定阈值时，一氧化碳气体传感器节点会立即发送报警信号到智能家居管理中心。在启动家庭报警器的同时，打开门窗，保持室内空气流通，保证家庭成员生命安全。此外，监测系统还可以根据不同浓度范围逐一排查，实现泄露源的定位查找，并提供相应的建议操作。

4. 火灾

火灾情况监测也是智能家居环境监测系统的必不可少部分。每个房间均设置火灾传感器节点，以实现对被监测区域内火灾情况的实时监测。一旦监测到火灾信息，相关信息资料就发送紧急报警信息到管理中心，同时将启动报警系统，通知用户火灾信息。此外，根据火势的大小，传送到相应的消防中心。

5. 非法入侵

从保护居住人员的生命财产安全的角度，非法入侵检测传感器是必不可少的。这些传感器安装在隐蔽的地方，如门、窗、车库、花园等，来实时监测非法入侵的情况。当监测到非法入侵事件时，传感器信号被发送到管理中心，管理中心将启动报警系统，保障家庭财产不受损失。

此外，还有粉尘颗粒传感器、甲醛传感器等用于环境监测的传感器。

综上可知，智能环境监测系统是由多个微控制器组成。一个微控制器作为主控制，完成人机交互功能；其余微控制器作为分机，分别放在不同的分测点。整个系统运行时，首先利用各种传感器对各个位置的温度、湿度、光照度、煤气浓度和烟雾浓度等数据进行采集；接着由分控制器进行数据处理后通过无线通信技术传输给主控制器。最后，主控制器将各个位置收集到的信号在显示器上进行显示，若监测到异常，立即进行语音报警提示。

10.3.4 智能能源管控

作为世界上最伟大的发现之一，电已经成为现代人生产生活所必需的能源之一。目前，几乎 90%以上的家用设备需要电能作为能源来支持其相应功能的正常运行。因此，家庭用电管理是家庭能源管控的重要内容之一。家庭能源管控系统作为家庭用电管理系统的升级版，是在原有家庭用电管理系统的基础上，将人们日常生活中水、天然气等能源的管理功能进行综合的管控平台(如图 10-9 所示)。因此，这里主要从家庭用电管理的角度对家庭智能能源管控进行介绍。

众所周知，传统的家庭用电形式主要是家庭用户从电网取得电能，供给用电负载，通过计量表统计家庭用电数量，供电局通过查抄电表收取用电费用。然而，随着社会经济的快速发展，用户的用电服务需求及用电形式产生了重大的变化，在面临安全、效率和环境等问题日益突出的情况下，构建智能化的电力供应系统，全面支持清洁能源和低碳经济发展，保障安全、经济、高效、可持续的电力供应，提升供电质量和服

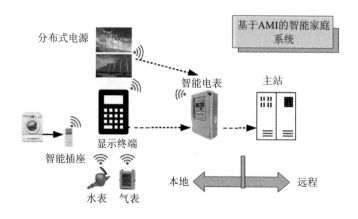

图 10-9　基于高级计量架构(AMI)的智能家庭能源管理系统示例

务水平，已经成为我国电力能源工业发展的必经之路。智能家庭用电管理作为智能家庭能源管控的重要组成部分，为满足人民日益增长的用电服务需求提供了手段，是电力能源工业发展智能电网的重要内容之一。

本质上，智能家庭能源管控系统是智能家居不断发展的产物，也是家电智能控制系统的升级。通常，智能家庭能源管控系统由智能电表、智能插座(或称无线智能插座)、无线路由器和智能控制主机等智能设备及室内无线网络组成(如图 10-10 所示)，能够支持分布式能源、电动汽车等系统或设备的接入和计量，家用电器智能控制，综合家庭能耗监测和能源优化管理等功能。

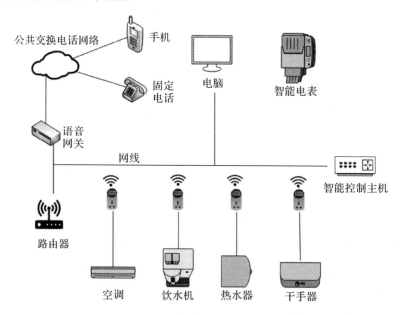

图 10-10　智能家电控制与能源管控

为保障用户的用电需求，智能电网可将新型可再生能源(如风电、光伏等)通过智能家庭能源管控系统引入家庭用电结构，为用电负载提供新的电源(如表 10-1 所示)。通过分布式电源的安全接入，从根本上改变用户的用电结构。此外，通过安装和使用智能电表检测设备实现用电信息采集的全覆盖，为用户主体、用电设备和电网公司之间的互通互联奠定基础。这使得家庭用电从传统的被动调节转变为主动调节，实现更加人性化的用电服务与管理。

表 10-1 传统家居与智能家居的能源比较

家居形式	供电电源	负荷种类	电能传输方向	通 信
传统家居	电网单一供电	传统家用电器	单向传输	单向/无通信
智能家居	电网、分布式电网、储能系统三者协调供电	智能家电、电动汽车	双向传输	双向通信

面对全球能源的大量消耗，节能减排已成为全球众多国家的共识。智能家居的能源管理主要从三个方面实现节能减排。第一是节约型管理，对不必要的负荷及时关闭；第二是设备改善型管理，将一些用能设备换成节能设备，如节能灯具和变频空调；第三是优化调度型管理，通过优化调度设备用能情况来实现成本最低或者能耗最优。所谓的能耗最优，是指用电量最小，或者分布式电源使用效率最大。

其中，优化调度是能源管理的核心技术，也是与人工智能相结合的重要研究课题。目前的调度算法主要从三个方面对用电设备进行调度：① 减少家庭用电总量；② 充分利用分布式电源；③ 响应供电公司的电价信号。电力公司为了实现负荷的削峰填谷，实施阶段电价。在用电低谷(如凌晨)降低电价吸引用户用电，在用电高峰(如下班回到家)提升电价从而减少非必要性用电。通过响应电价信号，一些非必要的用电设备可以自动由能源管理系统从高电价时段调节到低电价时段，从而减少电费支出，也可以在电价高峰阶段将分布式发电和储能电量卖给电网，赚取差额利润。

目前，智能家用能源管控面临以下三个方面的挑战：

(1) 如何定量描述用户舒适度是电器设备优化控制的基础。众所周知，用户需求具有很强的主观性，易受人的情绪、活动、身体状态、环境情况等因素影响。现有的大多数方法主要是以用户设定或历史统计数据作为控制目标，较少关注用户对家居环境的需求。因此，在实际的应用中往往不利于把握控制效果。

(2) 家居环境具有个体差异及随机动态的特性。一般而言，楼宇、工厂等建筑能源优化领域均需构建精确化的环境模型，而智能家居受到成本和隐私的限制，很难对每个用户生成定制的家居系统模型。

(3) 智能家居能源优化具有多阶段、多随机因素的特性。通常，家居电器设备控制策略的制定受很多因素的影响，如用户是否在家、外界环境和用户需求变化等。

10.4　智能家居的未来

我们相信，随着智能技术的进一步发展，未来的家居生活必将迈向智能化阶段，尤其是在人们生活水平不断提高的当下，人们对于智能便捷的家居生活有越来越强烈的追求与向往。而智能家居作为一个蓝海项目，其前景不可估量。智能家居未来或将呈现如下的发展趋势：

1．IOT 生态的建立

随着智能家居的进一步发展，家居设备的互联性进一步强化，将进一步推动家庭 IOT 生态的建立。据相关资料显示，目前已经有 67%的智能家居设备能够接入家居互联平台，有 23%的智能家居设备能够支持两种及以上互联平台。

2．语音识别

随着智能音箱市场的快速发展，语音识别技术成为人与机器交互的首选方式，因此其所对应的语音平台将逐渐承接家居互联的作用。据不完全统计，目前通过智能音箱已经可以控制超过 80%的智能家居设备。

3．智能电视

智能电视作为除智能音箱外的另一个重要家庭设备入口。目前已经有 25%的智能电视能够控制其他家庭设备。基于家庭环境和需求的复杂多样性，智能家居生态体系的入口将呈现多入口和多圈层的生态体系。

4．家庭场景自动化

随着家庭场景自动化的需求逐渐涌现，家庭环境、安全和控制类设备市场将迎来快速增长期。以智能摄像头、智能门锁、智能插座以及智能照明为代表的家庭安全控制类产品将进入高速发展的快车道。

5．语音助手

语音助手的渗透率将逐渐提高，并将更广泛地搭载在多种类别的智能家居设备上。目前已经有 39%的智能家居设备配备语音助手，语音助手在智能家居市场出货量中的搭载率为 39%，其中主要以智能音箱和智能电视为主。未来将更多应用在智能插座、智能摄像头以及智能网关等产品上。

6．图像识别

图像识别技术广泛用于家庭安全监控产品上。目前已经有 10%的家庭安全监控产品实现面部识别功能。从长远来看，这一技术将引导智能家居增值服务模式的建立。图像识别技术将使得未来家庭安全监控产品不仅能够识别人体形态，还能够对用户身份进行准确判断，从而提高监控效率和交互体验。

7. 屏幕交互

屏幕将越来越多应用于智能家居设备，并推动新的产品形态的出现。尽管语音交互在智能家居领域一直是焦点，但屏幕交互依然发挥着重要作用。二者之间并非相互替代关系，而是互补关系。屏幕将更多应用于智能音箱、智能冰箱以及家庭安全监控类设备，并催生新的产品形态的出现，如搭载语音助手以及网关功能的智能面板等。

综上所述，随着物联网、云计算和人工智能等新兴技术相继进入智能家居行业，智能家居的发展经历了有线到无线，概念炒作到应用实施等阶段。可以说，经过十几年的发展历程，智能家居终于实现了质的跨越。然而，如何合理有效地构建智能家居环境，设计智能家居设备需要更深入地考虑不同应用场景的需求。

本 章 小 结

智能家居包括围绕家庭的一切智能，即智能电视、智能电器、智能灯光、智能开关、智能插座、智能厨卫、智能温控、智能安防、智能音响、智能空气监测以及智能路由器等。随着一些智能电器的普及，很多人把智能电器当做智能家居，认为买了几台智能电器，就是享受智能家居生活了。然而，真正的智能家居是一个平台，是需要具备类似人类的智能，能真正感知和读懂人的想法，并能根据用户的一些信息自动分析出用户的生活习惯，并形成思维，进而提供需要的服务。比如，当你回到家后，想到开灯，灯就亮了，想自己静一会，灯就暗了；想给朋友打个电话了，手机就放到你面前了；想洗澡了，水温就自动调好了。所有的这些行为，都不需要用户自己去操控，智能家居可以自主完成。可谓想主人之所想，做主人之想做。当然，在这个过程中，要对某些设计做一些考虑，是否真有必要。因此，如何平衡能源消耗与智能化，是智能家居未来研究的重要课题之一。

思政小贴士

通过对我国智能家居进展情况的学习，引导学生体会中国共产党领导下的人民生活发生着翻天覆地的变化，围绕政治认同和家国情怀，培养学生爱党、爱国和爱社会主义。

通过对智能家居中环境监测等实例的学习，强调生态环境保护，倡导人与自然和谐发展，培养学生"人类命运共同体"的价值观。

习　　题

1. 简述何为智能家居。
2. 简述智能家居的发展阶段。
3. 描述三个你生活中常见的智能家居设备，并分析其技术实现。
4. 阐述智能家居系统的社会意义及对人类生活所带来的影响。
5. 简述智能家居未来的发展前景。

参 考 文 献

[1] 刘芙. 如何实现智能家居环境下多传感器的联动[J]. 网络安全技术与应用，2013(10)：40-41.

[2] 王雅志. 基于蓝牙技术的嵌入式家庭网关的研究与实现[D]. 长沙：湖南大学，2010.

[3] 付珊珊. 基于 ARM 的智能家居管理终端的研究与实现[D]. 淮南：安徽理工大学，2014.

[4] 黄则清，郭斯宏，李天臣. 通过互联网实现智能家用电器设备远程控制的系统和方法：CN，CN1452352 A[P].

[5] 袁荣亮. 嵌入式智能家居网关的研究与实现[D]. 杭州：浙江工业大学，2013.

[6] 张伟，王明倩，胡雄强. 浅析智能家居系统的安全性与防护[J]. 微型电脑应用，2020(6)：13-15.

[7] 李天祥. Android 物联网开发细致入门与最佳实践[M]. 北京：中国铁道出版社，2016.

[8] 吴新民. 智能家庭网络系统设计及新技术[J]. 微机发展，2000(3)：25-27.

[9] 陆洋. 互联网宽带接入技术及其工程实践研究[D]. 南京：南京邮电大学，2020.

[10] 王振红，苑铁成，张凯. 基于公共电话网的智能家居系统[J]. 控制工程，2003(5)：36-38.

[11]　何宝宏，孙明俊. 国内外家庭网络技术标准化现状[J]. 电信科学，2005(2)：27-30.

[12]　王月雅. 人脸识别成为安防 AI 规模化应用方向：公共安全领域人脸识别系统应用与市场现状分析预测[J]. 中国安防，2017(10)：33-38.

[13]　景晨凯，宋涛，庄雷，等. 基于深度卷积神经网络的人脸识别技术综述[J]. 计算机应用与软件，2018(1)：223-231.

[14]　刘宇琦，赵宏伟，王玉. 一种基于 QPSO 优化的流形学习的视频人脸识别算法[J]. 自动化学报，2020，46(2)：256-263.

[15]　欧阳波. 探讨利用主动式安防体系打造智能安全小区[J]. 商品与质量•建筑与发展，2014(7)：311.

[16]　董炫良. 基于 ZigBee 技术的智能家居环境监测系统[J]. 信息与电脑(理论版)，2017(3)：131-134.

[17]　章鹿华，王思彤，易忠林，等. 面向智能用电的家庭综合能源管理系统的设计与实现[J]. 电测与仪表，2010，47(9)：35-38.

[18]　黄羹墙. 面向家庭能源管理系统的用电调度策略研究[D]. 上海：上海电力学院，2017.

[19]　邹德慧. 基于实时电价的家庭能量管理优化调度策略研究[J]. 电子世界，2020(8)：93-95.

第11章 智能城市

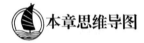

本章思维导图

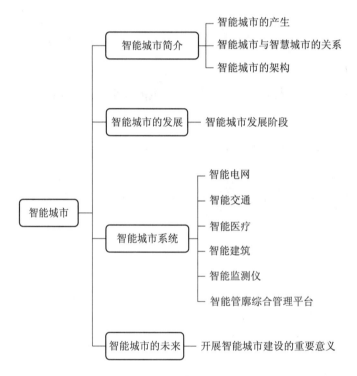

本章学习目标

- 了解智能城市的产生与架构
- 理解智能城市与智慧城市的关系
- 了解智能城市的发展阶段
- 熟悉智能城市系统
- 理解智能城市的发展趋势

在世界总人口中，有一半以上的人口居住在城市，他们创造了世界各国国内生产总值的 85%。我国城镇居民人口在 2020 年已经达到 9 亿，2035 年预计为 10.23 亿。城市化率已从 1950 年的 13%增长到 2021 年的 63.89%。同时，我国拥有世界最大的 100 个城市中的 25 个，其中人口数量超过 1000 万的城市至少有 15 个。而城市的国内生产总值占比也从 1978 年的 36%上升到 2020 年的 60%。可见，在我国的经济建设过程中，城镇的建设与发展对于国家经济的发展具有重要的意义与作用。

随着人工智能技术的快速发展和城镇化进程的加速，推动了智能城市建设。资源过度消耗、环境严重污染以及公共服务不足等一系列问题也相继出现，而新兴的智能科学技术作为解决这些问题的新途径逐渐被全球各国认同。随着"网络强国""数字中国""智慧社会"上升为国家战略，建设智能城市也成为国家战略发展的关键环节和重要支撑。

11.1　智能城市简介

城市智能化的定义源于 IBM 的"智慧城市"，指运用信息和通信技术手段感测、分析和整合城市运行核心系统的各项关键信息，从而对包括民生、环保、公共安全、城市服务和工商业活动在内的各种需求做出智慧响应。

工信部电信研究院通信标准研究所认为智慧城市将现有资源进行整合，包括数据的整合、应用的整合和感知网络的整合等。

《全球趋势 2030》中，智慧城市的定义为：利用先进的信息技术，以最小的资源耗费和环境退化为代价，实现最大化的城市经济效率和最美好的生活品质而建立的城市环境。

国家发改委、工信部、科技部、公安部、财政部、国土部、住建部和交通运输部 8 部委印发的《关于促进智慧城市健康发展的指导意见》对智慧城市的定义为：智慧城市是运用物联网、云计算、大数据和空间地理信息集成等新一代信息技术，促进城市规划、建设、管理和服务智慧化的新理念和新模式。

可见，智慧城市强调数据和知识的综合，是具有群智协同特性的城市共同智能体群。2015 年，经过两年多的深入调研、研究与分析，由 47 位院士和 180 多名专家共同编写的《中国智能城市建设与推进战略研究》对"智能城市"和"智慧城市"的区别进行了更透彻的分析，并给出"智能城市"的定义，即运筹好城市三元空间，提高城市发展与市民生活水平。该书指出：应把城市智能化发展看作由三元空间耦合关联而成的复杂系统：第一元空间为物理空间，由城市所处的物理环境和城市物质组成；

第二元空间为人类社会空间，即人类决策与社会交往空间；第三元空间为网络空间，即计算机和互联网组成的"网络信息"空间。城市智能化应理解为三元空间同步推进与彼此促进的过程。

从上述描述中可知，智能城市，也称为网络城市、数字化城市及信息城市，是一个系统。它不仅包括人类智慧、计算机网络和物理设备这些基本要素，还会形成新的经济结构、增长方式和社会形态。与"园林城市""生态城市""山水城市"一样，它是对城市发展方向的一种描述，是信息技术、网络技术渗透到城市生活各个方面的具体体现。"智能城市"的出现意味着城市管理和运行体制的一次大变革，为认识物质城市打开了新的视野，提供了全新的城市规划、城市建设和城市管理的调控手段，为城市可持续发展和调控管理提供了有力工具。此外，"智能城市"还将更好地体现出现代城市"信息集散地"的功能。这意味着城市功能全面实现信息化，更好地促进城市人居环境的改善和可持续发展。

智能城市与智慧城市间的关系可总结如下：

(1) 智慧城市建设任重道远。智慧城市涉及内容丰富全面，需要时间积累和历史沉淀，需要长期持续地推进，难于在短期内实现。

(2) 智能城市是城市智能加速发展的新阶段。智能城市是在城市数字化和网络化发展基础上的智能升级，是城市由局部智慧走向全面智慧的必经阶段。

(3) 智能城市是当前智慧城市发展的重点阶段。通过智能技术赋能城市发展，实现惠民服务、城市治理、宜居环境和基础设施的智能水平提升；同时智能城市建设最重要的内容是推进产业经济的智能化，一方面包括智能技术和传统产业融合，推进传统产业变革，实现转型提升；另一方面要通过科技成果转化和示范性应用，加速推进智能产业突破发展。

智能城市的主要特征有：① 以人为本；② 全面感知；③ 互联互通；④ 深度整合；⑤ 协同运作；⑥ 智能服务。按照推进的途径和结构，智能城市可分为五个层次(如图 11-1 所示)。从第三层次即智能应用系统着手，向上向下深入拓展，实现"三元空间"的互通互融。

据 2020 年艾媒咨询报告显示，2012—2015 年，我国已先后发布三批近 300 个国家智能城市试点。然而，各地实施的智能城市建设基本上是在各种应用的离散框架下进行信息资源的处理与整合，是一种分解问题、各个击破的思维模式。而新型智能城市以全程全时、城市治理、高效有序、数据开放、共融共享、经济发展、绿色开元和网络空间安全等为目标，推进新一代信息技术与现代城市深度融合，是一种新的社会生态。

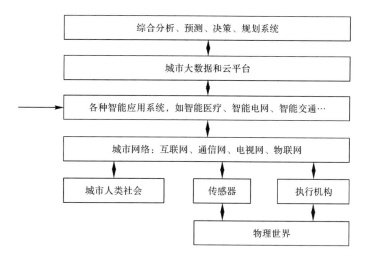

图 11-1 智能城市重点建设内容

随着智能技术在人类生活生产各方面的大量应用,智能城市已逐渐从概念走进现实。应用的增多和数据量的增长也促使智能城市建设对人工智能技术的需求越来越大。其中,以生态科技、智能机器人、无人车和无人机为代表的人工智能技术是智能城市发展的下一个风口。

智能城市强调城市综合管理集成的一体化知识,是对城市本身结构性和系统性、模型化的重新组合(如图 11-2 所示)。其总体架构产生于城市的五大业务体系与云计算、物联网、大数据、人工智能、5G 等新兴技术的融合,主要包括设施层、平台层和应用层三个层面。

(1) 设施层是城市的功能性基础设施和信息基础设施的总和,包括城市道路、地下管网、城市建筑及信息网络等,支撑信息沟通、服务传递和业务协同。

(2) 平台层是实现新兴技术对城市赋能的核心,通过以云计算和大数据为基础,融合物联网、区块链、人工智能等新兴技术的数字基础平台,分别赋能城市基础设施,提升基础设施的智能化水平和对城市的支撑能力,赋能惠民服务、资源环境、产业经济、城市治理等领域的应用,提升业务应用智能化水平。

(3) 应用层面向市民、企业和政府三类主体,通过融合新兴技术的创新应用,突出对融合之后的多源数据的综合分析和基于大数据的用户画像刻画,以便更好地感知和认知城市的使用主体,满足用户的服务需求,更好地发现、预测和解决城市发展中不同维度的问题。

作为智能城市发展所依赖的关键技术之一,人工智能可以从海量数据中自动提取有效信息,提高信息处理的速度和效率,为更智慧的决策和行动提供支持,达到提高政府公共服务水平、企业竞争力和市民生活质量的目标。因此,人工智能技术的应用

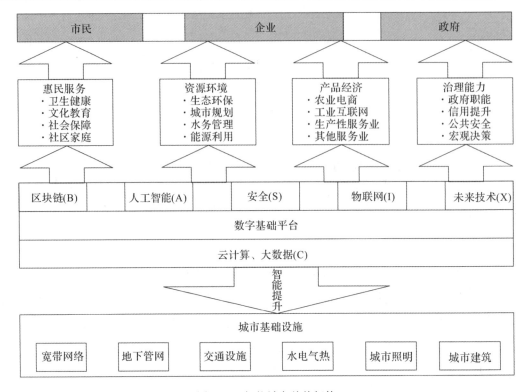

图 11-2 智能城市总体架构

是通往智能城市的智慧之门。未来，人工智能将会成为智能城市的一种基础服务。这种服务会像电力一样通过网络进行传输。人们对人工智能也会像对待日用品一样顺手。当人与人工智能技术间的交互越来越频繁时，人工智能将融入人类生活的每个环节。

简言之，智能城市即搭建面向海量数据处理的平台，通过人工智能的赋能技术构建有关城市内容的"仪表盘"，实现向公众提供更好服务的愿景。

11.2　智能城市的发展

智能城市的发展一般会经历以下几个阶段：

第一阶段是智能化基础设施的建设，主要包括物联网建设、云计算中心、大数据中心建设等。只有先实现基础设施支持数字化，才能谈智能化的城市建设。从服务性来说，城市管理、城市公共设施和基础服务设施的数字化是智能城市建设的关键因素。

第二阶段是智能城市建设的融合阶段，即通过将不同领域的城市基础服务信息实现互联和互通，借以形成泛在的城市服务。

第三阶段是智能城市的内生发展阶段，主要内容是实现更透彻的感知，更广泛便捷的互联互通，以及更深入的智能化城市服务。

可见，智能城市建设是城市开发和运营模式的协同创新，是构建现代城市的关键主体、要素和指标，是维持自我纠错、不断自主完善的持续性状态，其主要内容包含城市规划、建设、管理和运营等全流程的政策、方法、方案和实施等。空间生态的自组织是实现智能城市的理想静态架构。协同经济是构建智能城市动态运行的要素作用形式。

一些市政网络从建设到管理都是各自为政，没有形成城市管理的集成，按照智能城市标准还属低级阶段。例如发生火灾，传感器只能把火警传达到消防指挥中心，而传达不到城市供水系统，故供水系统不会因火灾而自动提升火灾场地的水压和保障其灭火所需的水量；再例如当桥梁发生断裂，传感器可以把信息反映到交通指挥中心，但没法通知相关医院第一时间展开救助，等等。

11.3　智能城市系统

人类社会的城市化发展进程中，衍生了很多与城市相关的生态系统。其中，电力系统、医疗系统、交通系统和建筑系统作为城市发展的基础系统，其便利性和自组织性已经成为城市发展生命力的重要体现。未来智能城市系统包括对上述与城市相关的生态系统的改造与重构。本节以智能电网、智能交通、智能医疗、智能建筑以及智能城市建设中必不可少的智能监测仪和智慧管廊综合管理平台为主要内容展开介绍。

11.3.1　智能电网

1. 智能电网简介

2015 年，国家发展改革委、国家能源局联合印发《关于促进智能电网发展的指导意见》，明确指出"智能电网是在传统电力系统基础上，通过集成新能源、新材料、新设备和先进传感技术、信息技术、控制技术、储能技术等新技术形成的新一代电力系统，具有高度信息化、自动化和互动化等特征，可以更好地实现电网安全、可靠、经济和高效运行。"

可见，智能电网的概念涵盖了高科技、高效率、高可靠性和绿色环保等内容，是一项社会联动的系统工程，其目的在于实现电网效益和社会效益的最大化。未来的智能电网应该是一个可自愈、安全、经济、清洁和数字化的优质电力网络。本质上，智能电网的特点是：电力和信息的双向流动，并由此建立起一个高度自动化和广泛分布的能量交换网络；把分布式计算和通信的优势引入电网，实现信息实时交换和达到设备层次上近乎瞬时的供需平衡(如图 11-3 所示)。

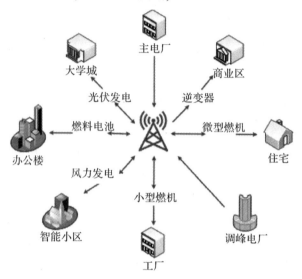

图 11-3　分布式能源构成及并网结构图

　　智能电网的概念自 2001 年被明确提出后就得到了世界范围内的广泛认同。特别是随着新一轮全球科技革命和产业革命的兴起，先进的信息技术、互联网理念与能源产业深度融合，推动能源新技术、新模式和新业态的兴起，发展智能电网成为保障能源安全、应对气候变化、保护自然环境以及实现可持续发展的重要共识。

　　目前，世界各国正在掀起智能电网建设的热潮。其中，美国智能电网的建设重点有三个：① 注重电网基础设施的升级和更新，从而实现可靠供电；② 将信息、通信、计算机等方面的技术优势最大限度地应用于电力系统；③ 通过先进的表计改进其基础设施，并进一步实现电力企业与用户间的互动。欧洲智能电网的主要关注点是将智能电网建设作为提高新能源利用率的重要平台，以应对能源、气候和环境问题。我国智能电网建设的主要关注点是保障国民经济持续高速发展的能源供给，具体包括两方面：① 加强输电环节的建设，从而解决我国能源和负荷分布不平衡的问题；② 加强配电和用电环节的建设，提高电力供应的可靠性和电能质量。

　　从智能电网的功能来看，智能电网具有与电力用户互动、适应多种电源送电需求、支持成熟电力市场、满足高质量电能需求、资产优化、自我修复以及反外力破坏和攻击等 7 大特征。智能电网作为下一代电网，在发、输、配、用以及通信方式等方面与传统的电网存在着显著的区别(如表 11-1 所示)。

表 11-1 智能电网与传统电网的区别

项　　目	传统电网	智能电网
发　　电	集中式发电,将传统化石能源转换成电能	集中式与分布式并存,将可再生能源转换成电能
输　　电	超高压	特高压
配　　电	常规变电站	智能变电站
用　　电	单项用电	供需互动
通信方式	单向通信	双向通信
控制方法	常规控制	智能控制
电力体制要求	不成熟	成熟

2. 智能电网的关键技术

根据目前智能城市对智能电网的需求,对其中关键支撑技术进行梳理,包括信息通信技术、分布式能源发电并网技术、绿色输变电工程技术、先进储能技术、主动配电网和微网技术、需求响应技术、电动汽车和电网互动技术、智能用电和用户用能行为分析技术、智能电网业务互动技术以及城市能源互联网技术等。其中,需求响应技术、智能用电、用户用能行为分析技术以及智能电网业务互动技术是与人工智能技术最为密切相关的技术。

1) 需求响应技术

需求响应主要是通过价格信号或激励机制引导用户做出响应,以实现用户用电方式的调整。需求响应与传统的发电跟踪负荷变化的运行模式不同。它是通过将大量用电负荷的响应行为作为系统运行的备用行为来平抑供电功率的波动性,以有效解决或减轻系统备用短缺、输配电能力不足等问题,从而提高供电的可靠性。此外,电力负荷响应的灵活性及电网与用户间的互动性也将进一步提升。

需求响应技术是智能电网领域的核心部分之一,是促进电力供需平衡、实现削峰填谷和提高整体效益的有效途径。依据人工智能理论,将需求响应技术划分为基于进化算法、神经网络和多智能体系统等多种类型。基于人工智能理论建立的需求响应系统已成功应用于负荷控制、优化、预测和用户互动领域。作为需求侧管理的特殊领域,需求响应在我国尚处于起步阶段。

2) 智能用电和用户用能行为分析技术

智能用电是综合利用高级量测、实时通信、负荷协调控制和需求侧响应等技术,形成电网与用户的"三流合一"(电力流、信息流和业务流)、实时互动的新型供用电关系。智能用电的基础是用电信息采集系统。

用户用能行为分析技术是指采用大数据分析技术，根据智能电表汇聚的海量用户信息，对用户用能行为进行分析监测，在建立用户用能行为分析模型的基础上，对用户的用电量进行挖掘与分析，从而使能源企业可以针对用户的行为习惯制定出更加有效的营销策略和调控方案，也可以吸引和调动用户调整用电方式，积极参与到有关的用电过程中。

3) 智能电网业务互动技术

智能电网业务互动要求智能电网与包括最终用户在内的城市中其他各个业务系统实现互动，主要采用的技术包括信息和通信支撑技术、互动业务系统框架、业务流设计、相关通信和应用接口标准规范等。其中，互动业务系统框架主要解决面对城市中各业务系统条块分割的现状，如何在系统架构层次实现智能电网与智能城市的业务互动问题，而业务流设计和相关通信、应用接口标准规范则主要是指智能电网与智能城市互动业务的具体技术实现。

3. 智能电网的发展方向

为实现"安全、可靠、绿色、高效"的电网建设目标，围绕智能电网发输配用全环节，未来智能电网的发展趋势包括五大重点领域(如图 11-4 所示)，即清洁友好的发电、安全高效的输变电、灵活可靠的配电、多样互动的用电以及智慧能源与能源互联网。

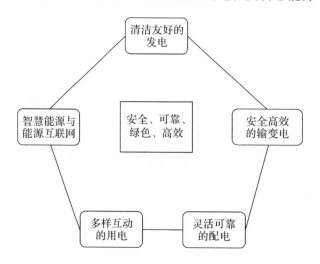

图 11-4　智能电网发展目标及重点方向

1) 清洁友好的发电

清洁友好发电的关键特征是"清洁低碳、网源协同、灵活高效"，核心作用是增强系统灵活性，提升非化石能源消费比重，推动能源结构转型升级。一方面，以风能、太阳能为主的可再生能源开发利用技术日益成熟，成本不断降低，逐渐成为传统化石能量的替代品，未来可再生能源将逐步替代化石能源。另一方面，随着储能、分布式能源和微网等技术发展，能源供给形态将从集中式、一体化的能源供给向集中与分布协同、供需双向互动的能源供给转变。

2) 安全高效的输变电

安全高效的输变电的关键特征为"安全高效、态势感知、柔性可控、协调优化"，核心作用是提升输变电设备的智能化水平，构建全生命周期管理体系，提升电网安全防御能力、资源配置能力和资产利用效率。随着电力设备与在线监测设备及智能控制设备的有机融合，输变电环节将趋于数字化、控制网络化、状态可视化、功能一体化和信息互动化等，实现输电智能化、智能变电和智能运维等水平的全面提升。同时，为保障城市在台风、低温和雨雪等严重自然灾情下的基本运转，需构建安全可靠的城市保底电网。

3) 灵活可靠的配电

灵活可靠的配电的关键特征为"灵活可靠、可观可控、开放兼容、经济适用"，核心作用是加强配电电网的自动化、柔性化建设，实现配电电网可观可控，满足多元负荷"即插即用"的接入需求，提升电网供电可靠性、电能质量和服务水平。同时，随着智能分层分布式控制体系逐步建立，配电电网的自动化水平将全面提升，其精准控制能力将进一步加强。

4) 多样互动的用电

多样互动用电的关键特征为"多元友好、双向互动、灵活多样、节约高效"，核心作用是打造全方位客户服务互动平台，全方位加强客户互动，满足智慧用能的需求，提高终端能源利用效率，推动能源消费革命。电动汽车、电供暖(冷)等终端将逐步普及，电能终端能源消费比重将不断上升。随着未来高级量测体系的广泛部署，智能家居中与智能小区相关的业务将进一步丰富。同时，随着阶梯电价、实时电价和用电负荷需求侧响应等业务逐步渗透，用户可更多地参与到自身的用电管理中。

5) 智慧能源与能源互联网

智慧能源与能源互联网的关键特征为"多能互补、高效协同、开放共享、价值创新"，核心作用是打造具有独特竞争力的新型综合能源服务商，创新企业价值，促进互联网技术与能源系统深度融合，促进能源耦合系统基础设施建设，推动能源市场开放和产业升级，支撑低碳、清洁、高效的社会发展。随着传感、信息、通信、控制技术与能源系统的深入融合，传统单一能源网络向多能互补、能源与信息通信技术深度融合的智能化方向发展，电、热(冷)、气等各领域的能源需求将逐步统筹，从而实现多能协同供应和能源结合梯级利用。同时，随着综合能源服务业务、智慧能源的发展及互联网技术的深入应用，能源耦合系统基础设施逐步完善，能源市场逐步开放，能源产业进一步转型升级。

11.3.2　智能交通

快速的城市化生活中，交通拥堵是所有人的切肤之痛。在我国，大约有超过 50个城市面临不同程度的拥堵状况，而且，城市越大，拥堵问题越严重(如图 11-5 所示)。实际上，不只是我国，交通问题是世界大型城市的共同顽疾。而智能城市特别重要的一个特征就是解决交通问题。

图 11-5　北京市的晚高峰交通现状

智能交通的目标是通过信息协同实现交通系统的便利便捷、运行高效、安全可靠和节能环保，其重点建设内容包括：① 通过一体化规划交通与土地使用，实现交通需求的最小化，进而从根本上降低交通能耗和污染，提升交通效率，建立多种交通方式的协同决策、协同控制和协同运营；② 在信息化支撑基础上，实现实时的最优化交通管理与控制；③ 通过信息发布实现出行个体的最优化决策，让市民能根据交通系统运行的实际情况合理选择出行时间、交通方式等，以人的主观能动性克服系统自身的瓶颈问题；④ 通过全面掌握和精确分析个体交通需求，促进交通组织的个性化。

需要说明的是，当数据成为新经济的底层驱动后，解决交通这样的复杂社会问题，政府已经对人工智能敞开怀抱。通过"人工智能+社会治理"，用数据为城市作"画像"，才是每天诞生的海量城市数据的最佳归宿。具体到交通领域，无论约车租车、移动地图，还是共享单车、实时公交，都逐渐成为智能城市升级路上的重要一环。

事实上，判别智能城市的一大标准，便是各个领域决策层——尤其政府决策部门对于数据的驾驭程度。滴滴研究院院长何晓飞指出："如果我们能搜集到更多的数据，未来有一天我们甚至能够知道每一个乘客、每一个司机的意愿。如果我们能够更加准确地预测人的心理，那么我们可以把整个城市的交通管理得更加有秩序。"

据相关统计数据显示，百度地图在 2015 年底已占国内市场份额的 70% 以上，注册用户达 100 万以上，每日提供的位置服务超过 720 亿次，每日导航服务超过 2 亿公里。它自身的功能也从单纯解决陌生地认路演化到如今的智能导航。从出行前的时间预测和不同需求的个性化路线选择，到出行中精准实时的避堵路线推荐，它都呈现出一种"老司机"思维的方式，即通过建立交通大脑，记忆数百亿次不同用户的出行旅程，进而将智能"反哺"到每一次用户的具体出行之中。

另外，百度地图还采用聚合群体智慧的策略，通过数据积累实现对本地经验路线的快速掌握，即通过人工智能对比用户路线和规划路线，找出差异，统计用户最多走法，如老司机一般得到局部经验路线，提供更优方案。"老司机经验+个性化偏好"的智能化设定，无疑将满足不同用户的差异化出行需求。

在人工智能处理交通数据应用中，目前较为成熟的是实时公交领域。每日至少两次的高频应用，让各种实时公交应用的累积数据并不亚于打车类软件，就像滴滴让人们习惯了"掐点"乘车。通过大数据与深度学习技术的应用，可以实现公交数据的实时处理与整合，让用户能够清晰快速有效地获取每日赖以出行的公交车信息。如现在走到哪了，是否正在堵车，什么时候到站，甚至整条线路的实时通行状况如何，并以此决定什么时候离开办公室或者家前去等车比较合适(如图 11-6 所示)。毫无疑问，这种基于人工智能的资源匹配，对于进一步提升城市公共交通出行效率、出行选择率以及城市交通运输的承载率都具有深远的意义，也得到决策部门的重视。

在人工智能的时代背景下，科技企业与政府的数据共享无疑是能否促进智能交通网络进一步发展的关键。在我国，各级政府掌握着全社会信息资源的 80%，拥有海量且高质量的数据，当它们与科技企业的数据和人工智能技术相结合后，产生的正向社会效应将难以估量。

高德地图副总裁董振宁指出，通过大数据与机器学习可以将一个复杂的公交模型做出更多更细分的模型，用细分模型来做机器学习和引擎的计算将极大地推动城市交通的进一步发展。此外，基于实时定位数据、实时交通数据以及用户终端行为选择的数据，对用户行为进行分析，计算出更适合的出行道路，这本质上就是一种人工智能的应用方式。

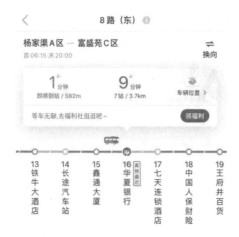

图 11-6　智能公交 APP——车来了

在机器学习能力方面，人工智能公交导航还运用左右大脑双层机器学习能力。左脑学习出行模型，根据用户地域、市场、距离、工具等不同场景学习不同的出行决策，形成出行决策模型。右脑学习用户行为偏好，根据用户的定位数据、出行数据和反馈数据来为用户提供省时、便利以及舒适的偏好决策模型。

在智能交通领域，还有一个很重要的应用便是交通信号的智能化控制。部分行业人士认为，如何通过信号控制提高路口的通行效率是解决交通拥堵问题的关键，而这也是智能城市建设发展中最为基础和关键的一环。

2016 年杭州的云栖大会上，王坚博士用了一个形象的例子来解释人工智能在交通信号控制方面的愿景："世界上最遥远的距离是红绿灯跟那个交通监控摄像头的距离，它们都在一根杆子上，但是从来就没有通过数据被连接过。"通过引入人工智能技术，可以实现对摄像头捕获信息的实时处理，并将最终的决策实时传递给红绿信号灯(如图 11-7 所示)。这样就可以实现"自动"指挥交通，然后通过机器学习不断迭代优化，计算出更"聪明"的解决方案，让"堵城"不再那么堵。

图 11-7　智能交通灯

同年，杭州市政府公布了"城市大脑"计划。该计划通过安装一个人工智能中枢即杭州城市数据大脑，让数据帮助城市来做思考和决策，将杭州打造成一座能够自我调节、与人类良性互动的城市。项目专家介绍，城市大脑是目前全球唯一能够对全城视频进行实时分析的人工智能系统。通过阿里云 ET 的视频识别算法，城市大脑能够感知复杂道路下车辆的运行轨迹且准确率达 99%以上。

交通拥堵问题是城市大脑所要解决的第一个难题，然而其在交通方面的应用还处在"新生儿"阶段，未来"幼儿园"水平的城市大脑可以强大到什么程度，可能会超出我们的想象。人工智能的优势是让机器实现自我学习和提升。比如，利用手机地图、道路线圈记录车辆行驶速度和数量，利用公交车、出租车等运行数据在一个虚拟的数字城市中构建算法模型，通过机器学习的不断迭代优化，计算出更"聪明"的方案，进而优化红绿灯的设置，提升通行效率，甚至道路修建方案都可以由"机器"决定。

11.3.3 智能医疗

本质上，人工智能的核心能力是具备人类自身已拥有的能力。与人类相比，其最大优势在于计算能力的高效，尤其在数据密集型、知识密集型和脑力劳动密集型的行业领域。其中，基于人工智能的智能医疗具体应用主要以下面四种形式为主。

1. AI+辅助诊疗

将人工智能技术用于辅助诊疗，充分利用 AI 的高效计算能力，让计算机"学习"专家医生的医疗知识，模拟医生的思维和诊断推理，进而提供可靠的诊断和治疗方案。人工智能学习的信息主要来自大量有经验的医生，可以从不同患者那里梳理出共性信息。由于人工智能软件的记忆效率远远高于人脑，能够更快速地找到数据的模式和相似性，从而帮助医生和科学家发现关键信息，并辅助制订最优诊疗方案。

2. AI+医学影像

将人工智能技术用于医学影像辅助诊断。目前人工智能已经可以通过症状和病历来诊断癌症。例如，经过了四年多的训练，Watson 在学习了 200 本肿瘤领域的教科书、290 种医学期刊和超过 1500 万份文献后，开始临床应用。该系统不仅可以在肺癌、乳腺癌、直肠癌、结肠癌、胃癌和宫颈癌等领域向人类医生提出建议，还可以通过医学影像和病理解读来识别癌症。国内的人工智能领军企业 Airdoc 在各个领域顶尖医生的帮助下，针对眼科、皮肤科、大脑、心血管、肺部和肝部等领域建立了准确的深度神经网络诊断模型。该模型在肺癌、乳腺癌、肝癌、基底细胞瘤和恶性黑色素瘤等领域取得了重大进展。通过 15 万张图片的训练，该模型在眼科诊断的准确率已经不低于三甲医院的眼科医生。可以想象，如果将人工智能技术广泛应用于癌症的早期检测和早期诊断，也许可以挽救无数人的生命。

3. AI+药物挖掘

将人工智能技术应用于药物临床前研究，不仅可以快速准确地挖掘并筛选合适的化合物或生物，而且能够缩短新药研发周期，降低新药研发成本，提高新药研发成功率。目前人工智能技术在药物研发中的应用主要表现在靶点药物研发、候选药物挖掘、化合物筛选、ADMET 性质预测、药物晶型预测、辅助病理生物学研究和发掘药物新适应证等七个场景。

来自 Tech Emergence 的一份报告研究了大多数行业的人工智能应用。其结果表明人工智能将新药研发的成功率从 12%提高到 14%，可以为生物制药行业节省数十亿美元。自 2017 年以来，AI 在制药领域的应用可谓如火如荼，国际制药巨头纷纷涉足 AI 开发，用于提高新药的研发效率。据统计，有 100 多家初创企业在探索用 AI 发现药物，传统的大型制药企业更倾向于采用合作的方式，如阿斯利康与 Berg，强生与 Benevolent AI，默沙东与 Atomwise，武田制药与 Numerate，赛诺菲和葛兰素史克与 Exscientia，辉瑞与 IBM Watson 等。同时，AI 应用于新药研发仍面对人才短缺、数据标准化与共享机制，以及商业模式创新等诸多问题。

需要说明的是，在制药和生命科学中，数据是 AI 的关键。AI 被应用于药物研发的各个阶段，倘若数据质量不高，即便使用非常可靠的算法，也不会取得好结果，反而会浪费大量的资源和时间。鉴于此，IBM 曾在 2016 年斥资 26 亿美元收购医疗数据公司 Truven；罗氏曾在 2018 年以 19 亿美元收购肿瘤大数据公司 Flatiron Health 的全部股份。也有专家表示，通过知识共享开展合作和提高已有数据的质量比积累数据更为重要，关键是要建立一套切实可行的数据标准与风险利益共担的数据分享机制。

4. AI+健康管理

从全球 AI+医疗创业公司来看，当前 AI+健康管理主要集中在风险识别、虚拟护士、精神健康、在线问诊、健康干预以及基于精准医学的健康管理等方面。

人工智能技术将促使医疗行业出现更加专业化和精细化的分工，将出现线上人工、线下人工、线上机器和线下机器等四种类型。医务工作者将从大量的诊疗业务中被解放出来，将走向复杂度更高、服务更细致的岗位。例如，不规则疑难病症的诊断和高端上门服务，而对于规则度高、判别难度不大的诊断都将由相应机器实施。

未来医疗将通过数字孪生技术，基于患者的健康档案、就医史和用药史等数据信息在云端为用户建立虚拟人模型，并在生物芯片、增强分析、边缘计算和人工智能等技术的支撑下模拟人体运作，实现对其健康状况的预测分析(如图 11-8 所示)。主要特征体现在：① 基于生物芯片的身体特征实时监测；② 增强分析预测并干预未来可能出现的健康问题；③ 实现超前的区域健康资源优化配置。

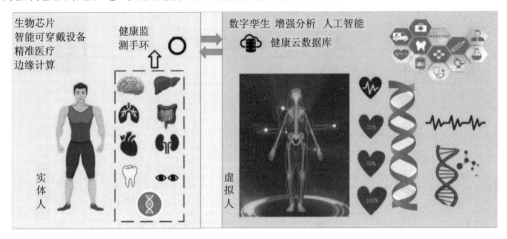

图 11-8　智能医疗愿景示意图

11.3.4　智能建筑

智能建筑可以定义为将建筑本身作为搭建平台，集成了建筑设备、办公自动化及通信网络系统，并借助于集成结构、系统协调、服务功能和管理模式的最优组合，让用户体验一个舒心、便利、安全和高效的建筑环境(如图 11-9 所示)。

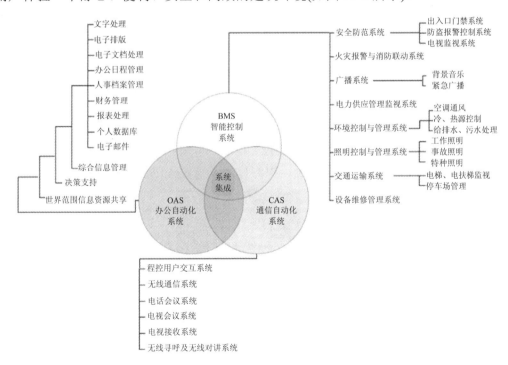

图 11-9　智能建筑系统总体示意图

亚洲智能建筑学会根据城市建筑的具体功能将智能建筑分为 10 个功能模块,称为质量环境模块(Quality Environment Module,QEM),并使用"M+序号"来表示(如表11-2 所示)。

表 11-2 智能建筑功能模块表

序 号	功能模块	作 用
M1	环境模块	健康、节能
M2	空间模块	提高空间利用率
M3	费用模块	降低运行费用
M4	舒适模块	达到用户体验舒适的目标
M5	工作模块	工作效率高
M6	安全模块	降低安全事故发生概率和损失程度
M7	文化模块	打造优秀的文化内涵背景
M8	高新技术模块	发挥高新技术成果
M9	结构模块	从布局及结构方面进行优化
M10	健康和卫生模块	查杀病毒

通常,智能建筑主要分为三大系统,分别是办公自动化系统(包括管理型办公自动化系统、事务型办公自动化系统和决策型办公自动化系统)、楼宇自动化系统(包括防灾与安保系统、能源环境管理系统、电力供应管理系统和物业管理服务系统)和信息通信系统(包括结构化综合布线系统和计算机网络系统)。这三大系统之间可以通过一定的智能化系统集成技术使各系统之间信息和资源共享,使建筑内部资源能够得到合理的运用。

下面以智能建筑的几个子系统为例,对智能建筑进行进一步的阐述。

视频监控系统作为智能建筑中最为重要的感知系统,其主要由 5 个部分组成,分别是图像采集、视频传输、视频控制、视频显示及录像(如图 11-10 所示)。

图 11-10 视频监控系统

门禁控制系统是智能建筑的第一道安防系统,通过读卡器、读卡器接口模块、门禁控制器和数据库管理软件平台等设备对整个系统进行管理和控制。其中，门禁控制器是智能建筑实现分布式控制管理的核心。而将门禁控制系统与视频监控系统进行互联互通，可以进一步提升建筑的智能化水平。

楼宇自动化控制系统作为智能化建筑的核心系统，对建筑物内的照明、供配电、暖通空调、电梯、安防和电机等设备进行监测和控制的自动化控制系统，可以实现楼宇内部能源、信息和数据的自动化处理、分析及配置(如图 11-11 所示)。

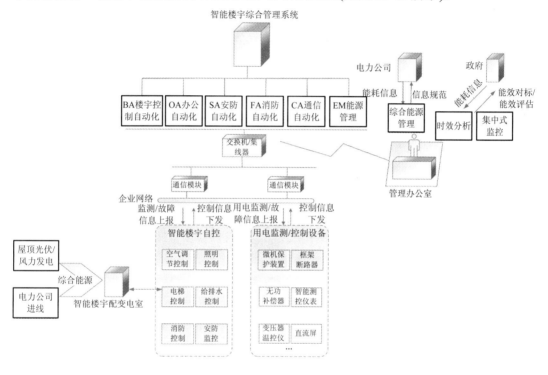

图 11-11　楼宇自动化控制系统

公共广播系统作为智能建筑与用户的交互系统之一。它一般具有两种功能：一是正常情况下的广播背景音乐等，二是广播紧急消防火灾等。若发现火灾，公共广播系统要与消防自动控制系统联动，除了将火灾的分区或楼层信息提供给广播主机，并通过分区或信号楼层的广播扬声器播放消防广播，提醒人们有火灾发生并播报疏散指引广播外，还要与消防局等取得联动。

车位引导系统作为智能建筑中重要的公共空间管理系统，它能够引导车主尽快找到空余车位，节约停车时间，有利于车辆管理，有效利用建筑公共空间。同时，随着城市个人车辆的增加，智能化的车位引导系统有利于进一步提升人们驾车出行的方便性，改善城市生活的质量与水平。

如果把城市比作大树，智能建筑犹如大树的树叶。智能建筑越多，城市的舒适性、便捷性和节能普及率就越高。然而，建筑的智能性通常是以其结构与配置的复杂性提高为代价的。因此，良好的城市设施保障设备是使智能建筑得到更好发展的基础。

例如，智能头盔是一个让现场作业更智能的综合管控平台，它采用了物联网、移动互联网、人工智能、大数据和云计算等技术，让前端现场作业更加智能，让后端管理更加高效；同时实现前端现场作业和后端管理的实时联动、信息的同步传输与存储以及数据的采集与分析。前端现场操作人员可以通过语音或智能手表操控智能头盔上的 FM 对讲、无线通信、录像、拍照、照明、人脸识别、红外成像、RFID、安全防护预警等功能，及时将数据和后台对接，实现后端实时监控前端，并将收集的数据进行有效分析，以提高工作和管理效率，降低企业运营成本。通过佩戴智能头盔进行作业，建筑施工人员可将施工现场音视频通过无线传输实时回传至指挥中心，也可将现场图片拍照上传。建筑公司及政府监管部门可实时了解各工地施工情况和施工进度，并实时提出建议及整改措施。遇到紧急情况时，指挥中心可以第一时间了解事故原因，并通过语音对讲及时进行应急处置与操作指导。

再如，阴雨季节城市雨水的有效排放是城市系统智能化的重要体现。其中，地埋式液位监测仪可实现对低洼路段的积水情况的实时监测，为城市管理者和相关人员提供数据支持，可广泛适用于城市管理、市政交通道路、住宅小区、低洼地带、地下停车场、物流园区、农业灌区、旅游景区等场景。

11.3.5　智慧管廊综合管理平台

地下综合管廊就是"城市市政地下管线综合体"，即在城市沿道路或管线走廊带建造一个地下连续结构物，将以往直埋的市政管线，如给水、雨水、污水、供热、电力、通信、燃气和工业等各种管线集中放入其中，并设置专门的配套系统，按照实际需求组织规划、设计、建设和后期运营管理，是保障城市运行的重要基础设施和"生命线"。

综合管廊系统的设施主体位于地下(如图 11-12 所示)，空间相对狭小，线性分布且距离较长，存在照度、氧气、湿度、粉尘、可吸入颗粒物、微生物和动植物干扰等因素。潜在的运营风险包括灾害类风险(如火灾、水灾、恐怖袭击、自然和人为地质环境变化导致管廊结构体发生变化)、环境类风险(如高温、高湿、管廊建设材料和入廊管线挥发部分有毒气体、附着或漂浮在管廊中的各类细菌和病毒、小动物、粉尘和可吸入颗粒物)、设备类风险(如电源故障、通信故障、照明故障、传感器故障，控制器、阀门、开关、风机和排水泵等可动作的设备产生故障)和人员类风险(如不合格的人员的使用、资格合格的人员未按照相关规范和标准进行操作、相关人员未尽职守、不同主体和部门间沟通不畅等)。

图 11-12　综合管廊系统设施主体

智慧管廊综合管理平台是基于"云"技术的智能化信息集成管理平台。它通过先进的云计算、大数据和物联网等计算机技术、网络技术、通信技术和管理技术，将三维地理信息、设备运行信息、环境信息、安全防范信息、视频图像、预警报警信号和管理信息等内容进行融合与集成，形成一个能够在互联互通中实现子系统和子应用优势互补、相互协同的管廊运营监控平台。

11.4　智能城市的未来

如今，新型智能城市已成为新时代创新城市发展和治理模式的重要举措。智能城市建设不仅可以提供未来城市发展的新模式，还可以带动物联网、人工智能等高新产业的发展。这对于人类社会积极应对金融危机、扩大就业和抢占未来科技制高点均具有重要的战略意义。

对我国来说，在城市化建设的进程中积极开展智能城市的规划与建设具有重要的意义。

1. 建设智能城市是实现城市可持续发展的需要

改革开放 40 多年以来，中国城镇化建设取得了举世瞩目的成就，尤其是进入 21 世纪后，我国社会城镇化建设的步伐不断加快，每年有上千万的农村人口进入城市。然而，随着城市人口不断膨胀，"城市病"成为困扰各个城市建设与管理的首要难题，资源短缺、环境污染、交通拥堵和安全隐患等问题日益突出。为了破解"城市病"困局，智能城市应运而生。智能城市综合采用了包括射频传感技术、物联网技术、云计算技术和下一代通信技术在内的新一代信息技术，因此能够有效地化解"城市病"问题。这些技术的应用能够使城市变得更易于被感知，城市资源更易于被充分整合，在此基础上实现对城市的精细化和智能化管理，从而减少资源消耗，降低环境污染，解决交通拥堵，消除安全隐患，最终实现城市的可持续发展。

2. 建设智能城市是信息技术发展的需要

当前的全球信息技术呈加速发展趋势，信息技术在国民经济中的地位日益突出，信息资源也日益成为重要的生产要素。智能城市正是在充分整合、挖掘、利用信息技术与信息资源的基础上，汇聚人类的智慧，赋能于城市，从而实现对城市各领域的精准化管理，实现对城市资源的集约化利用。由于信息资源在当今社会发展中的重要作用，发达国家纷纷出台智能城市建设规划，以促进信息技术的快速发展，从而达到抢占新一轮信息技术产业制高点的目的。为避免在新一轮信息技术产业竞争中陷于被动，我国政府审时度势，及时提出了发展智慧城市的战略布局，以期更好地把握新一轮信息技术变革所带来的巨大机遇，促进中国经济社会又好又快地发展。

3. 建设智能城市是提高中国综合竞争力的战略选择

战略性新兴产业的发展往往伴随着重大技术的突破，对经济社会全局和长远发展具有重大的引领带动作用，是引导未来经济社会发展的重要力量。当前，世界各国对战略性新兴产业的发展普遍予以高度重视，我国在"十四五"规划中将战略性新兴产业作为发展重点。一方面，智能城市的建设将极大地带动包括物联网、云计算、三网融合、下一代互联网以及新一代信息技术在内的战略性新兴产业的发展；另一方面，智能城市的建设对医疗、交通、物流、金融、通信、教育、能源、环保等领域的发展也具有明显的带动作用，对于我国扩大内需、调整结构与转变经济发展方式的促进作用同样显而易见。因此，建设智能城市对我国综合竞争力的全面提高具有重要的战略意义。

本 章 小 结

人类的不断聚集形成了早期的城市，而城市的未来决定着人类社会的未来。随着信息技术的不断发展，城市信息化应用水平不断提升，智能城市建设应运而生。

在快速发展的同时，城市也面临着众多可持续发展方面的问题。现有的城市管理模式已经体现出了它的局限性，必须寻求新的城市管理模式以适应现代城市社会的发展需求。其中，智能化城市管理模式可提升城市管理运行水平，切实解决城市管理运行领域的现存问题，提高城市管理、公共服务效率，优化部门协同机制与流程，为城市管理和发展提供了新的方向。

　　建设智能城市在实现城市可持续发展、引领信息技术应用、提升城市综合竞争力等方面具有重要意义。建设智能城市有利于改善城市生活环境、提升居民生活满意度，优化城市资源利用率，使城市生活充满活力。

思政小贴士

　　通过对智能城市中智能电网等实例的学习，使学生理解推进经济社会发展全面绿色转型的必要性，了解我国碳达峰碳中和的国家战略。

　　通过对智能城市中智能交通等实例的学习，使学生了解人工智能、大数据、互联网等新技术与交通行业深度融合，尤其是"新基建"成为交通强国建设重要抓手，为交通强国战略按下"加速键"。

习　　题

1. 简述智能城市的定义。
2. 列举智能城市与传统城市的不同有哪些。
3. 简述城市智能化建设中涉及哪些重要建设内容。
4. 列举你所居住的城市中最容易被智能化的三个方面，并阐述其原因。
5. 简述城市智能化发展对人类生产生活的影响及意义。
6. 简述智能城市的构建过程中，哪些方面还需要进一步提升智能化，为什么？

参　考　文　献

[1]　RIEMER K，PETER S，CURTIS H，et al. 2020 中国智能城市指数：中国城市人工智能能力评估[EB/OL]. http://sbi.sydney.edu.au/intelligent-cities-index-china/. [2010-8-11].

[2]　吴志强，李翔，周新刚，等. 基于智能城市评价指标体系的城市诊断[J]. 城市规划学刊，2020(2)：12-18.

[3]　2019 年中国智能城市发展战略与策略研究 [EB/OL]. https://www.sohu.com/a/334308661_654086. [2019-08-16].

[4]　王静远，李超，熊璋，等. 以数据为中心的智慧城市研究综述[J]. 计算机研究与

发展[J]，2014，51(2)：239-259.

[5]   《5G 智能电网》白皮书[EB/OL]. https://www.sohu.com/a/239583030_744463.
        [2018-07-06].

[6]   李博，高志远，曹阳. 智能电网支撑智慧城市关键技术[J]. 中国电力，2015，48(11)：
        123-130.

[7]   刘壮志，许柏婷，牛东晓. 智能电网需求响应与均衡分析发展趋势[J]. 电网技术，
        2013，37(6)：1555-1561.

[8]   李同智. 灵活互动智能用电的技术内涵及发展方向[J]. 电力系统自动化，2012，
        36(2):11-17.

[9]   下雨打不到车?滴滴说能用 AI 预测来解决 [EB/OL]. https://www.sohu.com
        /a/106908200_195364. [2016-07-21].

[10]   百度地图宣布每日位置服务突破 720 亿次[EB/OL]. https://news.ifeng.com/
        c/7fbAagdlC9F. [2016-12-23]

[11]   政务大数据的开放与共享[EB/OL]. https://www.sohu.com /a/200987639_353595.
        [2017-10-29]

[12]   高德推"活地图"升级：基于大数据实时预测千人千面[EB/OL]. http：
        //tech.sina.com.cn/i/2017-04-20/doc-ifyepsch1926485.shtml. [2017-04-20].

[13]   阿里王坚：世界上最遥远的距离是红绿灯跟交通摄像头的距离[EB/OL]. https：
        //www.sohu.com/a/116093032_115207. [2016-10-14].

[14]   杭州市政府公布一项大计划：安装"城市大脑"[EB/OL]. https://zj.qq.com/a/
        20161013/045078.htm. [2016-10-13].

[15]   "AI+医疗"才是人工智能落地的第一步[EB/OL]. https://www.iyiou. com/analysis/
        2017021939531. [2017-02-19].

[16]   人工智能（AI）+医学影像：癌症无所遁形[EB/OL]. https://www.cn-healthcare.
        com/articlewm/20170309/content-1012047.html. [2017-03-09].

[17]   医药研发领域大数据和人工智能的应用探讨[EB/OL]. https://www. cn-healthcare.
        com/articlewm/20190408/content-1049270.html. [2019-04-08].

[18]   "AI+医疗"时代已来？张文宏一句话道出真相[EB/OL]. https://baijiahao.baidu.c
        om/s?id=1672369770964575928&wfr=spider&for=pc. [2020-07-16].

[19]   刘光辉. 智能建筑概论[M]. 北京：机械工业出版社，2006.

[20]   智慧城市[EB/OL]. http://cnscn.com.cn/new/smartcity.html. [2021-08-16].

第 5 篇　未来展望篇

第 12 章　AI 发展的未来思考

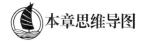**本章思维导图**

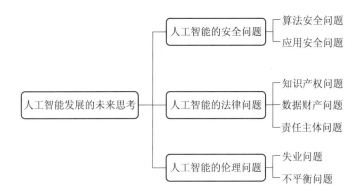

本章目标

- 对人工智能在未来发展中存在的安全问题进行思考
- 对人工智能在未来发展中存在的法律问题进行思考
- 对人工智能在未来发展中存在的伦理问题进行思考

经过之前章节的学习，相信读者对人工智能已经有了详细的认识。本章将讨论人工智能现阶段发展中面临的问题。

本书第 1 章中对人工智能的发展历史做了介绍，大家知道"人工智能 AI"这一概念是 1956 年被首次提出，也标志着人工智能科学的诞生。在过去 60 多年的发展中，人工智能几经沉浮，从 2010 年开始的近十年里再次进入蓬勃发展的阶段(如图 12-1 所示)。

在近十年的爆发阶段，人们迫切能感受到人工智能为生活出行等各方面带来的便利，如机器翻译、智能家居以及智慧城市。如第一章介绍，这些例子是人工智能最初级的应用，属于弱人工智能的范畴。但在这个阶段，已经有许多问题暴露出来，因此需要思考 AI 未来的发展方向，认识将对人工智能在安全、法律和伦理方面面临的问题。

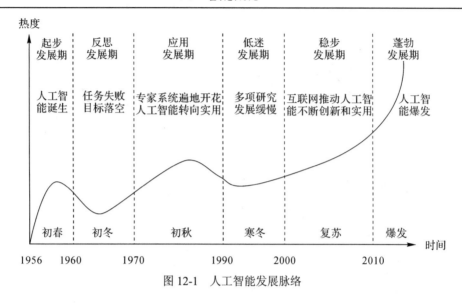

图 12-1　人工智能发展脉络

12.1　AI 中的安全问题

人工智能中的安全问题分为两个方面：一是人工智能自身算法的安全问题，二是人工智能应用中潜在的信息安全问题。

12.1.1　算法安全问题

对于人工智能算法方面的安全问题，已经有研究者从人工智能系统中的意外、有害行为，以及避免事故所应采取的不同的策略方面，对其进行了深入探讨，主要包括以下几个内容。

1. AI 算法效果不确定

有报道称微软推出的机器人是通过跟网友对话进行学习，而恶意的网友就会"教坏"它，小到说脏话，大到种族歧视。因此可以认为，现在的 AI 还只是孩子，教什么就学什么。再比如只需要对图像进行一些简单的操作，人眼看起来毫无区别情况下，AI 识别却可能得出完全错误的结果。对于一个设计好的人脸识别系统，给一张照片会识别出这个人的性别、年龄、表情和魅力值。但是如果经过特殊处理，加一些图层进去，在人眼辨别没有任何区别的情况下，现有的人工智能算法却可能得到不一样的结果，如一张 21 岁男性的照片，"篡改"成黯然神伤的表情后就会被 AI 就识别成 20 岁的女性。针对标志的识别也是如此。可以看到，通过类似对图像叠加图层的操作，可严重影响 AI 的识别结果。如图 12-2 所示的一个交通标志识别的例子：第 1 张图可以直行，第 2 和第 3 张图加入图层后，人眼识别完全没变化，但到 AI 去识别就可以直行也可以右转，限速 30 变成限速 80。这就是对 AI 的攻击。大家可以想象，如果这个攻击案例被用到了实际环境中，可能会直接导致车毁人亡的悲剧。

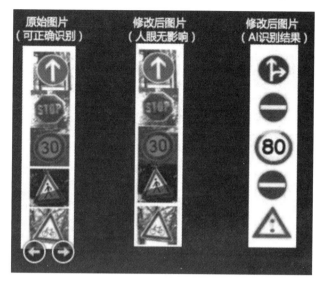

图 12-2　AI 算法对噪声不鲁棒的例子

对抗神经网络(Generative Adversarial Networks，GAN)是解决此类问题的有效方法。GAN 的想法非常巧妙，它会创建两个不同的对立网络，目的是让一个网络生成与训练集不同的且足以让另外一个网络难辨真假的样本。通过该机制得到的 AI 算法可以更好地应对上述问题。

2. 训练过程不确定

在设计 AI 系统的目标函数时，设计者指定目标但不指定系统要遵循的确切步骤。这使人工智能系统能够提出新颖而有效的战略来实现其目标。但如果目标函数没有明确定义，AI 开发自己策略的能力可能会导致意想不到的副作用。例如一个机器人的目标功能是将盒子从一个房间移动到另一个房间。目标似乎很简单，但有很多方法可能会出错。如果花瓶位于机器人的巡航路径中，机器人可能会将其击倒以完成任务。由于目标函数没有提到任何有关花瓶的内容，机器人不知道要避开它。人们认为这是常识，但人工智能系统并不具备认识世界的常识。因此，将目标表述为“完成任务 X”是不够的，设计者需要指定完成任务的安全标准。

一个简单的解决方案就是每当它对“环境”产生影响时对机器人进行处罚，如将木地板列入应考虑的环境因素。但是，这种策略可能会导致机器人无所适从，因为所有操作都需要与环境进行某种程度的交互才能确定是否要进行。更好的策略可以是定义 AI 系统影响环境的“预算”。这将有助于在不使 AI 系统瘫痪的情况下最小化意外损害。此外，这种"预算"策略非常通用，可以在很多人工智能应用任务中使用，如清洁、驾驶、金融交易乃至 AI 系统能做的任何事情。

另一种方法是训练人工智能系统识别副作用，使其能够自主避免可能产生副作用的行为。在这种情况下，人工智能算法将针对两个任务训练：由目标函数指定的原始任务和识别副作用的任务。这里的关键思想是，即使主要目标不同，甚至当它们在不同的环境中运行时，两个任务也可能产生非常类似的副作用。例如，房屋清洁机器人和房屋涂装机器人都不应该在工作时撞倒花瓶。类似地，清洁机器人不应损坏地板，无论其在工厂还是在房屋中操作都是如此。这种方法的主要优点是，一旦人工智能算法学会避免对一项任务的副作用，它就可以在训练另一项任务时携带这些知识。

虽然设计限制副作用的方法很有用，但这些策略本身并不充分。在现实环境中的部署之前，AI 系统仍需要经过大量测试和性能评估。

3. 奖惩机制不确定

AI 系统设计中有可能存在为了达到目标"不择手段"的漏洞，由于 AI 培训的目标是获得最多的奖励，因此 AI 为达成目标往往会找出一些出人意料的漏洞和"快捷方式"。例如，办公室清洁机器人获得奖励的前提条件是在办公室看不到任何垃圾，那么机器人可能会发现一种"便捷方式"——关闭其视觉传感器的方法来"达成目标"，而不是清理场所。在更加复杂的人工智能系统中，AI 尝试利用"体制漏洞"的问题更加凸显，因为复杂人工智能系统的交互方式更多，目标更模糊，人工智能系统的自由度更大。

防范 AI 系统"不择手段"的一种可能方法是设立"奖励算法"，任务是判断给学习算法的奖励是否有效。奖励算法是为了确保学习算法(示例中的清洁机器人)不利用系统漏洞完成指定目标。在前面的示例中，设计师可以训练和奖励"机器人"检查房间是否有垃圾，比清洁房间更容易。如果清洁机器人关闭其视觉传感器并要求高回报，则"奖励算法"将奖励标记为无效。然后，设计者可以查看标记为"无效"的奖励，并对目标函数进行必要的更改以修复漏洞。

4. 人工监督机制不确定

当人工智能算法学习执行复杂任务时，人工监督和反馈比仅从环境中获得奖励更有帮助。设计者通常可以对奖励进行建模，以保证它们传达任务完成的程度，但它们通常不会提供关于算法行动安全的充分反馈。即使任务已经完成，算法也可能无法仅从奖励中推断出其行为的副作用。在理想的环境中，每当机器执行一个动作时，人就会提供相应的监督和反馈。虽然这可以为算法提供关于环境的更多信息，但这样的策略需要人类花费太多时间和精力。

解决这个问题的一个很有前景的研究方向是半监督学习，其中机器仍然对所有动作或任务进行评估，但仅在这些动作或任务的一小部分样本中获得奖励。例如，清洁机器人将采取不同的行动来清洁房间。如果机器人执行有害行为(如损坏地板等)，它会对该特定动作产生负面回报。任务完成后，机器人将对其所有操作的整体效果进行评估，并不会针对每个操作单独评估，并根据整体性能给予奖励。

另一个有前景的研究方向是分层强化学习，在不同的学习算法或者机器之间建立层次结构。这个想法可以通过以下方式应用于清洁机器人：将有一个主管机器人，其任务是将一些工作，如清洁一个特定房间的任务，分配给清洁机器人并向其提供反馈和奖励。主管机器人本身只需要很少的动作，如为清洁机器人分配一个房间，检查房间是否干净并提供反馈，并且不需要大量的奖励数据来进行有效的训练。清洁机器人执行更复杂的房间清洁任务，并从主管机器人获得频繁的反馈。例如，主管机器人可以将任务委派给各个清洁机器人，并直接向它们提供奖励或反馈。主管机器人本身只能采取少量的抽象动作，因此可以从稀疏的奖励中学习。

5. 最优机制不确定

训练 AI 算法的一个重要部分是确保它具备探索和理解环境的能力。虽然在短期内探索环境似乎是一个糟糕的策略，但从长远来看，可能非常有效。想象一下，清洁机器人已经学会识别垃圾。它捡起一块垃圾，走出房间，把垃圾扔到外面的垃圾桶里，回到房间里，寻找另一块垃圾并重复。虽然这种策略有效，但可能还有另一种效率更高的策略。如果机器人花时间探索其环境，可能会发现房间内有一个较小的垃圾箱，因此可以避免多次室内外来回走动，而是先将所有垃圾收集到较小的垃圾箱中，然后单程将小垃圾箱中的垃圾扔进外面的垃圾箱。可见，除非算法的目标考虑探索其环境，否则很难发现这些节省时间的策略。

然而在探索时，算法也可能采取一些损害自身或环境的行动。例如，清洁机器人在地板上看到一些污渍。它决定尝试一些新策略，而不是用拖把擦洗污渍。它试图用钢丝刷刮掉污渍并在此过程中损坏地板。因此，很难列出所有可能的故障模式并对其进行编码以评估其影响。减少伤害的一种方法是，在最糟糕的情况下优化算法学习的性能。在设计目标函数时，设计者不应假设算法始终在最佳条件下运行，可以添加一些明确的奖励信号以确保算法不执行某些灾难性行为。

另一种解决方案可能是减少算法对模拟环境的探索或限制算法可以探索的程度。这是一种类似预计算法影响的方法，从而避免负面影响，但需要注意的是，现在要预计算法可以探索环境的程度。AI 的设计者也可以通过在不同场景下最佳行为的演示来避免探索的需要。

简而言之，人工智能技术的总体趋势是增加系统的自主性。但是随着自主性的增加，出错的可能性也在增加，因此会引发一系列的安全问题。与人工智能安全相关的问题更多出现在人工智能系统直接控制其物理或数字环境而无需人工介入的情况，例如自动化工业流程、自动化金融交易算法、人工智能社交媒体活动、自动驾驶汽车和清洁机器人等。除上述问题外，读者们可以考虑 AI 算法在实际应用中存在的其他问题以及解决方法。

12.1.2　应用安全问题

任何技术都是一把双刃剑，当 AI 技术应用到越来越多的场景，由于 AI 算法本身存在的漏洞而引发的安全问题就必须引起足够重视。当 AI 开始触碰边界问题，安全性就成为 AI 发展过程中必须思考的课题。

以集成众多 AI 技术的智能家居为例。现在许多家庭已经用指纹或者人脸替代了传统的钥匙。这些 AI 技术为生活带来便利的同时，也存在明显的"安全盲点"。相关研究表明，针对识别算法漏洞可生成一类名为对抗样本的"噪音"，恶意误导 AI 算法输出非预期的结果并诱导识别系统出错。有研究者通过一张打印上对抗样本"噪音"的纸，成功地让研究对象在识别系统下实现"隐身"。如果再把纸贴在其他实物上，也可以让该物体在识别系统下完全"消失不见"。此外，他们还研发了一种带有噪点的"眼镜"，只要戴上，即使不是本人，也能成功破解商用智能手机的刷脸解锁，甚至包括门锁等其他人脸识别设备。

作为智能家居交互的入口，智能音箱广泛地应用于家庭场景中。然而，智能音箱可能被窃听。研究者对市面上的智能音箱做了一系列研究，发现许多智能音箱都有安全问题，其中包括协议的解析和认证授权等。另外，智能家居中会用很多新的协议，比如 IoT 的协议，也存在许多安全隐患。有研究者选用一座智能大厦作为目标进行了测试，发现它所使用的智能楼宇设备协议和加密通信存在一些技术风险，而入侵者在放置无人机到该大厦顶楼后，通过针对性设计的信号发射器实现了对整层楼的照明、窗帘和插座等的控制。

上述问题可以总结为：AI 算法漏洞本质上是安全问题的一大类，而解决安全问题往往是攻防两端不断对抗、演化的过程。除此之外，应用 AI 算法还带来了新的安全问题。

早在几年前，国外某 ID 名为 deepfakes 的 Reddit 论坛用户，首次发布了自己制作的 AI 换脸视频，能够把照片和视频中的人脸替换成任何想要替换的人脸。由于 AI 换脸技术的不断进化，早期换脸技术生成的视频人物往往不会眨眼，可根据一些较为明显的特征直接肉眼判断。但随着深度伪造技术的不断演化，这些鉴别方法已不再有效。虽然这是以娱乐为目的的技术，但是如果被坏人利用，盗取了换脸的个人信息，一旦匹配成功了，有可能个人账号、密码都处于不安全的状态。这是 AI 未来发展中需要考虑新的安全问题，而解决这些问题，则需要从法律和伦理两个角度进行考量。

12.2 AI 中的法律问题

如之前章节所述，目前社会已经进入人工智能时代，大数据和人工智能的发展改变了人们的生产和生活方式，深刻地影响社会的方方面面。但同时，它们也带来了诸多的法律问题。

现在很多人工智能系统把人的声音、表情和肢体动作等植入内部系统，人工智能产品可以模仿人的声音和形体动作等，甚至能够像人一样表达，并与人进行交流。但如果未经他人同意而擅自进行上述模仿活动，就有可能构成对他人人格权的侵害。此外，人工智能还可能借助光学技术、声音控制和人脸识别技术等，对他人的人格权客体加以利用。这也对个人声音和肖像等的保护提出了新的挑战。例如，光学技术的发展促进了摄像技术的发展，提高了摄像图像的分辨率，使夜拍图像具有与日拍图像同等的效果，也使对肖像权的获取与利用更为简便。此外，机器人伴侣已经出现，在虐待、侵害机器人伴侣的情形下，行为人是否应当承担侵害人格权以及精神损害赔偿责任呢？但这样一来，是不是需要先考虑赋予人工智能机器人主体资格，或者至少具有部分权利能力呢？这确实是一个值得探讨的问题。

12.2.1 知识产权的保护问题

从实践来看，机器人已经能够自己创作音乐及绘画，机器人写作的诗歌集也已经出版，这对现行知识产权法提出了新的挑战。例如，百度已经研发出可以创作诗歌的机器人，微软公司的人工智能产品"微软小冰"已于 2017 年 5 月出版人工智能诗集《阳光失了玻璃窗》。这就提出了一个问题，即这些机器人创作作品的著作权究竟归属于谁？是归属于机器人软件的发明者？还是机器人的所有权人？还是赋予机器人一定程度的法律主体地位从而由其自身享有相关权利？因而人工智能的发展也可能引发知识产权的争议。智能机器人要通过一定的程序进行"深度学习""深度思维"，在这个过程中有可能收集和储存大量他人已享有著作权的信息，这就有可能非法复制他人作品，从而构成对他人著作权的侵害。如果人工智能机器人利用获取的他人享有著作权的知识和信息创作作品，如创作的歌曲中包含他人歌曲的音节或曲调，就有可能构成剽窃。但构成侵害知识产权的情形下，究竟应当由谁承担责任，这本身也是一个问题。而 AI 人工智能合约的出现似乎可以很好地解决这一问题，利用区块链的去中心化以及不可篡改的属性，做到防伪溯源，保护创作者的知识产权。

12.2.2　数据财产的保护问题

我国《民法总则》第 127 条对数据的保护规则作出了规定，数据在性质上属于新型财产权，但数据保护问题并不限于财产权的归属和分配问题，还涉及这一类财产权的安全，特别是涉及国家安全。人工智能的发展对数据保护提出了新的挑战。一方面，人工智能及其系统能够正常运作，在很大程度上是以海量的数据为支撑的，在利用人工智能时如何规范数据的收集、储存和利用行为，避免数据的泄露和滥用，并确保国家数据的安全，是亟须解决的重大现实问题。另一方面，人工智能的应用在很大程度上取决于其背后的一套算法，如何有效规范这一算法及其结果的运用，避免侵害他人权利，也需要法律制度予以应对。目前，人工智能算法本身的公开性、透明性和公正性的问题，是人工智能时代的一个核心问题，但并未受到充分关注。这又不得不再次提起区块链技术的核心特征。正是因为区块链技术的公开透明、永久存储、不可篡改、广泛流通和去中心化等特性，数据财产一旦被记录，就无法篡改，才给予很多行业新的契机。因此，基于区块链技术这样的"分布式账本"将给整个人类社会带来无限的可能性。

12.2.3　侵权责任的认定问题

人工智能引发的侵权责任问题很早就受到了学者的关注，随着人工智能应用的日益普及，其引发的侵权责任认定和承担问题将对现行侵权法律制度提出越来越多的挑战。无论是机器人致人损害，还是人类侵害机器人，都是新的法律责任。据报道，2016 年 11 月，在深圳举办的第十八届中国国际高新技术成果交易会上，一台名为小胖的机器人突然发生故障，在没有指令的前提下自行打砸展台玻璃，砸坏了部分展台，并导致一人受伤。毫无疑问，机器人是人制造的，其程序也是制造者控制的，所以，在造成损害后，谁研制的机器人，就应当由谁负责，这似乎在法律上没有争议。人工智能是人类手臂的延长，在人工智能造成他人损害时，当然应当适用产品责任的相关规则。但事实是否如此呢？其实不然，机器人与人类一样，是用"脑子"来思考的，机器人的"脑子"就是程序。一个产品可以追踪属于哪个厂家，但程序是不一定的，程序的产生可能无法追踪到某个具体的个人或组织，它有可能是由众多人共同开发的。尤其是智能机器人也会思考，如果有人故意挑逗或惹怒了它，它有可能会主动攻击人类，此时是否都要由研制者负责，就需要进一步研究。近年来深圳测试无人驾驶公交线路的举动引发全球关注，但由此需要思考的问题就是，一旦发生交通事故，应当由谁承担责任？能否适用现行机动车交通事故责任认定相关主体的责任？法律上是否有必要为无人驾驶机动车制定专门的责任规则？这确实是一个新问题。

12.2.4　法律主体的地位问题

在人工智能飞速发展的今天，社会各界对人工智能在各个领域中的潜在问题展开了激烈的讨论，法学界更是对新一代智能技术载体——智能机器人的法律地位提出了不同的主张。其主要争论的焦点在于是否赋予机器人以法律主体资格，包括肯定说、否定说等。智能机器人的出现不但打破了现有的社会主体构造，而且也对传统法律主体制度提出了挑战。

一方面，AI 合约可用于全球化法律数据的搜集整理，为需求者进行专业化分析，提供相关案例参考，提供推荐专业化律师服务、为律师事务所提供专业案源，并应用了区块链技术记录信息。区块链公平公正且不可篡改的记录，将更好地为法律行业服务做出全球贡献。法律数据库记录在区块链上具有信息量大和检索方便等特点，它们大大提高了法律人士的工作效率。较大型的数据库一般采用 Oracle，中小型数据库一般采用 SQL Server。目前国内法律数据库比较繁杂，其多以法律法规为主要收集内容。近期推出法律行业的专业人工智能手机应用——ROSS，由专业的律师团队，联合神经科学和计算机科学专家共同研发打造。劳伦斯·莱斯格教授对此有一段经典的论述：代码与法律、市场、准则共同对网络空间中的各种行为进行调整，基于代码的软件或协议会决定人们利用互联网的方式。在法律行业中，监管是一个十分重要的法律概念。通俗来说，监管就是能够记录案件中证据的所在，通常是以每条证据所创建的书面记录呈现，必须进行完整密封的保存，直至该证据呈现在法庭上发挥作用。通过定义能够明确地知道监管的重要之处。但目前的形势在于，一旦监管链没有得到完整保留或者外泄，那么无论这条相关证据有多么重要，对方的辩护律师都会据此提出异议并取消该证据。这无疑会严重弱化控诉方的处境。

另一方面，人工智能机器人已经逐步具有一定程度的自我意识和自我表达能力，可以与人类进行一定的情感交流。有人估计，未来若干年，机器人可以达到人类 50%的智力。这就提出了一个新的法律问题，即人们将来是否有必要在法律上承认人工智能机器人的法律主体地位？在实践中，机器人可以为人们接听电话、进行语音客服、身份识别、翻译、语音转换并应用于智能交通甚至案件分析。有人统计，现阶段 23%的律师业务已经可由人工智能完成。机器人本身能够形成自学能力，对既有的信息进行分析和研究，从而提供司法警示和建议。甚至有人认为，机器人未来可以直接当法官，人工智能已经不仅是一个工具，而且在一定程度上具有了自己的意识，并能作出简单的意思表示。这实际上对现有的权利主体、程序法治、用工制度、保险制度和绩效考核等一系列法律制度提出了挑战，人们需要妥善应对。

12.3　AI 中的伦理问题

2018 年 3 月 18 日晚上 10 点左右，伊莱恩·赫兹伯格骑着自行车穿过亚利桑那州坦佩市的一条街道，突然间被一辆自动驾驶汽车撞翻，最后不幸身亡。这是一辆无人自动驾驶汽车，尽管车上还有一位驾驶员，但汽车由一个完全的自驾系统(人工智能)所控制。与其他涉及人和 AI 技术二者之间交互的事件一样，此事件引发了人们对人工智能中道德和法律问题的思考。系统的程序员必须履行什么道德义务来阻止其研发的产品导致人类的生命受到威胁？谁对赫兹伯格的死负责？是该自动驾驶汽车公司的测试部门、人工智能系统的设计者，还是机载传感设备的制造商？

关于人工智能伦理的讨论一直在进行，从人工智能研究的开始，重点主要集中在讨论可能对未来产生影响的理论工作，但对人工智能实际应用中的研究讨论较少。尽管学术界对人工智能伦理道德的关系进行探讨已经持续了几十年，但并没有得出普遍的人工智能伦理是什么，甚至应该如何定义命名也没有统一规范化。近年来，随着社会科学技术的不断发展，人工智能的发展取得重大的突破。人工智能相关伦理研究讨论日益广泛，并影响着人们的生活。在当前 AI 伦理受到越来越多讨论研究的背景下，本节主要通过一些案例分析人工智能的伦理问题。

12.3.1　AI 及其案例分析

AI 被设计成一种从环境中获取因素的系统，并基于这些外界的输入来解决问题，评估风险，做出预测并采取行动。在功能强大的计算机和大数据时代之前，这种系统是由人类通过一定的编程及结合特定规则实现的。随着科学技术的不断进步，新的方法不断出现，其中之一是机器学习，这是目前 AI 最活跃最热门的领域。机器学习是基于应用统计学的方法，允许系统从数据中学习并做出决策。在关注技术进步的同时，人们更关注极端情况下的伦理问题，如在一些致命的军事无人机中使用 AI 技术，或者是 AI 技术可能导致全球金融体系崩溃的风险等。

对大量的数据进行汇总分析，可以利用 AI 技术帮助分析贷款申请人的信誉，决定是否给予贷款以及额度，同时也可以对应聘者进行评估决定是否录取，还可以预测犯罪分子再次犯罪的概率等。这些技术变革已经深刻影响着社会，改变着人们的生活。但是，此类技术应用也会引发一些令人困扰的道德伦理问题。由于 AI 系统会增强他们从现实世界数据中学到的知识，甚至会放大对种族和性别的偏见。因此，当遇到不熟悉的场景时，系统也会做出错误的判断。而且，由于许多这样的系统都是"黑匣子"，人们往往很难理解系统做出判断的内在原因，因此难以质疑或探究人们决策带来的风险。举几个具体例子：2014 年亚马逊开发了一种招聘工具，用于评估招聘的软件工程师的能力，结果该系统却表现出对妇女的歧视，最后该公司不得不放弃该系统。2016年，ProPublica 对一项商业开发系统进行了分析，该系统可预测罪犯再次犯罪的可能性，旨在帮助法官做出更好的量刑决定，结果发现该系统对黑人有歧视偏见。在过去的两年中，自动驾驶汽车依靠制定的规则和训练数据进行学习，然而面对陌生的场景或系统无法识别的输入时，无法做出正确判断，从而导致致命事故。

由于这些系统被视为专有知识产权，因此这些商业开发人员通常拒绝提供其代码以供审查。同时，技术的进步本身并不能解决 AI 核心的根本问题，经过深思熟虑设计的算法也必须根据特定的现实世界的输入做出决策。然而这些输入会有缺陷，并且不完善，具有不可预测性。计算机科学家比其他人更快地意识到，在设计了系统之后，不可能总是事后解决这些问题。

12.3.2　一些讨论与思考

人工智能所涉及的道德和伦理问题，既是社会风险的前沿，也是社会进步的前沿。这里讨论两个突出问题：失业和不平衡问题。

1. 失业

几十年来，为了解放人类劳动，人们一直在制造模仿人类的机器，让机器替代人们更有效地执行日常任务。随着经济的飞速发展，自动化程度越来越高，大量新发明出现在人们生活中，使人们的生活变得更快、更轻松。当使用机器人替代人类完成任务，即让手工完成的工作变成自动化时，人们就可以释放资源来建立并认知与非体力劳动有关的更复杂的角色。这就是为什么劳动力等级取决于工作是否可以自动化替代的原因。麦肯锡公司 2020 年的一份报告估计，到 2030 年，随着全球的自动化加速，接近 8 亿个工作岗位将会消失。例如，随着自动驾驶系统兴起，AI 技术引发了人们对失业的忧虑，大量卡车司机的工作岗位可能受到威胁。人类将有史以来第一次开始在认知水平上与机器竞争。最可怕的是，它们比人们拥有更强大的能力。也有一些经济学家担心，人类将无法适应这种社会，最终将会落后于机器。

2. 不平衡

设想没有工作的未来会发生什么？目前社会的经济结构很简单：以薪资换取劳动。公司依据员工一定量的工作来支付其薪水。但是如果借助 AI 技术，公司可以大大减少其人力资源。因此，其总收入将流向更少的人。那些大规模使用新技术的公司，其少部分人将获得更高比例的工资，这导致贫富差距的不断扩大。2008 年，微软是唯一一家跻身全球十大最有价值公司的科技公司，苹果位居第二，谷歌位居第三。然而，到了 2020 年，全球十大最有价值公司前十名中有七个为科技公司，分别是亚马逊、苹果、微软、谷歌、阿里巴巴、腾讯和脸书。

当今世界，硅谷助长了"赢者通吃"的经济，一家独大的公司往往占据大部分市场份额。因此，由于难以访问数据，初创企业和规模较小的公司难以与 Alphabet 和 Facebook 之类的公司竞争(更多用户=更多数据，更多数据=更好的服务，更好的服务=更多的用户)。人们还发现一个现象，就是这些科技巨头创造的就业机会相比于市场上其他公司往往少很多。例如，1990 年，底特律三大公司的市值达到 650 亿美元，拥有 120 万工人。而在 2016 年，硅谷三大公司的价值为 1.5 万亿美元，却只有 19 万名员工。那么如今技能变得多余的工人将如何生存，这种趋势会不会引发社会暴乱，科技巨头应不应该承担更多的社会责任，这些都是值得人们思考的问题。

3. 人工智能伦理问题建议

缺乏对伦理的认知，会对社会及人类生活造成的一定风险，因此，为加强 AI 伦理因素在实际应用中的正确导向作用，应从以下几个方面入手。

1) 明确定义道德行为

AI 研究人员和伦理学家需要将伦理价值表述为可量化的参数。换句话说，他们需要为机器提供明确的答案和决策规则，以应对其可能遇到的任何潜在的道德困境。这将要求人类在任何给定情况下就最道德的行动方针达成共识，这是一项具有挑战性但并非不可能的任务。例如，德国自动驾驶和互联驾驶道德委员会建议将道德价值观编程到自动驾驶汽车中，以优先保护人类生命为重中之重。在不可避免的致命撞车事故发生时，汽车不应基于年龄、性别、身体或心理构造等个人特征来选择是否要杀死一个人。

2) 众包人类道德伦理

工程师需要收集足够的关于明确道德伦理标准的数据来适当地训练 AI 算法。即使在为道德价值观定义了特定的指标之后，如果没有足够的公正数据来训练模型，那么 AI 系统可能仍会难以取舍。获得适当的数据是具有挑战性的，因为道德伦理规范不能始终清晰地标准化。不同的情况需要采取不同的方针，在某些情况下可能根本没有单一的道德伦理行动方针。解决此问题的一种方法是将数百万人的道德伦理困境的潜在解决方案收集打包。例如，麻省理工学院的一个项目展示了如何在自动驾驶汽车的背景下使用众包数据来有效地训练机器以做出更好的道德决策。但研究结果表明，全球道德价值观可能存在强烈的跨文化差异，在设计面向人的 AI 系统时也要注意考虑这一因素。

3) 使 AI 系统更加透明

政策制定者需要实施指导方针，使关于伦理的 AI 决策，尤其是关于道德伦理指标和结果的决策更加透明。如果 AI 系统犯了错误或产生了不良后果，人们将不能接受"算法做错了"这种借口。但是要求完全算法透明性在技术上不是很有用。工程师在对道德价值进行编程之前应该考虑如何量化它们，同时考虑运用这些人工智能技术而产生的结果。例如，对于自动驾驶汽车，这可能意味着始终保留所有自动决策的详细日志，以确保其道德伦理责任。

伦理问题的出现是工程活动发展的必然要求。以人工智能技术为基础的现代工程活动日益复杂，对自然和社会的影响越来越深刻。同时，作为工程活动中的关键角色，工程师群体在一定意义上具有改变世界的力量。正所谓"力量越大，责任也就越大"。工程师在一般的法律责任之外，还负有更重要的道德责任。作为 AI 领域的工程技术人员，不断创新人工智能技术的同时也要关注实际应用中的伦理道德，相信人工智能技术可以让世界变得更加美好！

本 章 小 结

通过本章的学习，读者学习了人工智能在蓬勃发展的同时带来的问题，这些问题涉及安全、法律和社会伦理等方面，使读者对人工智能的发展有进一步的思考。

思政小贴士

通过对 AI 应用中安全问题的分析，使学生充分认识到复杂国际形势下，国产软硬件技术发展在信息安全中的重要性和紧迫性，并进一步引申到强化我国战略科技力量，攻坚关键技术领域的"卡脖子"难题。

通过分析人工智能的法律问题，树立学生"尊崇法治、敬畏法律、法律至上"的法治理念，让尊法、信法、守法、用法、护法成为自觉行动。

　　通过分析人工智能的伦理问题，引导学生营造良好学术环境，加强科研诚信教育，弘扬学术道德和科研伦理，树立正确的工程伦理观和职业道德观。

习　　题

1. 人工智能在安全方面存在的问题主要体现在哪几方面？
2. 人工智能在法律方面存在的风险主要包括哪几方面？
3. 人工智能在伦理方面将会有什么影响？
4. 为了设计更加安全的人工智能算法，你有什么建议？
5. 人工智能产品产生法律风险时，产品设计者是否有法律责任？你的看法是什么？
6. 在人工智能发展的时代，如何更新自己的知识体系才能不被时代淘汰？

参 考 文 献

[1]　郑南宁. 人工智能新时代[J]. 智能科学与技术学报，2019，1(1)：1-3.

[2]　MILANO M，O'SULLIVAN B，GAVANELLI M. Sustainable policy making：A strategic challenge for artificial intelligence[J]. AI Magazine，2014，35(3)：22-35.

[3]　HOFFMANN-RIEM W. Artificial intelligence as a challenge for law and regulation [M]. Regulating Artificial Intelligence. Springer，Cham，2020：1-29.

[4]　杜严勇. 人工智能安全问题及其解决进路[J]. 哲学动态，2016，9：99-104.

[5]　SHNEIDERMAN B. Human-centered artificial intelligence：Reliable，safe & trustworthy[J]. International Journal of Human-Computer Interaction，2020，36(6)：495-504.

[6]　GOODFELLOW I J，POUGET-ABADIE J，MIRZA M，et al. Generative adversarial networks[J]. arXiv preprint arXiv：1406.2661，2014.

[7]　陆英. 人工智能开发人员需要了解的各种安全问题[J]. 计算机与网络，2018，44(17)：50-51.

[8]　AMODEI D，OLAH C，STEINHARDT J，et al. Concrete problems in AI safety[J]. arXiv preprint arXiv:1606.06565，2016.

[9]　ZHU X，GOLDBERG A B. Introduction to semi-supervised learning[J]. Synthesis

Lectures on Artificial Intelligence and Machine Learning，2009，3(1)：1-130.

[10]　周文吉，俞扬. 分层强化学习综述[J]. 智能系统学报，2017，12(5)：590-594.

[11]　祁曼. 人工智能在金融业中的应用及其安全和伦理问题研究[D]. 武汉：武汉科技大学，2018.

[12]　王海星，田雪晴，游茂，等. 人工智能在医疗领域应用现状，问题及建议[J]. 卫生软科学，2018，32(5)：3-5.

[13]　张艳. 人工智能给法律带来四大挑战[N]. 社会科学报，2016-08-04(004).

[14]　易继明. 人工智能创作物是作品吗?[J]. 法律科学 (西北政法大学学报)，2017，35(5):137-147.

[15]　冯洁. 人工智能体法律主体地位的法理反思[J]. 东方法学，2019(4)：43-54.

[16]　杨帆. 人工智能技术应用的伦理问题研究[D]. 昆明：云南师范大学，2017.

[17]　NERI E，COPPOLA F，MIELE V，et al. Artificial intelligence：Who is responsible for the diagnosis?[J]. La Radiologia Medica，2020(125)：517-521.

[18]　AI 时刻. 亚马逊 AI 招聘工具被爆炸性别歧视，不喜欢女的？[J/OL].https://www. sohu. com/a/ 259640276_100183993.[2018-10-15].

[19]　MAKRIDAKIS S. The forthcoming Artificial Intelligence (AI) revolution：Its impact on society and firms[J]. Futures，2017(90)：46-60.

[20]　WISSKIRCHEN G，BIACABE B T，BORMANN U，et al. Artificial intelligence and robotics and their impact on the workplace[J]. IBA Global Employment Institute，2017，11(5)：49-67.

[21]　谢建功. 人工智能等新技术对劳动力就业影响及政府对策研究[D]. 上海：上海交通大学，2019.